ENCYCLOPEDIE-RORET

—

CHARRON

ET

CARROSSIER.

—

TOME I.

AVIS.

Le mérite des ouvrages de l'*Encyclopédie-Rorel* leur a valu les honneurs de la traduction, de l'imitation et de la contrefaçon. Pour distinguer ce volume, il porte la signature de l'Editeur.

MANUELS-RORET.

NOUVEAU MANUEL COMPLET

DU

CHARRON

ET DU

CARROSSIER

Contenant l'Art de fabriquer toutes les grosses Voitures; les Instruments
d'agriculture; les Voitures d'artillerie et du génie; les Voitures
de luxe et bourgeoises; les Lois sur la fabrication des voitures, et des Notions étendues sur l'établissement des
Ateliers de charronnage et de carrosserie, ainsi que
divers perfectionnements récents apportés dans
ces deux Arts;

Par M. **LEBRUN.**

NOUVELLE ÉDITION ENTIÈREMENT REFONDUE

Par M. **Louis-Antoine LEROY**, Ex-Carrossier,
Et M. **F. MALEPEYRE.**

Ouvrage orné de Figures.

TOME PREMIER.

PARIS

A LA LIBRAIRIE ENCYCLOPÉDIQUE DE RORET,

RUE HAUTEFEUILLE, 12.

1851

ERRATA.

Page 108, ligne 3, *ajoutez* : Ce serait une erreur de croire qu'il y a économie de main-d'œuvre pour la fabrication des jantes de roues, 1° parce que l'on ne peut pas châtrer les roues à l'endroit où il serait nécessaire de le faire ; 2° parce qu'on est dans la nécessité de moins forcer l'assemblage, ce qui nuit à la solidité de l'ouvrage. Ce sont là les motifs qui ont fait abandonner ce genre de construction.

Page 152, ligne 10, dont les coupes faites dans les bois ne doivent affamer, *lisez* : et les coupes faites dans les bois ne doivent les affamer.

Page 252, ligne 23. Les roues des rais, *lisez* : les rais des roues.

PRÉFACE.

L'art du charron, c'est-à-dire de l'artiste qui fabrique les grosses voitures et les instruments d'agriculture, et l'art du carrossier qui construit les voitures élégantes et de luxe, ont, dans plusieurs de leurs parties, une telle communauté d'outils, de travaux, de procédés et de moyens, qu'il semble impossible de les séparer l'un de l'autre, ou de les décrire séparément dans un Manuel qui les comprendrait tous deux, sans s'exposer à de nombreuses répétitions ou à des redites superflues. Nous avons donc pensé qu'il convenait de les rapprocher l'un de l'autre, et de procéder comme s'il ne s'agissait que décrire un seul art, sauf à apporter plus ou moins de légèreté, plus ou moins d'élégance et de fini dans les pièces indiquées, qui sont communes dans les deux ateliers où s'exécutent les travaux de charronnage et ceux de la carrosserie.

A cette considération qui nous a déjà permis

jamais reçu d'applications. Enfin, on pouvait lui reprocher d'avoir trop souvent négligé les détails techniques qui forment une portion très-importante des ouvrages manuels destinés généralement à être mis dans les mains des ouvriers et des praticiens. Or, ce sont ces défauts reprochés à notre prédécesseur, que nous avons voulu éviter, en adoptant le plan que nous avons esquissé plus haut. Ces défauts nous avaient d'autant plus frappé, que, façonné depuis notre jeunesse à la pratique des ateliers de carrosserie, nous avons nous-même, pendant de longues années, exercé la profession de carrossier; que cet art nous est parfaitement connu dans toutes ses parties, et enfin, que depuis bien longtemps nous nous étions appliqué à réunir de nombreux matériaux pour la publication d'un ouvrage sur la fabrication de la carrosserie française, matériaux que nous avons été heureux de pouvoir introduire dans le présent ouvrage. Notre Manuel étant ainsi le fruit d'une longue et pénible expérience, sera, nous le croyons, accueilli avec empressement par les jeunes praticiens et par tous ceux qui désirent être initiés dans la branche importante des arts industriels dont nous traitons.

Nous ferons remarquer, en passant, que plusieurs règles pratiques que nous avons décrites, par exemple, celles pour mesurer la force des essieux, ou celle des ressorts, sont uniquement le fruit de nos propres méditations, celles que l'expérience de l'atelier nous a enseignées, et qui ne nous ont jamais fait défaut dans l'application.

Une autre chose qui nous a favorisé dans la rédaction de notre ouvrage, c'est le progrès très-remarquable qui s'est manifesté dans la fabrication des voitures depuis un certain nombre d'années. Ainsi, autrefois on se plaisait à multiplier les pièces, à leur donner une force, une épaisseur superflues, à fabriquer des véhicules d'un poids considérable, vastes et lourdes machines qui ne tardaient pas à se détraquer et à s'affaisser sous leur propre poids. Aujourd'hui, au contraire, qu'on a étudié avec soin la force de résistance des matériaux, leurs qualités physiques, et qu'on a su mettre à profit ces études, on a cherché à diminuer le nombre de ces pièces, à leur donner des formes plus sveltes et qui, tout en leur conservant une force parfaitement suffisante, leur ont procuré plus d'élégance et de grâce; et on a construit des véhicules légers, d'un modèle parfaitement gracieux, roulant avec légèreté et d'une longue durée. On peut donc dire, que les arts du charron et du carrossier se sont perfectionnés en se simplifiant, et que leurs produits ont gagné sous ce rapport en force, en grâce et en durée. Notre tâche est donc devenue ainsi plus facile, et les principes de l'art ont pu être exposés en moins de discours qu'on n'aurait pu le faire autrefois, et cela sans rien omettre d'utile et d'intéressant.

La carrosserie française a été pour nous le modèle de toutes nos descriptions, parce que nous avons pensé qu'elle est, en effet, la plus perfectionnée qu'on connaisse et qu'elle n'a rien, d'ailleurs, à envier à celles de la Belgique, de l'Angleterre, de l'Amérique ou de l'Allemagne, qu'on prétend être ses rivales et qui bien souvent, au lieu d'être ses émules, ne sont que ses copistes, parfois même assez malheureuses.

En écrivant ce Manuel, nous avons reconnu toute l'étendue de notre tâche, nous en avons apprécié toutes les difficultés; aussi avons-nous cherché à la remplir avec tout le zèle dont nous sommes capable. Aujourd'hui que notre œuvre est sous les yeux des savants et des praticiens, à eux seuls appartient le droit de nous juger et de décider si nous avons rempli toutes les conditions qu'on peut imposer à la rédaction d'un véritable manuel-pratique.

NOUVEAU MANUEL COMPLET

DU

CHARRON ET DU CARROSSIER

AVANT-PROPOS.

L'art du carrossier embrassant à lui seul ceux du charron, du menuisier et du serrurier en voiture, nous avons pensé qu'il serait plus avantageux, pour éviter les répétitions, de considérer, la plupart du temps, les travaux de ces différents arts dans leur ensemble et dans leurs rapports. Ainsi, nous avons cru qu'il serait plus utile de faire connaître, d'une manière générale, la composition des ateliers, le travail du bois, celui du fer, la structure des roues et des ressorts, que de revenir à plusieurs reprises sur ces sujets divers, en partageant en autant de travaux distincts, par exemple le gros charronnage et celui de la carrosserie élégante, la fabrication des roues des gros véhicules et celle des équipages, le travail du ferrage des charrettes et celui des voitures de luxe, etc. Ce plan a eu pour avantage de donner plus d'étendue aux principes généraux qui sont les plus utiles, et ceux qui ne se révèlent pas toujours, comme les détails, par la pratique, ce qui ne nous a pas, d'ailleurs, empêché de donner à ceux-ci, pour chaque art, tous les développements que comporte l'importance de chacune des matières que nous avons eu à traiter.

CHAPITRE PREMIER.

DE L'ATELIER.

De l'atelier, de sa composition et de l'ordre dans lequel doivent être rangés les outils. — De l'éclairage et de la ventilation. — De l'atelier des menuisiers et du mobilier qui le composent. — De l'atelier du charronnage et de sa composition. — De la forge. — Du foyer, de l'âtre, de la hotte, du soufflet et de la position et de l'emplacement du foyer. — De l'enclume. — Des marteaux. — De l'établi et des étaux.— Four à chauffer les bandages des roues de voiture. — Plate-forme pour embattre les roues. — Taraud équarrissoir, par Mariotte.

DE L'ATELIER.

Sa composition et l'ordre dans lequel doivent être rangés les outils.

Le choix des emplacements où doivent s'élever les constructions nécessaires pour former un atelier de charron et forgeron, n'est pas toujours à la disposition de l'entrepreneur, qui désire employer ses capitaux et son industrie ; il se trouve presque toujours subordonné à une foule de circonstances particulières.

Je me propose de désigner ici les conditions des diverses expositions que l'on doit rechercher ou rejeter, pour former de tels établissements.

1° Il faut, de toute nécessité, que ce soit un *rez-de-chaussée*, mais si ce rez-de-chaussée était un peu élevé et à l'exposition du nord, il serait dans les meilleures conditions possibles, attendu que la température y est plus fraîche et plus constamment égale ; ce qui fait que les matériaux se tourmentent moins, surtout le bois qui craint une dessiccation trop rapide, soit par les effets du soleil, soit par ceux du hâle. On doit donc, par cette raison, éviter autant que possible l'exposition du midi, surtout si l'atelier joignait à cette condition, déjà peu avantageuse, celle de fatiguer beaucoup les yeux par une lumière trop vive.

À défaut de l'exposition du nord, l'on doit donner la préférence à l'exposition du couchant.

2º La seconde condition est relative à l'*éclairage* des ateliers et à la ventilation.

Les ateliers doivent être parfaitement éclairés par plusieurs croisées et sur deux faces opposées autant que possible, attendu que la hauteur des voitures que l'on y construit ou que l'on y répare donne beaucoup d'ombre, ce qui déterminerait de l'obscurité dans le fond de l'atelier s'il n'était éclairé que d'un côté.

Mais si la fabrication s'y opérait sur une grande échelle, il serait nécessaire que l'atelier du charronnage et de la menuiserie en caisse fût séparé de l'atelier de la forge: 1º pour éviter que la fumée de la forge ne ternisse la peinture des voitures terminées et ne gâte les garnitures de l'intérieur; 2º pour empêcher que les clients qui y pénètrent ne soient brûlés par les étincelles qui se dégagent du fer lorsqu'on le martelle sur l'enclume; 3º pour qu'ils ne respirent pas les émanations et les mauvaises odeurs qui se dégagent du charbon de terre lors de sa combustion.

Comme la forge doit être éloignée, autant que possible, du local ou magasin dans lequel sont remisées les voitures neuves, ainsi que nous venons de le prescrire, il s'ensuit que l'atelier des menuisiers en voitures et celui des charrons, quand il n'est pas le même, doivent se trouver immédiatement à la suite du magasin, à moins qu'il n'y ait un atelier de selliers-garnisseurs réuni à l'établissement; car, dans ce cas, il devrait se trouver placé avant l'atelier des menuisiers.

Je suppose les ateliers placés sur le prolongement d'une seule et même ligne, voici, suivant mes idées, la meilleure disposition à adopter : 1° du côté de l'entrée principale le magasin doit occuper la première place, il doit être bien éclairé, mais en évitant, autant que possible, les rayons du soleil qui détruisent l'éclat et la fraîcheur des couleurs ; 2° l'on doit pouvoir y introduire l'air à volonté, par le moyen de carreaux mobiles dans les châssis des croisées ; 3o le sol doit être de niveau ou légèrement en pente, et l'extrémité supérieure de la rampe doit se trouver du côté opposé à l'entrée ; 4° il doit être planchéié, attendu qu'il ne faut pas que l'humidité se trouve en contact avec les peintures des voitures.

Je ne parlerai pas dans ce Manuel de l'atelier des selliers-garnisseurs, attendu que l'on trouvera tous les renseignements nécessaires à ce sujet, dans le *Manuel du Sellier*, de l'*Encyclopédie-Roret*, rue Hautefeuille, 12, à Paris.

L'atelier des ouvriers menuisiers occupera donc la seconde place et se trouvera immédiatement après le magasin, avec lequel il communiquera par une grande porte vitrée.

Je le suppose dans les conditions d'éclairage et de ventilation que j'ai indiquées plus haut ; je vais m'occuper de la composition de son mobilier, du soin que l'on pourrait apporter dans le classement de ses outils, ainsi que de l'ordre dans lequel on les emploie.

Description des principaux outils et mobilier qui doivent
composer l'atelier du menuisier en voitures.

Un *établi* (*fig.* 4, *pl.* 5) à deux presses, savoir : une presse verticale, dans le pied qui se trouve à la droite de l'ouvrier lorsqu'il travaille à l'établi, et une presse horizontale dans le plateau ou table de dessus, au ras sur le devant de l'établi et suivant une ligne parrallèle à la table, et au-dessus du pied d'établi qui se trouve à la gauche de l'ouvrier lorsqu'il est en fonction. La table ou plateau doit avoir au moins

2 mètres 50 centimètres (7 pieds 1/2) de longueur, sur 50 à 60 centimètres (18 à 22 pouces) de largeur, et 12 à 15 centimètres (5 à 6 pouces) d'épaisseur. Ce plateau doit être percé de trous dans des conditions convenables pour recevoir les valets. La vis de la presse horizontale est ordinairement en fer et filetée à pas carré ; elle se trouve entièrement logée dans un trou percé et fileté dans l'épaisseur de la table, et dans la direction de la largeur. Lorsque la presse horizontale est confectionnée avec soin, elle porte deux vis pour que l'ouvrage soit également serré ; mais assez ordinairement on se dispense d'ajouter une seconde vis en plaçant, dans le côté du plateau, une tringle plate en fer qui passe au travers de la jumelle ou joué de la presse A B, qu'on écarte et que l'on arrête à l'aide d'une broche de fer F, suivant la distance qui se trouve déterminée par l'épaisseur de la pièce. Ladite tringle est mobile dans l'établi, et est fixée dans la joue au moyen d'une mortaise. La figure 5 représente la vis, et la figure 6 représente la tringle avec la broche ou goupille qui sert à l'arrêter dans l'établi ; il doit aussi y avoir un tiroir posé contre le pied qui sert de jumelle à la presse verticale.

Le plateau de l'établi se fait ordinairement d'un seul madrier de bois dur, sans nœuds ni roulures, il doit être parfaitement droit sur la superficie et former un rectangle parfait. Voici les essences de bois que l'on emploie de préférence pour le construire : 1° le hêtre ; 2° l'orme ; 3° le chêne.

L'établi doit être équipé de deux valets et d'un maillet en bois.

Il doit être placé dans l'atelier de manière à recevoir le jour en face, ce qui est absolument nécessaire pour que l'ouvrier n'ait pas de faux jour, pour tracer et faire les joints des pièces qu'il construit.

Les accessoires de l'établi sont : 1° une paire d'affûtage, c'est-à-dire une *varlope* et une *demi-varlope* ; 2° des *rabots* de diverses formes, tels que rond sur la longueur, concave et convexe sur la largeur, et un rabot de bout.

Ces outils se placent dessous l'établi, ou sur une planche scellée dans la partie du mur qui fait face à l'ouvrier lorsqu'il travaille. Cette planche doit être posée un centimètre (5 lig.) plus bas que le niveau de la partie supérieure de l'établi, et elle sert quelquefois à le rélargir. On a le soin de laisser un peu de jeu entre la planche et l'établi pour pouvoir faire tomber la poussière et les copeaux.

3° Il faut quatre paires de *bouvets* simples, savoir : une paire d'un centimètre (5 lignes), une paire de deux centimètre (10 lignes), une paire de 3 centimètres (1 pouce 3 lig.), et une de 4 centimètres (1 pouce 6 lignes); on doit avoir aussi un bouvet double (*fig.* 14 et 15, *pl.* 5) et un bouvet à alégir (*fig.* 16 et 17), un bouvet à angle intérieur arrondi (*fig.* 18, 19, 20 et 21), un bouvet à scie (*fig.* 22, 23); plusieurs bastringues de différentes grandeurs et largeurs ainsi que des guillaumes.

Ces bouvets doivent être posés sur une planche dans l'atelier avec les outils à moulures dont ils sont séparés, et l'on doit avoir la précaution de les placer sur la planche, de manière à ce que chaque série se suive de grandeur et de largeur, en commençant par les plus larges, et ainsi de suite jusqu'aux plus petits et aux plus étroits.

4° Les *outils à moulures* sont des fûts en bois montés avec des fers de différentes sortes de profils (*fig.* 11, 12, 13); ils tirent leurs noms de la forme que présentent ces profils : on les appelle boudins à baguettes, congés, douciues, filets ou carrés (*fig.* 30, 31, 32); gorgets, mouchettes (*fig.* 24, 25, 26) quart de rond (*fig.* 27, 28, 29), tarabiscots. Une mouchette propre à pousser la baguette supérieure du profil de la carcasse de la voiture est représentée par les figures 33, 34, 35. La mouchette arbitraire de celle-ci est montrée à son tour dans les figures 36, 37, 38. Quant aux figures 39, 40,

41, elles indiquent un houvement ou talon destiné à pousser sur le champ et en parement de l'ouvrage, aux pièces pourvues de rainures.

Un talon non arbitraire avec sa baguette, se fait voir dans les figures 42, 43, 44. Cette baguette se pousse au pourtour des glaces. Cet outil ne peut servir qu'au-dessus des traverses d'appui et d'accotoirs lorsqu'elles sont droites : il se pousse en parement et sur le champ du bois. Le même talon arbitraire pourvu de sa baguette est représenté par les figures 45, 46, 47. On pousse ce talon sur le champ et la joue appuyée sur la joue de la feuillure propre à recevoir la glace.

Les figures 48, 49, 50 représentent un talon renversé qui se pousse au-dessous. Enfin les figures 51, 52, 53, et d'autre part les figures 54, 55, 56 représentent des mouchettes destinées à former diverses baguettes avec leur dégagement.

Les formes des fûts des nombreux outils à moulures sont exactement pareilles tant en élévation qu'en coupe. La forme du fer seule diffère. J'ai pensé qu'il était inutile d'en multiplier sans motif les figures. Je me suis donc borné à montrer (fig. 7) le corps ou fût d'un outil à moulure. C'est un talon arbitraire avec une joue en fer pour entrer dans les rainures. Les figures 8, 9, 10 montrent des deux côtés le fer de cet instrument.

5° Il faut aussi un *râtelier* pour recevoir une douzaine de ciseaux, six à huit becs-d'âne, trois ou quatre limes et râpes de différentes sortes. et deux ou trois tourne-vis de différentes grandeurs.

Ces râteliers se posent quelquefois à la partie postérieure de l'établi, mais le plus souvent on les applique sur le mur à la portée de la main de l'ouvrier.

6° L'on pose aussi sur la planche qui forme le devant de ce ratelier, et de distance en distance, des clous d'épingle à tête d'homme, pour recevoir un compas droit, un compas de calibre, une équerre à chapeau, une sauterelle ou fausse équerre, un mètre ployant, un ou deux grattoirs et une équerre d'onglet.

7° On doit aussi avoir un autre ratelier pour recevoir les vrilles et les mèches dont on peut avoir besoin, et près du ratelier à mèche, il faut avoir une cheville pour recevoir les fûts de vilebrequin.

8° On a besoin de quatre *sergents* à vis en fer de différentes grandeurs, ainsi que des brides à talon et à vis, qu'on accroche à un piquet scellé dans la boutique à la proximité de la main de l'ouvrier ; une barre à bouger (*fig.* 1, *Pl.* 5) et le bâtis à panneaux (*fig.* 2).

9° Il faut un *grès* plat pour affûter les outils et une *pierre à l'huile.*

10° Un *pot à colle forte* avec son bain-marie et un pinceau.

11° Une *planche à dessin* de 3 mètres (9 pieds) de long sur 1 mètre 80 centim. (5 pieds 8 pouces) de largeur; ladite planche doit être séparée au milieu de la largeur au moyen d'une coulisse qui sert à rassembler les deux parties, lorsque l'on a fini de tracer les parties et les pièces séparées.

Les accessoires de la planche à dessin sont : 1° un T dont la longueur de la branche du milieu doit avoir au moins 1 mètre (3 pieds) de longueur et la tête 50 centimètres (18 pouces); 2° une petite équerre d'angle; 3° une fausse équerre ; 4° deux réglets, une règle de 2 mètres (6 pieds) marquée de la division métrique, et une règle ployante d'au moins 1 mètre 50 centimètres (4 pieds 6 pouces) de longueur.

12° Il faut trois paires de tréteaux de diverses hauteurs et longueurs.

Il existe encore une foule d'autres outils de formes diverses et d'un usage varié, dont l'emploi est particulier à l'ouvrier qui s'en sert, et dont d'autres ne font pas usage, ce qui fait que je crois pouvoir me dispenser de les décrire.

Le travail du menuisier en voiture est spécialement la fabrication de toutes sortes de caisses de voiture, des vasistas, des siéges, des malles et des nécessaires de voyage qui s'adaptent dans les caisses de voiture.

Voici, en général, l'ordre dans lequel on emploie les outils de menuisier : 1° les *outils à tracer*, qui sont : la planche à dessin et ses accessoires pour tracer les plans; lorsque les plans sont tracés, on fait les calibres ou patrons, lesquels calibres sont présentés sur les bois pour y tracer soit à la pierre noire ou rouge, soit avec la pointe à tracer, les morceaux que l'on veut y débiter, suivant les différentes épaisseurs et les courbures qu'ils doivent avoir.

2° Viennent ensuite les *outils à débiter*, qui sont : les scies de différentes sortes, suivant leurs usages, le fermoir (espèce de fort ciseau affûté, très-long, sans biseau), les ciseaux, la hachette et le maillet en bois pour frapper sur la tête des outils.

3° Puis les *outils à percer*, tels que les vrilles, les mèches à mouches et les mèches à cuillères, les fûts de vilebrequin (c'est un instrument dans lequel on emmanche les mèches, et qui, par le mouvement de rotation que l'on imprime sur la bielle, détermine l'effet de pénétration ou de coupage que produisent les différentes sortes de mèches). On emploie de préférence les mèches à cuillères lorsque l'on veut perforer les fibres ligneuses du bois dans le sens de leurs lignes parallèles, et les mèches à mouche, lorsque l'on veut percer les bois de bout. Les gouges à amorcer, avec lesquelles on fait une entaille circulaire et concave à la place où l'on veut percer un trou rond avec une tarière ou lasseret; les becs-d'ânes, avec lesquels on perce les mortaises de forme rectangulaire.

4° Ensuite les *outils à corroyer*, qui sont : le rifflard, la demi-varlope, la varlope, les rabots et les ciseaux, tant droits que ceintrés en tous sens ; les feuillerets, les guillaumes, le trusquin, l'équerre et les réglets. Les outils à sculpter et allégir sont : les gouges, les grains d'orge, tant droits que cintrés en tous sens; les mouchettes et doucines, les limes à bois de différentes tailles et formes, les grattoirs, la peau de chien de mer, le papier de verre et la pierre ponce.

5° Enfin les *outils à assembler* sont : les brides à talons, les brides à fourches, les serre-joints (grandes presses en fer à crémaillère et à vis qui servent à rapprocher les joints que l'on veut assembler, coller ou cheviller).

Je crois que cet ordre méthodique dans le classement des outils évitera la peine de les chercher lorsqu'il faudra s'en servir, et que, par ce moyen, l'ouvrier économisera ce qu'il a de plus cher, c'est-à-dire le temps qu'il emploie à travailler au lieu de l'employer à chercher ses outils.

De l'Atelier du Charronnage.

En adoptant la disposition que j'ai énoncée plus haut, l'atelier du charronnage occupera le n° 3 et viendrait immédiatement après l'atelier des menuisiers.

Il se compose en grande partie des outils du menuisier, mais avec quelques différences.

1° La *planche à dessin* est plus grande : elle doit avoir au moins 3 mètres 50 centim. (10 pieds 6 pouces) de long sur 2 mètres 60 centim. (7 pieds 10 pouces) de hauteur. Elle se sépare de même en deux parties.

2° L'*établi* est de la même grandeur, mais il n'a qu'une seule presse verticale adaptée au pied de l'établi qui se trouve à la gauche de l'ouvrier lorsqu'il travaille ; les accessoires de l'établi sont les mêmes.

3° Les *scies* sont les mêmes, excepté que les scies à refendre et à chantourner sont à dents à crochet ; l'accessoire de la scie de travers est un chevalet (*fig.* 9, *Pl.* 1).

4° Les *rateliers*, ciseaux, gonges, vrilles et mèches, ainsi que les vilebrequins, sont fabriqués de la même façon.

Voici maintenant le détail des gros outils qui composent le mobilier de l'atelier du charronnage :

1º La *selle* représentée en perspective (*fig.* 5, *Pl.* I) ; c'est ordinairement un tronc d'arbre de 60 à 70 centimètres (22 à 26 pouces) de circonférence et coupé horizontalement sur une épaisseur de vingt centimètres (7 pouces 1/2) ; au milieu de la surface supérieure s'élève une petite cheville de fer de 10 centimètres (4 pouces) de saillie.

Cette espèce de billot est soutenue sur trois pieds de bois posés en forme de triangle à chaque tiers de la surface inférieure. La hauteur totale de la selle est généralement de 1 mètre (3 pieds) ; elle sert ordinairement au charron à mettre le moyeu de la roue dessus, lorsque la roue est en hérisson, pour présenter, compasser et marquer les jantes, c'est ce que l'on appelle mettre une roue sur selle. Dans toutes ces opérations, la cheville entre dans le moyeu et sert d'axe pour faire tourner le hérisson.

2º L'*évidoir*, que la figure 6 représente en plan, et la figure 7 en perspective.

C'est un assemblage de forme quadrilataire, formé par deux pièces de bois portant chacune au milieu une échancrure carrée et assemblées à chaque extrémité par deux traverses qui forment tenon. C'est dans les échancrures que l'on assujettit les jantes de roue que l'on veut évider, c'est-à-dire dont on veut régler la partie concave. La jante y est retenue par des coins. Le charron se sert aussi quelquefois d'un support simple (*fig.* 8).

3º Le *jantier* représenté (*fig.* 10) en perspective et (*fig.* 11) de profil.

Il consiste en quatre morceaux de bois assemblés carrément et supportés par quatre pieds montants, dont l'extrémité supérieure doit dépasser l'assemblage de chacun 20 centim. (7 pouces 1/2). Ces quatre pieds servent à embrasser plusieurs jantes accolées les unes à côté des autres et maintenues en place par deux coins. Le jantier sert à percer les

mortaises des jantes dans lesquelles doivent entrer les broches des rais de la roue.

4o Le *moyoir* représenté dans la figure 25 en perspective, et
dans la figure 26 en plan.

C'est encore un châssis carré monté sur trois pieds de chacun 5o centimètres (1 pied 6 pouces) de hauteur; il y a
dans le milieu de ce châssis une traverse mobile, laquelle
porte dans son milieu une broche qui constitue, avec une autre
broche semblable fixée dans le bâti du châssis, deux axes
sur lesquels on assujettit les moyeux par leurs extrémités au
moyen d'un coin qui sert à fixer la traverse mobile. C'est
lorsque le moyeu est fixé dans cette position, que l'on y perce
et équarrit les trous des mortaises qui doivent recevoir les rais.
Dans quelques ateliers de village, on se sert d'un petit moyoir
ou *mouillet* représenté *fig.* 12.

La *chèvre* a été représentée en perspective dans la figure
9 *bis.*

On désigne par ce nom une pièce de bois de 2 mètres 3o
centim. à 2 mètres 5o centim. (7 pieds 4 pouces à 7 pieds
6 pouces) de longueur sur 12 centimètres (4 pouces 5 lignes)
d'équarrissage au petit bout inférieur et 20 centimètres (7
pouces 5 lignes) d'équarrissage au bout supérieur qui est
monté par son extrémité haute sur des pieds qui forment
deux joues de charnières, lesquelles sont percées chacune
d'un trou dans lequel vient passer un boulon servant d'axe,
à la partie supérieure de la queue de la chèvre, qui est un
levier de première espèce. Le boulon qui lui sert d'axe ou
de point d'appui sur les pieds étant placé entre la puissance
et la résistance, les pieds se composent de deux morceaux de
bois assemblés angulairement, de manière à être écartés dans
le bas d'au moins 5o centimètres (1 pied 6 pouces), pour se
réunir dans le haut à l'épaisseur de la queue de la chèvre ;
ces pieds sont assemblés dans le bas par deux traverses qui en
maintiennent l'écartement. Il faut avoir soin, lorsque l'on

perce les deux trous des axes de la queue de la chèvre, de les disposer de manière à ce qu'ils forcent le mancheron de la queue à s'appuyer sur les traverses d'écartement des pieds, ce qui s'obtient en perçant environ 4 à 5 centim. (18 à 22 lignes) plus en arrière le trou de l'axe du corps de la chèvre que celui de l'axe des pieds. Dans quelques ateliers, on désigne aussi par le nom de *petite chèvre,* le chevalet ordinaire (*fig.* 9) dont on se sert souvent en charronnage.

Voici en général l'ordre dans lequel on emploie les outils de charron :

1° Les *outils à tracer ,* qui sont les mêmes à peu près que ceux du menuisier, on y distingue cependant les suivants : le *temple,* morceau de bois ayant 5 centimètres (2 pouces) d'épaisseur sur toute la longueur, et une largeur par le petit bout de 7 centimètres (3 pouces), et par le gros bout, il doit avoir 8 à 9 centimètres et être terminé en demi-rond. L'on perce au centre du gros bout un trou destiné à recevoir la vis qui le maintient sur le moyeu. Le temple sert à *enrayer,* c'està-dire, à marquer, quand les rais sont placés, la distance à laquelle il faut former les tenons ou broches des rais.

Le *cintre* (*fig.* 13), ou règle de charron, que l'on désigne aussi par le nom d'*alilade* : c'est une barre de bois plate qui sert à mettre les roues à la hauteur voulue ; à tracer les coupes des joints, etc.; cet outil n'a rien de spécial.

Le *compas* de *charron* (*fig.* 14) sert à tracer sur les bouts des moyeux différents cercles concentriques au trou qui a servi de centre pour les tourner, afin de régler la grandeur du trou qui doit recevoir l'essieu.

2° Les *outils à débiter,* qui sont : le fermoir, les ciseaux et le maillet comme le menuisier, les coins en fer et en bois, les scies, qui sont les mêmes que celles qu'emploie le menuisier, excepté que les scies à refendre et à chantourner sont affûtées à dents à crochets. La cognée et la hache, instruments que tout le monde connaît, et qui sont représentés *Pl.* 1, *fig.* 15

et 19); l'essette que la figure 16 montre en perspective, c'est un morceau de fer courbé d'un bout qui est aplati et tranchant, et de l'autre fait en forme de tête de marteau. L'essette sert à frapper sur la tête des coins pour maintenir les jantes dans l'évidoir; à peu près aux trois quarts et du côté de la tête ou marteau, est une douille soudée sur le corps et formant l'œil dans lequel on fixe un manche d'environ 50 centimètres (18 pouces) de longueur. L'essette sert au charron pour dégrossir les parties concaves des morceaux de bois qui composent une voiture, tels que les jantes, etc.

3° Les *outils à percer*, qui sont les mêmes que ceux employés par le menuisier, mais de plus la gouge carrée (*fig.* 17) et des tarières - tarauds, pour percer des trous ronds d'un grand diamètre dans le bois. Le charron en a de différents diamètres et de plusieurs formes, tels que les tarières à mouches, les tarières à cuillères, les tarières en spirale à un ou à deux couteaux : la figure 18 représente la forme d'une tarière à cuillère, la figure 20 l'amorçoir.

Les tarauds de charron sont de grandes tarières à cuillère de forme conique, et ayant dans leur extrémité inférieure, qui est la plus étroite, un petit crochet relevé du côté de la partie concave, et destiné à retirer les copeaux que découpent les tarauds.

4° Les *outils à corroyer, planer, allégir* et *polir*, sont absolument les mêmes que ceux du menuisier, mais le charron se sert de plus, et principalement, de la plane (*fig.* 22), qui est généralement connue de tout le monde; c'est une espèce de couteau emmanché par les deux extrémités qui ont été préalablement étirées et amincies pour former les soies qui sont coudées en retour sur deux sens et qui se terminent par deux manches tournés en forme de poire. Le taillant est affûté à planche du côté qui porte sur le bois, et qui décrit en plan une ligne courbe légèrement convexe, et il est affûté à biseau sur sa partie supérieure qui se trouve naturellement concave.

C'est toujours avec la plane que l'ouvrier charron corroie les bois qui décrivent des lignes courbes sur tous les sens. Et c'est son principal outil pour planer et allégir toutes les pièces qu'il façonne avec le bois.

5° Les *outils à assembler* et à maintenir sont absolument les mêmes que ceux du menuisier, seulement ils sont généralement plus robustes. Nous citerons cependant en particulier le suivant : la *chaîne* représentée *fig.* 21, qui est un outil formé de plusieurs gros chaînons carrés longs et soudés; à l'une de ses extrémités est une grosse vis de fer retenue au dernier chaînon par un anneau : à l'autre bout est un morceau de fer carré creusé en long et fait en écrou ; ce mouffle est propre à recevoir la vis que nous venons de décrire. L'ouvrier se sert de cet instrument pour approcher les rais d'une roue, et pour les faire entrer dans les mortaises des jantes : ce qu'il exécute en entourant de cette chaîne deux rais, et en les forçant de s'approcher par le moyen de l'écrou et de la vis qu'il assemble et qu'il sert avec une clef à vis.

De même que pour l'atelier du menuisier, il existe une foule d'outils dont l'emploi n'est pas général dans le charronnage, ce qui fait que je me dispenserai d'en donner la nomenclature ; mais quelques charrons se servent de l'*étau* ordinaire en fer, appelé étau à pied ; c'est un outil qui se compose de deux leviers de troisième espèce, qu'on appelle les jumelles, et dont celle de derrière porte à peu près à la moitié de sa hauteur deux joues ou platines, soudées après le corps et percées chacune d'un trou destiné à recevoir le boulon, qui sert d'axe à l'extrémité inférieure de l'autre jumelle. L'extrémité supérieure des jumelles est terminée par deux mâchoires ou mords, qui sont taillés intérieurement comme une lime et offrent par l'aspérité de leurs tailles des points de contact qui s'incrustent légèrement dans les pièces, ce qui contribue à maintenir celles-ci très-solidement.

Un peu au-dessous des mâchoires, les jumelles sont percées

chacune d'un trou destiné à recevoir la boîte ou douille, qui est taraudée intérieurement pour y loger une vis mise en mouvement par un levier transversal appelé manivelle.

Les deux mâchoires de l'étau se rapprochent l'une contre l'autre au moyen d'un mouvement circulaire que l'on imprime à la manivelle dans la direction du côté droit, et elles s'écartent par l'effort d'un ressort réacteur, aussitôt et à mesure que l'on desserre la vis en lui imprimant un mouvement circulaire dans la direction du côté gauche au moyen de la manivelle.

Cet étau se pose ordinairement à 65 ou 70 centimètres (24 ou 26 pouces) d'écartement du mur, sur un établi qui doit recevoir autant que possible le jour en face.

DE L'ATELIER DE LA FORGE.

En continuant d'adopter la disposition que j'ai proposée plus haut dans le commencement de cet article, l'atelier de la forge occuperait le n° 4 et il serait contigu à l'atelier du charronnage avec lequel il devrait avoir une communication intérieure par une grande porte vitrée.

Si l'on était à même de construire les divers ateliers de carrosserie sur cette donnée, il en résulterait que toutes les baies des portes, qui seraient percées dans les murs de refend, formeraient une enfilade, ce qui permettrait de voir intérieurement d'un bout à l'autre des bâtiments.

Par cette disposition on obtiendrait, dans l'atelier, un très-beau jour par les façades longitudinales extérieures.

En outre, le magasin qui forme le n° 1 et l'atelier de la forge qui constitue le n° 4 se trouveraient éclairés par les baies pratiquées dans les murs extérieurs des côtés.

Enfin, tous les ateliers se trouveraient éclairés intérieurement par le faux-jour des baies intérieures des murs de refend.

Toutes les conditions de clarté et d'hygiène se trouveraient donc remplies, si l'on établissait la ventilation comme nous l'avons dit plus haut à l'article du magasin.

L'on entend par cette dénomination d'atelier de la forge, l'endroit dans lequel on forge, lime, taraude, ajuste et pose toutes les pièces de fer et d'acier qui servent à consolider, supporter et à suspendre toutes les pièces de bois qui composent une voiture.

La forge est le principal atelier du carrossier, attendu que les travaux de menuiserie en voiture, ou ceux de charronnage peuvent avoir été mal faits, ou ne pas avoir l'élégance ni la délicatesse de forme que l'on pourrait désirer ; mais que si ces travaux sont bien consolidés par de bonnes ferrures, bien appropriées à l'usage qu'elles doivent faire, ces travaux seront d'une solidité irréprochable ; tandis qu'au contraire, que quelque bien exécutée qu'ait été la main-d'œuvre du menuisier et du charron, si on consolide les pièces avec des ferrures mal appropriées à l'usage auquel on les destine, le travail ne présentera aucune des garanties que l'on est en droit d'exiger dans l'emploi des voitures.

Nous avons dit que l'atelier de la forge devait être le plus éloigné qu'il soit possible du magasin, pour les causes que nous avons signalées plus haut.

Nous le supposons donc placé dans les conditions que nous avons signalées ci-devant, et nous allons nous occuper de donner la nomenclature et le classement du mobilier qui en compose les diverses parties et qui sont : 1° le foyer, 2° l'âtre, 3° la hotte, 4° le soufflet, 5° l'enclume, et 6° les marteaux.

1° Du Foyer.

C'est une plate-forme qui est élevée de 85 à 90 cent. (2 pieds 7 p. à 2 pieds 9 p.) au-dessus du niveau du sol de l'atelier, c'est ce qu'on appelle ordinairement la sole du foyer ;

elle est généralement construite en briques ordinaires, excepté le milieu qui est établi en briques réfractaires ; généralement la surface de la sole ou plate-forme du foyer se construit de forme concave sur le dessus, de manière à présenter à la place de la tuyère une profondeur de 15 à 16 centimètres (5 pouces 7 lignes à 5 pouces 11 lignes).

2° De l'Atre.

Vers le milieu de la largeur, mais construit à peu près à 70 ou 80 cent. (2 pieds 2 p. ou 2 pieds 5 p.) du mur sur lequel s'appuie la plate-forme, s'élève l'âtre qui est construit en briques réfractaires ou en tuileaux, à l'exception de la place de la tuyère qui est généralement un bloc de fonte de première fusion, lequel est traversé dans le sens de sa longueur par un canal circulaire qui va en s'évasant du côté de la buse du soufflet, et qui diminue de diamètre intérieur du côté du foyer.

La tuyère, lorsqu'elle est neuve, se place en saillie de 2 à 3 centimètres (9 à 13 lignes) en avant de la façade de l'âtre.

Quelques ouvriers placent le milieu du diamètre du trou ou canal de la tuyère horizontalement, et au-dessous du niveau de la partie supérieure de la plate-forme. Cette méthode a le désagrément, lorsque l'on suspend l'action du soufflet après une forte chaude, de laisser séjourner le mâche-fer contre le trou de la tuyère, ce qui le bouche presque chaque fois ; et lorsqu'il faut le déboucher, cela cause une perte de temps considérable, tant par le refroidissement de la pièce qui est sur l'enclume que par celui que l'on emploie pour le déboucher ; mais il y a encore un inconvénient très-grave, c'est de faire consommer plus de charbon, puisqu'il faut presque toujours reconstruire le feu avec du charbon frais, ce qui, dans certaines circonstances, est très-nuisible au dégagement du calorique que produit le charbon lorsqu'il est transformé en coke ; et il est prouvé, par l'expérience, qu'il est plus difficile de faire une bonne soudure avec du charbon frais qu'avec du charbon transformé en coke.

On peut remédier, en grande partie, à ces inconvénients en plaçant le milieu du trou ou canal de la tuyère à environ 3 centimètres (1 pouce) au-dessus du niveau de la partie supérieure de la plate-forme, en ayant la précaution de disposer la tuyère légèrement en pente, pour forcer le vent qui s'y introduit de la buse du soufflet de plonger dans le foyer, ce qui procure tous les avantages de l'autre méthode sans en avoir les désagréments.

3° De la Hotte ou Cheminée.

Il faut que la cheminée que l'on appelle la hotte et qui se place desssus la sole du foyer, soit assez vaste pour contenir la colonne de fumée qui se dégage du combustible, et qu'elle soit placée de manière, et à une telle hauteur, que l'ouvrier forgeron ne soit pas gêné pour regarder dans le feu du foyer.

Du Soufflet.

On se sert généralement dans la carrosserie du soufflet à double vent.

Cette machine se compose généralement de trois plateaux de forme ovale, assujettis, par leurs côtés les moins larges, à une pièce de bois appelée têtière : 1° le plateau inférieur qui est mobile se nomme volant ou ventilateur ; 2° le plateau du milieu se nomme le diaphragme, il est immobile et fortement fixé après la têtière ; 3° le plateau de dessus se nomme le recouvrement ; 4° le tout est recouvert d'une peau de vache clouée sur les parois extérieures des trois plateaux, et tellement ajustée et maintenue en place par des clous à large tête que l'air ne peut s'échapper que par le trou de la têtière, percé au-dessus du diaphragme auquel est fixé un tuyau appelé buse.

Par cette disposition on évite l'interruption de la colonne d'air, que l'on projette dans le foyer.

Voici comment le courant d'air arrive dans le foyer : le soufflet étant divisé en deux compartiments qui communiquent entre eux par une soupape percée vers le milieu de la largeur du diaphragme ou deuxième plateau, le compartiment inférieur ou ventilateur, lorsqu'il descend, aspire l'air par une soupape, mais au lieu de le lancer dans la buse lorsqu'il le rapproche du diaphragme, il le force à passer dans le compartiment supérieur ou réservoir au moyen de la soupape du diaphragme.

Un poids qui est placé sur le plateau supérieur quand celui du plateau ne suffit pas le force à descendre dès que le plateau inférieur s'éloigne, et l'air comprimé par la pesanteur du plateau et du poids est forcé de s'échapper par la buse, d'où il arrive au foyer pour activer le feu au moyen de l'oxygène de l'air qu'il projette sur le combustible.

On augmente la force et la vitesse du vent en augmentant la charge ou poids du plateau supérieur, mais toutefois en se renfermant dans certaines limites qu'il ne faut jamais dépasser.

Le soufflet est assez ordinairement suspendu au plafond de l'atelier au moyen d'un bâti en bois ou en fer, et se met en mouvement par une branloire qui forme levier de première espèce.

A l'extrémité la plus courte du levier est fixée une chaîne qui s'attache de l'autre bout au milieu de la partie postérieure du ventilateur : ledit levier supporte, à l'extrémité de la partie la plus longue, une chaîne de petite dimension qui est terminée par une poignée transversale. Le point d'appui de la branloire est ordinairement fixé au plafond de l'atelier.

La peau de vache qui est fixée sur les plateaux des soufflets doit être entretenue constamment souple par l'ouvrier, qui doit avoir la précaution de la dégraisser de temps en temps avec de l'eau légèrement saturée de sel de potasse d'Amérique; et lorsque le cuir sera à moitié sec, il le graissera avec de bonne huile de pied de bœuf ou bien avec de l'huile de poisson.

Je ne crois pas nécessaire d'entrer davantage dans les détails de la construction des soufflets. Le forgeron-carrossier se livre bien rarement à cette fabrication, et ordinairement il achète un soufflet tout fait, ce qui lui coûte meilleur marché.

De la position et de l'emplacement de la sole du foyer.

Le foyer se place presque toujours à l'endroit le plus sombre de l'atelier, et autant que possible au milieu du côté sur lequel il doit s'appuyer, mais de manière, cependant, que le jour vienne éclairer autant que possible la table de l'enclume, qui doit toujours être à proximité du foyer ; il ne faut pas croire cependant, en suivant les indications ci-dessus, que l'on puisse placer le foyer dans un endroit obscur, car, je le répète, on ne peut jamais avoir un trop beau jour pour travailler.

De l'Enclume.

L'enclume se compose de trois parties, savoir : la table ; elle présente trois plans différents, savoir : la bigorne carrée, la table proprement dite qui est la surface plate qui vient immédiatement après la bigorne carrée, et qui se trouve à plomb du corps et des pieds, et la bigorne ronde.

Le corps est la partie comprise au-dessous des bigornes et le dessus des pieds.

Les pieds sont la partie qui forme saillie dans la base de l'enclume.

On se sert de la bigorne carrée pour forger les parties étroites qui forment saillie, et de la table pour marteler et corroyer les parties forgées ; enfin, on se sert de la bigorne ronde pour étirer. On emploie principalement les bigornes pour façonner les parties creuses, circulaires ou carrées d'un petit diamètre.

A l'extrémité de la table au ras de la naissance de la bigorne ronde, du côté qui regarde le forgeron lorsqu'il travaille à son enclume, se trouve un trou percé à environ 6 centimètres (2 pouces) du bord de l'enclume, et dont la partie inférieure vient aboutir à la naissance du corps de l'enclume. Ce trou qui est percé en pente est ordinairement carré dans la partie supérieure, et il sert à recevoir la queue des étampes, pour les maintenir à poste fixe sur l'enclume.

Les qualités d'une bonne enclume, telles qu'elles doivent être recherchées dans cet outil, sont : 1° d'être très-vive sur les angles ; 2° d'être très-dure de table sans cependant être susceptible de grainer sur les angles ; 3° d'avoir une surface bien nette et bien polie ; 4° d'être bien sonore.

On peut s'assurer si l'enclume est dans les conditions de trempe mentionnées sous le n° 2, au moyen d'une lime ou bien d'un burin de graveur, en acier fondu. Le son bien net et clair que produit une bonne enclume dénote qu'elle est compacte, homogène, sans bavures ni soufflures.

Nous avons dit plus haut que l'enclume devait toujours se trouver près du foyer. Ce qui doit premièrement déterminer la position de l'enclume, c'est la proximité du jour, pourvu, toutefois, qu'elle ne se trouve pas éloignée de plus de 1^m,50 à 1^m,60 (4 pieds 7 pouces à 5 pieds) du foyer pour les grosses pièces.

On conçoit facilement que si elle était plus éloignée du bord extérieur du foyer, l'ouvrier fatiguerait trop pour porter dessus les grosses pièces qu'il fabriquerait, et que dans le transport les petites pièces se satureraient trop vite d'oxygène, ce qui le gênerait pour faire de bonnes soudures.

On fixe l'enclume sur un fort billot de bois, qu'on a préalablement scellé en terre. La hauteur totale de la table de l'enclume, lorsqu'elle a été fixée sur un billot, ne doit pas excéder 75 à 78 centimètres (2 pieds 3 pouces à 2 pieds 5 pouces) au-dessus du sol de l'atelier; plus bas, elle forcerait l'ouvrier forgeron à se courber, ce qui le fatiguerait beaucoup dans un travail continu; et, plus haut, le frappeur qui se trouve devant l'enclume ne pourrait plus frapper d'aplomb sur la tête des outils, sans diminuer la force de percussion, qui est déterminée par le poids du haut de son corps et la force musculaire de ses bras, ce qui serait un grave inconvénient.

On place généralement sur la hotte de la forge un râtelier qui est destiné à recevoir les diverses sortes de tenailles dont se sert l'ouvrier forgeron pour la manipulation du fer, lorsqu'il est chaud, et dont voici la désignation : 1° les tenailles droites plates; 2° les tenailles croches plates; 3° les tenailles croches rondes ; 4° les tenailles tricoises; 5° les tenailles à cintrer les ressorts; 6° une paire de tenailles à bouton.

Il va sans dire que l'on doit avoir des tenailles de diverses forces et grandeurs de chaque espèce pour pouvoir tenir plus facilement les divers morceaux de fer que l'on doit forger, ce qui évitera les pertes du temps que l'on emploierait pour les ajuster, opération qui a le désagrément, lorsqu'elle est renouvelée trop souvent, de diminuer de beaucoup la durée des tenailles et d'occasioner une perte de capitaux et de combustible assez considérable.

Quelques ouvriers placent immédiatement sur la sole du foyer et vis-à-vis l'âtre de la forge, un garde-feu mobile construit en briques réfractaires et destiné à maintenir le charbon, ce qui apporte une grande économie dans l'emploi de ce combustible. L'on pose devant le garde-feu un tisonnier croche, un tisonnier droit pour attiser le feu et une raclette, que l'on emploie à maintenir le charbon, lorsque l'on retire les pièces du feu.

L'on doit avoir eu la précaution, lorsque l'on a construit la sole du foyer, de réserver dans le massif et en dessous de l'âtre un espace vide surmonté d'une voûte qui soutient la surface de la sole sur laquelle est construit le foyer. Cet espace doit être assez vaste pour contenir une auge soit en pierre, soit en bois, destinée à contenir l'eau, ainsi que le goupillon pour arroser le charbon enflammé du foyer.

Un autre baquet ou auge, soit en bois ou en pierre, se place ordinairement du côté où le forgeron met son fer au feu et dans l'angle qui se trouve formé par la saillie du foyer et la partie droite du mur sur lequel il est bâti. Ce baquet ou auge est destiné à contenir le charbon avec lequel on alimente le foyer ou fourneau, et il doit être muni d'une pelle pour prendre le combustible.

Derrière le baquet à charbon, qui par la disposition ci dessus se trouve à la portée de l'ouvrier, on place un râtelier qui doit être fixé sur la partie libre du mur. Ce râtelier est destiné à recevoir tous les dessus d'étampes, qui sont emmanchés, ainsi que les gravoirs, les tranches, gouges, chasses plates et à biseau, poinçons, etc., qui sont nécessaires pour la confection des pièces que l'ouvrier est susceptible de forger.

Des Marteaux.

Ce sont des organes simples de percussion de la plus haute antiquité, les outils qui, du premier coup, remplissent le but d'utilité que l'on se propose en les fabriquant.

Cependant il est peu d'ouvriers qui sachent donner à la masse du marteau la forme la plus maniable et la plus élégante qu'ils sont susceptibles d'avoir. Il y a dans un marteau trois parties distinctes, ce sont : 1° l'aire ou la frappe : c'est le gros bout destiné à planir et marteler le métal ; 2° la panne, qui se compose de l'extrémité la plus mince ; 3° l'œil, qui est le trou rectangulaire dont le milieu est percé à peu près au tiers de la hauteur totale de la masse et du côté de l'aire ou frappe. On laisse autant de distance entre la partie supérieure du marteau comprise entre l'extrémité et le bord supérieur du trou du manche qu'il y en a entre la partie inférieure ou aire et le bord supérieur, et y compris ledit trou, ce qui fait que la totalité du trou jusqu'à l'extrémité de la partie inférieure de la frappe, forme la moitié de la hauteur totale du marteau, qui, ayant été construit dans ces conditions, se trouve presque toujours bien à la main de l'ouvrier qui l'emploie, attendu que les conditions d'équilibre sur le manche se trouvent à peu de chose près remplies par chaque partie.

Il y a plusieurs sortes de marteaux, savoir : les rivoirs, les marteaux à main, les marteaux à frapper devant.

On nomme rivoir un petit marteau du poids de 750 grammes jusqu'à 1 kilogramme (1 livre 1/2 à 2 livres). Le marteau à main pèse à peu près 2 kilog. (4 livres); c'est celui que le forgeron emploie et fait mouvoir d'une seule main pour marteler le fer et marquer la place que les frappeurs doivent marteler avec les gros marteaux à frapper devant, qu'ils font mouvoir avec les deux mains appliquées sur le manche, et qui pèsent généralement de 6 à 8 kilog (12 à 16 livres).

Il y a deux formes de marteaux à frapper devant, savoir : 1° les marteaux dont la panne est transversale avec l'œil du marteau, et 2° les marteaux dont la forme est parallèle à la direction de l'œil.

Il y a aussi le marteau à tête ronde à ressort; on désigne sous ce nom un marteau dont la frappe est sphérique comme une boule et dont la panne est parallèle à la direction de l'œil. L'extrémité de la panne doit être de forme angulaire, obtuse, très-bien aciérée des deux bouts et trempée très-dure, sans être susceptible de grainer. Ce marteau sert à donner de la bande aux ressorts et à ajuster les feuilles; il pèse ordinairement de 1 à 2 kilogrammes (2 à 4 livres).

Je vais donner maintenant la nomenclature des principaux

outils nécessaires au forgeron, ce sont : 1° les étampes à boulons, 2° les étampes à gougeons, 3° les étampes à embases,
4° les étampes à congés, 5° les étampes à bandes, 6° les fortes
étampes pour les corps et les fusées d'essieu. Toutes ces
étampes sont formées chacune d'un fort morceau de fer de
20 à 22 centimètres (7 pouces 5 lignes à 8 pouces 2 lignes) de
hauteur totale, lequel est percé d'un œil situé à peu près aux
trois quarts de sa base lorsque la superficie en est forte, et un
peu plus haut si elle est étroite. Ce trou est destiné à recevoir
l'extrémité du manche avec lequel le forgeron le maintient
sur la pièce qu'il est en train de forger. La superficie inférieure
présente une surface qui est modelée suivant la pièce qu'elle
est destinée à fabriquer. Ces outils se placent, lorsque l'on ne
s'en sert pas, dans le râtelier que nous avons indiqué plus
haut, ainsi que les gravoirs, qui sont des outils avec lesquels
on sépare à froid le fer ou l'acier, et qui sont ordinairement
fabriqués en acier fondu, auquel on donne la forme d'une
tranche; tous ces outils doivent se ranger dans le râtelier par
catégories et suivant leurs dimensions.

Au-dessus de ce râtelier on pose une tablette pour recevoir
les étampes de dessous pour l'enclume (on nomme ainsi des
morceaux de fer méplat auxquels on a soudé une queue destinée à entrer dans le trou de l'enclume pour servir à les
maintenir à poste fixe sur la table de ladite enclume). La surface supérieure desdites étampes est modelée suivant les
pièces qu'elles sont destinées à fabriquer, et elle doit corres-
pondre parfaitement avec celle des étampes de dessus. On
doit les placer dans le même ordre tant sur la planche que
dans le râtelier, afin que lorsque l'on a besoin d'une série d'é-
tampes, on puisse trouver les deux parties qui la composent, sans avoir besoin de les chercher.

On place immédiatement après : 1° les mandrins ronds,
2° les mandrins carrés, 3° les mandrins méplats. Tous les
mandrins doivent se trouver logés au-dessus des poinçons avec
lesquels ils correspondent.

Il doit y avoir dans l'atelier, et non loin de l'enclume, une auge ou bassin destiné à contenir de l'eau fraîche pour la trempe des ressorts, et il faut, autant que possible, que l'eau puisse en être renouvelée au moyen d'un conduit qui descende l'eau froide jusqu'en bas, et d'un autre conduit à l'extrémité supérieure qui fasse échapper le trop-plein de l'eau. On a de la sorte une eau qui se maintient, autant que possible, au même degré de température, ce qui est nécessaire pour la régularité de la trempe.

De l'Etabli des Limeurs ou Ajusteurs.

L'établi est la table sur laquelle on travaille ; il doit être fort et fixé de manière à ne pas être ébranlé par les coups de marteau qu'il reçoit par contre-coup.

C'est un madrier de bois dur, soit en hêtre, soit en orme ; il doit être scellé dans le mur ou sur le sol de l'atelier et placé de manière à être très-bien éclairé par un jour direct. Il est ordinairement fixé à 75 ou 80 centimètres (2 pieds 4 pouces ou 2 pieds 6 pouces) au-dessus du sol de l'atelier.

Des Etaux.

Les étaux sont fixés sur le bord de l'établi, à l'aide de deux branches solidement attachées, par une bride, à l'une des jumelles de l'étau.

Les limeurs-carrossiers ne se servent généralement que de l'étau à pied, qui doit être fixé d'une manière solide à l'établi. Mais je conseille au charron-carrossier d'avoir au moins un étau tournant sur le sens horizontal, qui lui serait très-utile dans une foule de circonstances.

Comme tout le monde connaît la forme d'un étau à pied ordinaire, tel que l'on s'en sert dans la carrosserie, je crois qu'il n'est pas nécessaire d'en faire une description détaillée, et je vais donner la manière générale d'en fixer à peu près la hauteur et l'écartement, pour la plus grande facilité de l'ouvrier qui s'en sert.

Pour que l'étau soit placé à la hauteur convenable pour l'ouvrier qui en fait usage, il faut, lorsqu'il est debout auprès de son étau, que son coude porte sur les mâchoires de l'étau, et que sa main étant fermée touche sous son menton, sans qu'il s'élève ni qu'il se baisse.

Il est une remarque à faire lorsque l'on achète un étau : on doit faire attention si la vis est régulièrement filetée, si les pas sont profonds, vifs et réguliers. On visite la boîte pour vérifier si le pas la parcourt dans toute sa longueur et profondeur, ce qui est indispensable pour une bonne construction.

Lorsque la boîte et la vis ont été vérifiées, on fait attention aux mords, on s'assure s'ils sont justes et bien trempés. S'ils ne sont pas criqués dans la partie de l'œil, et si la mâchoire mobile conserve, autant que possible, le niveau de la mâchoire fixe.

On doit aussi vérifier si le ressort agit facilement et sans soubresauts.

Il faut, autant qu'on le peut, que les étaux soient placés à 1^{m}50 (4 pieds 1/2) de distance l'un de l'autre pour que les ouvriers ne se gênent pas en travaillant.

En face de chaque étau, on place un râtelier destiné à contenir : 1° une lime plate et une lime demi-ronde des deux au paquet et d'une taille ordinaire, une lime plate et une lime demi-ronde de taille bâtarde, une lime plate et une lime demi-ronde douce, une lime carrée dite lime à potence, et une lime ronde dite queue de rat ; de taille bâtarde, un tiers-point ou tire-point de taille douce. L'on doit aussi y joindre une grosse lime carrée appelée carreau, du poids de 7 à 8 kilog. (14 à 16 livres) et taillée à gros grains.

Il doit y avoir aussi, accrochés à des broches, en face de l'étau et sur le mur qui maintient l'établi, un étau à main, appelé tenaille à vis, et une paire de tenailles à chanfrein, une scie à refendre, un fût de vilebrequin, et une ou deux brides à main.

Sous l'établi et posé au pied de l'étau, soit à droite, soit à gauche, il doit encore y avoir un tiroir, fermant à clef, et destiné à serrer les outils du limeur dont nous allons donner la nomenclature.

1° Un rivoir; 2° trois burins en acier fondu; 3° deux grains d'orge; 4° un pointeau; 5° deux gouges, trois poinçons de différentes grosseurs; 6° un chasse-pointe; 7° plusieurs équarrissoirs; 8° deux tourne-vis de différentes grandeurs et largeurs; 9° trois vrilles de différentes grosseurs; 10° une demi-douzaine de mèches; 11° un ciseau sans manche tout en acier fondu pour entailler le bois quand on pose les ferrures; 12° deux gouges à bois.

On doit placer aussi dans l'atelier un étau spécialement destiné à maintenir les pièces qui ont besoin d'être percées et taraudées. Cet étau est fixé, autant que possible, à un établi distinct de l'établi des limeurs. Cette séparation est nécessaire si l'on veut empêcher les limes de se graisser ainsi que les pièces que l'on a besoin de limer.

Sur le mur qui soutient cet établi, doit être scellée une mécanique mobile pour forer et disposée de manière à ce que la pointe de la vis qui sert d'axe au fût, vienne tomber à plomb sur les pièces que l'on veut percer et que l'on maintient au moyen de l'étau. Le fût de cette mécanique se dépose sur un râtelier qui est fixé au mur près de la machine à percer.

On doit aussi avoir un râtelier disposé de manière à recevoir les différentes espèces de filières, et sous l'établi, immédiatement de chaque côté de l'étau, on doit trouver deux tiroirs dont l'un est destiné à recevoir les mèches ou forets de différentes grosseurs qu'on destine à percer les trous à froid dans les pièces de ferrures, ainsi que les fraises et les alésoirs.

Dans le second tiroir de l'autre côté, l'on place les tarauds de différentes grosseurs et de diverses sortes de pas, ainsi que les coussinets de rechange qui se posent dans les fûts des filières doubles.

Tous ces outils étant parfaitement connus, je me dispenserai d'en décrire plus particulièrement la forme et l'emploi.

Il existe encore une foule d'autres outils ou appareils; mais comme ils ne sont pas d'un usage général, je me dispenserai de les mentionner dans cet article, me réservant de faire connaître, par des descriptions spéciales, à mesure que l'occasion s'en présentera, ceux destinés à abréger la main-d'œuvre, et dont l'emploi paraît avoir été sanctionné dans leur application dans l'industrie qui nous occupe par l'expérience; mais en attendant, nous allons décrire un four à chauffer les bandages de roues, dont on doit l'invention à M. Arnoux; une machine à dresser et embattre les roues de MM. Thorel, et le taraud équarrissoir de M. Mariotte.

Four à chauffer les bandages de roues de voitures.

On a reconnu généralement que pour obtenir une roue de voiture parfaitement ronde, il fallait chauffer le bandage également sur toute sa circonférence, car la partie la plus chauffée éprouve le plus de retrait et comprime plus ou moins le rayon dans la partie où le bandage est plus ou moins chauffé.

D'un autre côté, avec l'ancien système de chauffage, il fallait des fours aussi larges que le diamètre du bandage; on chauffait ainsi, non-seulement très-inégalement, le bandage, mais on consommait une énorme quantité de combustible pour chauffer très-peu de fer.

M. Arnoux, ancien officier d'artillerie et directeur des ateliers des messageries générales à Paris, a construit un four qui obvie à tous les inconvénients reconnus dans l'ancien système, et dont on fait usage dans les grands ateliers de Londres et de Paris.

Dans le four de M. Arnoux, le cercle de roue est placé perpendiculairement, au lieu d'être placé horizontalement, ce qui permet de chauffer cinq à six bandages de roues placés les uns à côté des autres; ils sont posés sur deux cylindres en fonte, qui tournent avec une vitesse de cinq ou six révolutions par minute; ces cylindres, par leur adhérence avec les cercles des roues leur communiquent un mouvement de rotation. Des barres d'écartement sont placées dans l'intérieur du four entre chaque bandage, afin de pouvoir les introduire dans le four et les en retirer à volonté; des ouvertures sont pratiquées à l'intérieur des cylindres; afin de permettre à l'air froid d'y passer et d'empêcher ainsi qu'ils ne s'échauffent trop; des tuyaux s'adaptent à la partie opposée, où se trouve l'engrenage qui les commande, afin d'établir un tirage.

Actuellement que la fabrication des bandages aciérés pour les roues motrices des locomotives est devenue presque générale, ne serait-il pas utile de remplacer les fours anciens dont on se sert dans plusieurs grands établissements de construction et dans lesquels on pose les bandages à plat, par le four de M. Arnoux, dont une longue expérience a démontré l'immense avantage pour les roues de voitures; il permet de chauffer plusieurs cercles de roues à la fois, de leur donner une chauffe parfaitement égale sur toute leur circonférence, de les tremper également et il économise en outre la dixième partie du combustible.

Il est non-seulement utile de chauffer un cercle de roue également pour la trempe, mais aussi pour obtenir une roue parfaitement ronde. Avant de placer le cercle sur la roue d'une locomotive, on le tourne intérieurement et extérieurement de même que la partie de la roue contre laquelle il s'applique; puis après l'avoir chauffé au degré voulu pour la trempe, on le place sur la roue et l'on plonge le tout dans un réservoir d'eau dans lequel on établit un courant ; il arrive alors que, si la chauffe n'est pas égale, le retrait s'opère avec plus de force dans la partie la plus chaude et fait fléchir quelques rayons de la roue qui ne se trouve plus parfaitement ronde.

Légende explicative du four à chauffer les bandages des roues de voitures.

Fig. 13, *Pl.* 4 , coupe horizontale prise selon la ligne A B de la figure 2.

Fig. 14, coupe verticale passant par le milieu de la longueur du four.

Fig. 15, 16, 17 et 18, élévation des quatre différentes faces du même four.

Les mêmes lettres désignent les mêmes objets dans toutes les figures.

A, intérieur du four ou foyer.

B, grille.

C, cendrier.

D, D, deux cylindres mobiles en fer, vides dans l'intérieur.

E, bandages.

F, barres d'écartement.

G, G, deux roues dentées fixées sur l'axe des cylindres.

H, poulie, laquelle étant mise en mouvement communique, par l'intermédiaire du pignon I placé sur son axe, un mouvement de rotation aux deux roues G G, et par conséquent aux cylindres D D.

K, porte par laquelle on introduit les bandages.

L, autre porte pour l'introduction du chauffage et l'alimentation du four.

Machine à dresser et embattre les roues.

La machine de M. Thorel est destinée à dresser la roue en même temps que celle-ci est embattue.

Mouvement de la machine par une vis de pression : dans la douille qui est au centre du châssis passe le croisillon qui est soutenu par un écrou. La vis est prolongée au-dessous de l'écrou pour qu'on puisse y adapter une chandelle que l'on peut serrer à volonté ; le croisillon et les six crochets ainsi que la chandelle qui est adaptée à la vis donnant la même pression au moment où le cercle arrive sur la plate-forme, tout descend en même temps par le mouvement du tourne-à-gauche, et ne varie ni d'un côté ni de l'autre par le moyen de deux branches qui sont au centre du croisillon ; ces deux branches sont ajustées contre les deux branches du châssis ; elles montent et descendent à volonté ; au moment où le cercle est apporté chaud sur la roue, trois hommes prennent chacun deux crochets, un de chaque main, pour les amener autour du cercle. Il y a un homme au tourne-à-gauche qui serre ou desserre au commandement du forgeron. Le contour du cercle étant ainsi saisi, on peut, en manœuvrant convenablement la machine, couvrir tout le contour de la roue.

L'embase des crochets qui servent à saisir le cercle, fait en même temps pression sur le contour, et la roue se dresse en même temps qu'on l'embat. La chandelle qui est en dessous de la vis de pression descend en même temps sur le derrière du moyeu. On laisse refroidir la roue dans sa plate-forme en frappant autour pour la consolider. Le cercle fait sa pression sur le bois, et fait rentrer les épaulements qui ne portent pas, soit sur le moyeu, soit sur la jante, et cela sans emporter le moindre copeau de bois.

Description des pièces réunies et leurs propriétés.

Fig. 19 et 20, Pl. 4. *a*, *a*, plate-forme ronde et en fonte; elle est creusée et elle a un trou au centre pour recevoir la roue.

b, support de la plate-forme, rond, composé de trois bandès; il est en fer; l'une de ces bandes est au centre du soutien de la plate-forme, et les deux autres à égale distance sur chaque bord ; elles sont consolidées toutes ensemble; au centre de la barre, il y a un tourillon tourné qui sert à recevoir le bout du moyeu ; dans le centre du tourillon, il y a un trou pour recevoir le bout de la boîte.

c, châssis en fer forgé portant deux branches soudées dont les extrémités portent un talon partagé en deux branches; sur la partie horizontale se trouve une douille.

d, vis à filet portant embase de chaque bout; l'embase qui supporte le tourne-à-gauche est consolidée par une goupille qui le traverse.

e, écrou à six pans, taraudé sur un filet plus petit, et goupillé au-dessus du serrage de l'autre bout.

f, chandelle en fer tourné pour empêcher tout mouvement de la roue : elle est percée de deux trous dans son centre.

g, deux tourne-à-gauche, chacun est forgé en une seule pièce; l'un servant à embattre la roue, et l'autre droit pour débattre la roue.

h, croisillon à six branches fait en fer forgé, chaque branche est entaillée à quatre endroits différents et à égale distance du centre, pour y recevoir les crochets.

i, chaque crochet a un œil ajusté sur les branches du croisillon, pour fonctionner sur le cercle de la roue; ces crochets sont susceptibles de varier d'une entaille à l'autre sur le croisillon, quoique toujours à égale distance du centre.

Fig. 20 et 21, contre-plaque qui sera entaillée dans le derrière du moyeu. Quatre boulons à demeure maintiendront la plaque qui est par derrière de l'embase de l'essieu; elle sera également percée de quatre trous. La contre-plaque aura pour la consolider huit vis qui seront à têtes fraisées ; elles devront être de force proportionnée à la dimension des roues.

Fig. 22, tasseaux pour élever la roue dans la plate-forme, à hauteur, pour l'embattre.

Taraud équarrissoir, de M. MARIOTTE.

M. Mariotte a exécuté un système de taraud qui nous a paru fort simple et très-commode pour les ateliers; il peut non-seulement s'appliquer avec avantage aux machines à tarauder continues, mais encore aux ouvriers pour tarauder à la main, par le tourne-à-gauche.

Ce taraud, que nous avons représenté sur la figure 23, Pl. 4, a l'avantage d'aléser le trou au diamètre convenable pour former les filets de vis qui se coupent successivement et par très-petite quantité à chaque révolution. Ainsi, il est à la fois équarrissoir et taraud; on lui donne, à cet effet, une grande longueur, et comme il touche toujours par quatre points diamétralement opposés, il se trouve constamment bien guidé, ce qui est une condition importante, surtout lorsqu'on taraude à la main.

Pour construire un tel taraud, on tourne une tige d'acier fondu, à laquelle on donne d'abord la forme cylindrique que l'on filète comme à l'ordinaire ; on le tourne ensuite pour le diminuer en cône, de telle sorte que son diamètre extérieur dans le bout soit un peu plus petit que son diamètre extérieur ou du noyau, à l'autre extrémité, comme l'indique la figure ; puis on trace quatre lignes diamétralement opposées sur toute la longueur, et on taille sur la machine à raboter chacune des quatre parties, de manière que la section présente une espèce de rochet à dents angulaires, comme le montre le plan. On le trempe alors et on le fait recuire comme les autres tarauds.

Il est aisé de concevoir que ce système de taraud doit être facile à conduire et exige peu de puissance, parce que la matière n'est presque pas refoulée : elle est coupée, au contraire, successivement et en très-faible portion ; le taraudage se fait avec plus de célérité et moins de peine.

On a déjà cherché à rendre les tarauds plus coupants, en les faisant carrés ou en pratiquant sur leur surface des entailles longitudinales ou hélicoïdes pour former des arêtes tranchantes et en les évidant un peu du côté opposé aux arêtes; mais on ne leur donne pas, en général, une longueur suffisante, de sorte que s'ils sont presque cylindriques, ils ne coupent que fort peu et refoulent la matière, et s'ils sont très-coniques, il faut employer un second taraud pour achever l'opération.

Avec le taraud de M. Mariotte, on achève complètement le taraudage d'une seule passe, en traversant un écrou, par exemple, parce qu'on a le soin de laisser vers la tête une partie cylindrique dont les filets sont bien prononcés et finis, sur une longueur plus grande que l'épaisseur de l'écrou. Il peut aussi s'appliquer avec avantage à tarauder de la fonte; seulement, il faut toujours que le trou traverse l'épaisseur de la pièce. Plusieurs ateliers de construction ont adopté ce système de construction de tarauds.

Cette disposition a été admise, il y a déjà plusieurs années, par MM. Derosne et Cail, qui, s'occupant beaucoup d'appareils en cuivre pour les sucreries, ont dû des premiers chercher à établir une machine simple et pouvant remplacer, avec un avantage notable, le travail manuel.

CHAPITRE II.

NOTIONS ÉLÉMENTAIRES SUR LA MANIÈRE DE FORGER.

Le travail de la forge se compose de quatre manipulations distinctes, qui sont :

1° Le corroyage ;

2° La soudure ;

3° La trempe ;

4° Le recuit.

Quelque soin que l'ouvrier forgeron apporte dans le choix du fer qu'il emploie, il est rare qu'il rencontre un métal assez compacte et assez malléable tout à la fois pour le travail des pièces de forge qu'il fabrique. Si la pièce qu'il veut forger demande beaucoup de manipulation, je lui conseillerai d'employer autant que possible du fer dit fer de roche martiné et fabriqué principalement au bois, attendu que ce fer supporte mieux l'action corrosive du feu que le fer laminé et qu'il se cristallise moins par la percussion des marteaux.

Mais si, au contraire, les pièces qu'il se propose de fabriquer demandent peu de manipulations, et si le travail peut se faire sans que le métal supporte un grand feu, je lui conseille de prendre du fer laminé, attendu que ce métal est généralement plus propice pour se travailler et ajuster à froid.

Le corroyage consiste à réunir plusieurs morceaux de fer ensemble au moyen de chaudes soudantes. On commence par souder une extrémité, et si la pièce que l'on veut forger est longue, on soude de suite l'autre extrémité, on donne une troisième chaude au milieu et on continue les chaudes successives jusqu'à ce que l'on ait fini la pièce par un côté. Si l'on a le temps, on laisse refroidir la pièce à l'air libre, et

Charron-Carrossier. Tome I. 4

lorsqu'elle est refroidie, on la met au feu à partir de l'endroit où elle est soudée et on continue les chaudes jusqu'à l'extrémité qui reste à finir.

Ordinairement, lorsque le forgeron a la pratique de la forge, il dispose et compose son lopin pour le corroyer suivant la forme de la pièce qu'il veut fabriquer et en ayant la précaution de le tenir toujours plus épais et plus court que la pièce ne doit être lorsqu'elle sera finie, attendu que le fer s'allongera toujours en la fabriquant.

Lorsque l'on a fabriqué son lopin (on appelle ainsi plusieurs morceaux de fer réunis ensemble pour être soudés) et qu'il est de dimension appropriée à l'ouvrage qu'on se propose de faire, on commence par le faire ressuer, c'est-à-dire qu'on le chauffera à la chaude blanche soudante et jusqu'à ce qu'il devienne étincelant, alors on le porte sur l'enclume, et après l'avoir légèrement refoulé, on le frappe à petits coups accélérés et en le contre-forgeant jusqu'à ce qu'il devienne rouge-cerise.

Cette première opération a pour but de se procurer de bon fer bien épuré et dont toutes les molécules soient bien rapprochées et bien collées ensemble sans aucune paille ni gerçures qui pourraient occasioner la désunion du métal.

On remet au feu le morceau de fer et on achève de lui donner la forme que l'on a jugé convenable, soit au moyen du marteau, soit par le secours du dégorgeoir ou de l'étampe.

Si le morceau était destiné à recevoir un renflement ou une embase, on peut procéder de deux manières : la première en faisant chauffer au blanc le point que l'on veut renfler et en le refoulant en bout. Cette méthode a le désagrément de corrompre quelquefois le fer lorsqu'il n'est pas de bonne qualité.

On peut encore produire le renflement en préparant une virole en fer méplat et en ayant soin que la circonférence intérieure de la virole soit plus petite que la circonférence extérieure du morceau de fer sur lequel elle doit être soudée; on l'y adapte et la fait joindre le plus exactement possible.

On doit aussi, dans ce cas, lorsque la pièce sur laquelle s'applique la virole est beaucoup plus épaisse que le fer que l'on emploie pour former la virole, avoir la précaution de le faire rougir jusqu'à la couleur cerise avant que d'y appliquer cette virole, ensuite on remet le tout au feu en ayant soin de retourner fréquemment la pièce pour qu'elle chauffe bien également partout, et à chaque fois qu'on la retourne dans le feu, de la saupoudrer avec un peu de sable ou de grès tendre pilé, ou bien, ce qui vaut encore mieux, avec du vieux verre de bouteille pilé très-fin.

Cette matière vitrifiable adhère à la surface du fer et la préserve du contact de l'oxygène de l'air qui s'introduit par la tuyère, ainsi que des matières sulfureuses et autres corps étrangers qui se dégagent du charbon, et agit comme fondant pour activer la chaude soudante du fer.

Lorsque la pièce sera arrivée au degré convenable de chaleur pour souder, on la portera vivement sur l'enclume et on la frappera à petits coups redoublés à droite ou à gauche, en commençant par la partie opposée à la jointure qui ne devra pas porter sur l'enclume avant que le derrière de l'embase ne soit soudé, et dans le cas où elle ne serait pas soudée dès la première chaude, on en donnerait une seconde. Je me suis servi exprès des termes virole, embase et rondelle, parce que, dans ce cas, ils sont synonymes.

Le point où la virole sera soudée doit être réservé un peu plus fort que le reste de la pièce, attendu que la soudure a pour effet de diminuer l'épaisseur du fer en l'allongeant.

Lorsque l'on veut souder deux morceaux de fer bout à bout pour en obtenir une barre plus longue, ou lorsque l'on veut avoir une grosseur différente dans une partie un peu considérable de la pièce, c'est-à-dire lorsque l'on veut souder un morceau de fer avec un autre d'un diamètre plus fort, voici comme on procède : on commencera par refouler les extrémités des barres de fer qui doivent être soudées l'une à l'autre et on les écrasera ensuite avec la panne du marteau ou bien avec un dégorgeoir pour y former un angle très-obtus qu'on appelle amorce; on les remettra alors au feu, et lorsqu'elles seront parvenues à la chaleur indiquée plus haut on les portera vivement sur l'enclume et on les placera l'une sur l'autre; on frappera à petits coups jusqu'à ce que la soudure soit bien prise. Il faut, dans ce cas, commencer par frapper vivement à petits coups sur les extrémités des amorces, attendu qu'étant plus minces, elles s'oxydent plus vite que le reste, et si l'on n'a pas cette précaution, les bavures sont rarement bien soudées; on remet ensuite la pièce au feu, et lorsqu'elle aura acquis la chaleur convenable, on achèvera de parer la soudure qui, lorsqu'elle est bien faite, ne doit pas s'apercevoir.

Cette manière de souder le fer s'appelle souder à chaude portée.

Si l'on veut forger une partie cylindrique, il faut d'abord apporter une attention toute particulière à bien faire ressuer le fer, et on doit bien se garder de l'amener de suite à la forme ronde; on commencera donc par lui donner la forme carrée, ensuite on le mettra à huit pans et l'on finira par lui donner la forme cylindrique entre deux étampes concaves.

On opère de la même manière lorsque l'on veut donner la forme ovale à la pièce que l'on forge, seulement on commence par la forger méplate.

Il y a certaines pièces, comme les boulons, les rivets, dont on peut former la tête sans être obligé d'y souder une virole; il suffit, pour cela, eu enlevant la tige, de réserver le bout qui doit former la tête, de la longueur et de la force nécessaires pour qu'il ait un diamètre plus fort que le trou du diamètre de la cloutière dans laquelle on doit le rabattre à cet effet. On fait chauffer cette partie presque au blanc, on introduit

la tige dans la cloutière et on écrase au marteau la partie excédante jusqu'à ce qu'elle ait acquis la largeur et l'épaisseur convenables. Il faut frapper bien d'à-plomb pour que la tête ne soit pas de travers ou excentrique par rapport à la tige.

Nous indiquerons encore ici une méthode pour souder les feuilles d'acier à ressort de voiture.

Lorsque l'on veut souder une feuille de ressort, on commence par refouler les deux bouts, on les amorce ensuite au moyen d'un dégorgeoir en ayant la précaution de tenir les amorces très-courtes et très-minces à leurs extrémités; on refend ensuite les amorces de chaque bout d'à peu près 2 centim. (9 lig.) dans le sens de la longueur en trois parties, que l'on renverse ainsi, savoir : les parties des côtés dans un sens et la partie du milieu en sens inverse, ensuite on les assemble ensemble dans la position qu'elles doivent occuper, en resserrant les amorces des deux bouts l'une sur l'autre, ce qui présente la forme d'un assemblage à queue d'aronde, de sorte que les bouts de feuilles se maintiennent assez solidement ensemble pour pouvoir être mis au feu en restant l'un sur l'autre par la seule pression des amorces. Lorsqu'ils sont chauffés au degré que comporte la nature de l'acier, on les apporte vivement sur l'enclume et l'on procède à la dernière manipulation de la soudure en frappant dessus très-vivement et à petits coups. C'est ici le cas où l'on emploie avec succès, lorsque la feuille est au feu, le verre de bouteille pour la garantir des inconvénients indiqués à l'article de la soudure du fer.

Lorsque la feuille de ressort est soudée, on la remet au feu pour la parer. Il est nécessaire, pour donner du corps à la soudure que l'on vient de faire, si elle a été soudée à un degré de chaleur convenable à sa nature, de la marteler fortement.

Comme il est impossible de donner ici toutes les méthodes

employées dans les ateliers pour enlever toutes les pièces de
ferrures qui composent une voiture, parce que d'abord les
ferrures ne sont jamais absolument pareilles et qu'ensuite
chaque forgeron procède suivant son intelligence, sa pratique
et ses habitudes, je terminerai cet article en rappelant le
proverbe, que c'est en forgeant que l'on devient forgeron.

Cependant, je dois dire que lorsque l'on fabriquera de
grosses pièces, il y aura avantage à bien garnir son feu de
charbon, en ayant en commençant la précaution de boucher
le trou ou canal de la tuyère avec un mandrin en fer; on
chargera de charbon qu'on tassera le plus possible pour faire
un annexe ou un prolongement en charbon au canal par lequel
s'introduit l'air; de cette façon, lorsque le charbon sera
allumé, il chauffera l'air avant qu'il vienne en contact avec
le fer qui est dans le feu, et il le chauffera sans le griller ou
brûler, surtout si le feu fait bien la voûte.

CHAPITRE III.

DU FER, DE L'ACIER ET DU CHARBON.

Du fer et de l'acier. — Du fer. — Signes caractéristiques de la fonte, du fer et de l'acier. — De l'acier. — Des sortes de fer. — Des aciers. — De l'acier apprêté. — De l'acier fondu. — De la houille.

DU FER ET DE L'ACIER.

Je pense que l'emploi du fer, et encore moins celui de l'acier, tels qu'on les applique aujourd'hui dans la carrosserie, ne doivent pas avoir été connus dans l'état primitif de notre profession : surtout dans les contrées où ne sont pas situés les gisements des mines de ce métal.

Il est présumable que ce n'est que par une foule d'observations successives que l'on est parvenu à en constater les différentes espèces, ainsi que leurs propriétés.

La grande dureté du fer et de l'acier, qui ne peuvent être fondus que par la chaleur intense d'un grand foyer, doit avoir contribué pour beaucoup à retarder la connaissance de leurs propriétés malléables, tenaces et élastiques.

Il est probable que l'existence de ces matières métalliques ne s'est révélée aux hommes qu'à la suite de l'irruption de quelques volcans renfermés dans le sein des montagnes qui contenaient du minerai très-fusible répandu à leur superficie, ou bien après l'incendie accidentel d'une partie de terrain boisé sur lequel ces métaux se trouvaient en grande quantité à la surface de la terre.

Je n'ai pas l'intention, en traitant ce sujet, de retirer à nos antiques et industrieux ancêtres le droit qu'ils ont de prétendre à notre reconnaissance, pour les progrès qu'ils ont fait faire à l'art métallurgique ; mais le but que je me propose en écrivant le Manuel du Forgeron-Carrossier me fait une loi de rejeter les fables par lesquelles les anciens ont voulu immortaliser les inventeurs de l'art de travailler le fer et l'acier.

Du Fer.

Le fer est un métal dont la couleur, lors d'une rupture à froid, varie du blanc brillant jusqu'au gris terne. Sa pesanteur spécifique est de 6 à 7 fois celle du même volume d'eau. Il diffère de la fonte en ce qu'il peut être forgé, et de l'acier parce qu'il ne se durcit pas lorsqu'il est trempé dans l'eau, après avoir été préalablement chauffé jusqu'à la couleur rouge cerise.

Ce métal est abondamment répandu dans la nature sous diverses formes, mais les maîtres de forges ne le distinguent généralement que sous trois dénominations : 1° le fer calcaire, 2° le fer argileux, 3° le fer siliceux.

Le fer, en sortant du sein de la terre, est presque toujours sous la forme de grain terreux et friable qui s'égraine facilement; il y a une énorme différence entre le fer forgé et poli, tel qu'on le remarque dans les beaux travaux de notre profession, et le fer pris dans la mine.

Généralement le fer est susceptible de trois transformations que l'on appelle : 1° la fonte ou fer de première fusion, ou fer de gueuse;

2° Le fer battu ou forgé, que l'on appelle fer de deuxième fusion, c'est-à-dire que lorsque le carbone est enlevé par l'oxygène introduit dans le fourneau, la fonte qui devient pâteuse s'agglomère en masse, que l'on appelle loupe, et que l'on cingle sous des marteaux ou des cylindres; on appelle cette opération affinage;

3° L'acier, c'est le fer que l'on a chauffé jusqu'au blanc avec des débris de charbons de bois ou autre pour le saturer de carbone. Il y a plusieurs manières de faire cette saturation, mais nous n'avons pas à nous en occuper ici.

Voici la liste des départements français qui renferment des mines de fer en exploitation, et dont les produits sont employés dans la carrosserie.

L'Ain. Il existe à Villebois, sous Bellay, du minerai qui alimente les forges dites de l'Ain.

Allier. La forge de Tronçais, arrondissement de Moulins, produit de bon fer.

Ardennes. La forge de Les Communes produit de très-bon fer employé par les ateliers du train d'artillerie.

Arriège. Il y a de célèbres mines de fer qui alimentent l'industrie à Vic-Dessos.

Cher. Ses établissements métallurgiques occupent le premier rang, par la qualité de leurs produits, qui sont connus dans le commerce sous la désignation de fer de Berry. On compte dans ce département 15 hauts-fourneaux, 2 fours d'affinage, et 30 forges et fonderies. On cite particulièrement les forges de Vierzon, de Grossœuvre et Bigny-sur-Cher, près Château-Neuf.

Côte-d'Or. On compte dans ce département 39 hauts-fourneaux, 62 fourneaux ordinaires et 10 fours d'affinage, dont les produits sont connus sous le nom de fer de Châtillon-sur-Seine.

Dordogne. Il existe dans ce département 37 hauts-fourneaux et 88 forges, dont 2 à la Catalane.

Doubs. Les mines de fer en grains et en roches constituent la richesse de ce département; il y en a 19 qui produisent annuellement 400,000 quintaux métriques de bon minerai.

Eure. Ce département renferme 10 hauts-fourneaux et 14 forges, parmi lesquelles on cite les produits des forges de Conches.

Gard. Les mines d'Alais produisent de bons fers, et sont très-renommées.

Isère. Il existe dans ce département 10 hauts-fourneaux, dont quelques-uns à la houille, et il possède des usines pour la cémentation de l'acier à ressort pour voitures, parmi lesquelles celle de Rive se fait remarquer par ses produits, ainsi que celle de Vienne.

Haute-Marne. Ce département compte 52 hauts-fourneaux; on cite les fers de Montreuil-sur-Blaise.

La Moselle. Il existe de beaux établissements métallurgiques à Moyeuvre, dans lesquels les fers sont traités au bois. Il possède une fabrique d'essieux patents à For-Bach.

La Nièvre. Ce département possède 26 hauts-fourneaux; il y avait autrefois une fabrique d'essieux à Nevers.

Basses-Pyrénées. Ce département renferme de très-bon fer, estimé dans la carrosserie sous le nom de fer de Baigory.

Bas-Rhin. Ce département produit de très-bons fers; on cite la forge de Nieder-Bronn et la fabrique d'acier d'Alkirck.

Haut-Rhin. Ce département renferme des mines nombreuses d'excellents fers; on cite la fabrique de vis des frères Japy, à Beaucourt.

Tarn. Parmi les établissements métallurgiques de ce département, on cite l'usine du Sabot, particulièrement consacrée à la fabrique d'acier, connu dans le commerce sous le nom d'acier du sieur Carrigou.

Tarn-et-Garonne. Les forges de Bruniquel, qui existent dans ce département, sont renommées pour la qualité de leurs fers que l'on emploie de préférence dans la carrosserie.

Yonne. Le minerai de ce département égale en qualité celui du Berry, surtout celui des mines dont on fabrique le fer à Ancy-le-Franc.

Le lecteur qui désirerait prendre une idée plus étendue du travail des hauts-fourneaux et des forges, pour la fabrication du fer et la cémentation de l'acier, pourra consulter le *Manuel du Travail des métaux*, et le *Manuel du Maître de forges*, de l'*Encyclopédie-Roret*.

Signes caractéristiques ordinaires de la fonte, du fer et de l'acier, d'après la description qu'en a fait le docteur PEARSON, *dans les Transactions philosophiques.*

La Fonte.

On comprend sous le nom de fonte brute ou crue, le fer que jouit des propriétés suivantes :

1° D'être à peine malléable à toutes températures ;

2° D'être habituellement assez dur pour résister entièrement ou presque entièrement à la lime ;

3° De n'être pas susceptible de se durcir, ou de se ramollir même à un faible degré, par la chaleur rouge et le refroidissement ;

4° D'être toujours très-fragile, même quand on a tenté de l'adoucir par un recuit, en refroidissant lentement ;

5° D'être fusible en vaisseau clos, à 130 degrés environ du pyromètre de Wedgewood ;

6° De décomposer, à l'aide de l'acide sulfurique, une moindre quantité d'eau, en général, qu'un poids égal d'acier ;

7° De décomposer plus lentement l'eau à froid que le fer forgé ;

8° De s'unir à l'oxygène, aussi lentement ou même plus lentement que l'acier ;

9° De donner, par sa dissolution dans l'acide sulfurique ou tout autre acide, un résidu non-seulement de charbon, mais de terre et de charbon plus considérable que celui d'un poids égal d'acier ;

10° Enfin d'être un peu plus sonore que l'acier.

Le Fer.

On ne doit comprendre, d'après le docteur Pearson, sous le nom de fer travaillé ou forgé (c'est ce que l'on nomme fer de deuxième fusion), que celui qui possède les propriétés suivantes :

1° D'être malléable et ductile à toute température, et le plus promptement à la plus haute température;

2° D'être susceptible d'une légère induration ou dureté (et s'il est parfaitement pur, l'induration sera presque nulle) par son immersion, quand il est rouge de feu dans un milieu froid, tel que l'eau, la graisse, l'huile, le mercure, et de n'être aucunement susceptible de se ramollir, quand il est refroidi doucement et graduellement après avoir été chauffé rouge;

3° De ne pouvoir être fondu sans l'addition d'un fondant, mais de s'assouplir au feu avec tenacité et malléabilité, même à l'état pâteux;

4° D'être aisément attaqué par la lime;

5° De se convertir en acier, après avoir été soumis, entouré de charbon, à une température convenable;

6° De ne pas devenir noir à sa surface, mais d'un brun égal quand on le mouille avec de l'acide hydrochlorique, ou tout autre acide liquide;

7° De donner par sa dissolution dans l'acide sulfurique ou tout autre acide, moins d'un millième de son poids en charbon résidu, et s'il était parfaitement pur, il ne devrait pas y avoir de résidu.

L'Acier.

On ne doit comprendre sous le nom d'acier, que celui qui possède les qualités et propriétés suivantes :

1° D'être déjà, ou de pouvoir devenir si dur, quand on le plonge, après l'avoir chauffé dans un milieu froid, qu'il ne soit pas malléable à froid; qu'il soit cassant et inattaquable à la lime, qu'il coupe le verre et donne des étincelles par la collision d'un silex;

2° Dans cet état de dureté, de pouvoir être ramené par la chaleur et un refroidissement lent, à différents degrés de souplesse, tel qu'il soit enfin malléable et ductile à froid;

3° De ne pouvoir se fondre qu'à 130 degrés environ du pyromètre de Wedgewood ;

4° Soit qu'il ait été durci, soit qu'il ne soit pas malléable à certains degrés de feu, l'acier parfaitement pur, quand il est chauffé à blanc, devient à peine malléable ;

5° Sa surface polie devient noire quand on la mouille avec un acide ;

6° De pouvoir fournir des plaques infiniment plus minces et plus élastiques que celles de fer ;

7° La pesanteur spécifique de l'acier qui a été fondu et forgé, est en général plus considérable que le fer forgé ;

8° A l'aide de l'acide sulfurique, il décompose une plus faible quantité d'eau qu'un poids égal de fer forgé ;

9° Il décompose l'eau à froid plus lentement que le fer forgé ;

10° En le chauffant à diverses reprises à l'air libre, il redevient fer forgé ;

11° Il donne un résidu d'environ 1/300 de son poids de charbon, par sa dissolution dans l'acide sulfurique ;

12° Il est plus sonore que le fer ;

13° En le refroidissant à l'eau, quand il a été chauffé rouge, au lieu de reprendre ses dimensions premières, ainsi que le fait le fer forgé, il conserve les 2/3 de l'extension que lui avait donnée la chaude.

Il résulte de ces renseignements que le fer pur doit être considéré comme un corps simple et élémentaire, malgré qu'il ne soit pas toujours séparé par le travail des usines des corps étrangers, soit argileux, soit calcaires, soit silicieux, avec lesquels il se mélange dans la nature.

Le fer parfaitement pur, quel que soit son origine, est très-doux, très-fort, et excessivement tenace, et on peut le ployer à froid comme à chaud, sans craindre qu'il ne se rompe ; mais on ne peut l'obtenir ainsi que dans le travail du laboratoire, et celui qui se livre dans le commerce n'a jamais ce degré de perfection.

Plus le fer des usines approche des qualités signalées plus haut, plus il est pur, et on lui donne alors le nom de fer doux malléable.

Le minerai qui produit le fer le plus pur en France, est celui des départements suivants :

Du Cher, usines de Vierzon; de l'Indre, Clavière, près Châteauroux; de l'Yonne, usine d'Ancy-le-Franc; Ardennes, usine de Bazeille; Gard, usine d'Alais; Jura, usine de Sirod; Basses-Pyrénées, usines de Baigory; Tarn-et-Garonne, usine de Bruniquel.

Des sortes de fer.

On distingue dans le commerce quatre sortes de fer :

1° Le fer fort et compacte;

2° Le fer doux et ployant;

3° Le fer à grains cassant à froid, dit fer de roche, tenant très-bien au feu;

4° Le fer ordinaire ou fer de couleur, appelé fer rouverain.

1° Le fer fort et dense se tire presque exclusivement des départements du Cher, de l'Indre, sous la désignation de fer de Berry; du département de l'Yonne, sous la désignation de fer d'Ancy-le-Franc; du département de Tarn-et-Garonne, sous la désignation de fer de Bruniquel;

2° Les fers doux et ployants se tirent presque exclusivement du département de la Haute-Saône, sous la désignation de fer de Gray; du département des Basses-Pyrénées, sous la désignation de fer à la catalane de Baigory; du départ. du Jura, sous la désignation des fers de Vertamboz et de Sirod; du département du Gard, sous la désignation de fer d'Alais.

3° Fers à grains, cassant à froid, ou fers de roche, ils se tirent presque exclusivement du département de la Haute-

Marne, sous la désignation de fer de Champagne, de Chaumont et de Saint-Dizier ; du département des Ardennes sous la désignation de forge de Bareille ; de Raucourt près Sedan, de Boutancourt près Mézières.

4° Les fers ordinaires sont produits par toutes les forges de France ; c'est-à-dire que c'est le fer le moins bien travaillé à l'affinerie, qui est connu dans le commerce sous cette désignation, et dont la qualité varie suivant le degré d'affinage à la deuxième fusion.

On distingue dans le commerce deux genres de fer, 1° le fer à grains ; 2° le fer à fibres.

Le fer à grains est généralement plus dense, plus compacte, plus raide, plus lourd et plus susceptible de se rompre au choc que le fer à fibres ; mais il résiste mieux au feu à la chaude soudante que le fer doux, et les chaudes soudantes successives lui donnent une disposition à devenir nerveux. On l'emploie de préférence dans la carrosserie pour les pièces qui ont besoin de beaucoup de manipulation et de chaudes successives.

Le fer doux résiste moins à l'action du feu, et il a le défaut de se séparer sous le marteau lorsqu'il a été surchauffé ; et moins le fer est pur, plus ce défaut est sensible ; mais il a l'avantage de pouvoir se cintrer et s'ajuster à froid.

On s'en sert de préférence dans la carrosserie pour les bandes de brancards et les cercles de roues.

Il y a plusieurs sortes de fer doux, et on les distingue dans le commerce sous le nom de fer en barre, fer plat ou platiné, fer de fenderie, et fer en tringle ou fer rond.

Les fers en barres sont :

1° Les fers dont les bandes portent de 44 à 135 millimètres (18 à 60 lignes) de largeur sur 11 à 27 millimètres (5 à 12 lignes) d'épaisseur ; on les appelle aussi fer de bandages.

2° Les fers à maréchal, ce sont les fers plats de 23 à 36

millimètres (10 à 16 lignes) de large sur 11 à 18 millimètres (5 à 8 lignes) d'épaisseur.

3° Les fers carrés de 23 à 81 millimètres (10 à 36 lignes).

Les fers plats ou platinés sont :

1o Les fers de 27 à 68 millimètres (12 à 30 lignes) sur 5 à 9 millimètres (2 à 4 lignes) d'épaisseur.

2o Le fer de bandelette de 14 à 41 millimètres (6 à 18 lignes) de large sur 2 à 5 millimètres (1 à 2 lignes) d'épaisseur.

Les fers carrillons en bottes de 9 à 16 millimètres (4 à 7 lignes) carrés : on les appelle ainsi parce qu'ils sont réunis en bottes, et maintenus par des liens de fer dans les fabriques pour être livrés au commerce.

Les fers de fenderies sont :

1° Les fers de 7 à 9 millimètres (3 à 4 lignes) de largeur sur 9 à 14 millimètres (4 à 6 lignes) d'épaisseur ; et on les appelle ainsi parce qu'ils ont été refendus sur la largeur, par les cylindres ou rouleaux mécaniques dans les forges. Ils sont faciles à reconnaître par les bavures qui se trouvent sur les côtés du fer qui ont été refendus.

2° Les fers côtes de vaches sont ceux qui ont de 14 à 23 millimètres (6 à 10 lignes) de largeur sur 11 à 16 millimètres (5 à 7 lignes) d'épaisseur, et qui ont été découpés au cylindre comme les fers ci-dessus.

Toutes ces sortes de fers ouvrés sont appelées martinés, ou bien fers laminés, suivant le mode que l'on a suivi dans leur fabrication.

On appelle fer martiné celui qui a été cinglé et étiré au martinet (c'est un gros marteau à manche métallique, et qui est mis en mouvement soit par l'eau, soit par une machine à vapeur ; il y a des martinets qui pèsent 1000 à 1100 kilog.) lors de la deuxième fusion ou affinage dans les usines.

On appelle fer laminé celui qui a été étiré entre deux cylindres cannelés (ce sont deux gros rouleaux métalliques assemblés dans un châssis en fonte), lorsqu'ils ont été affinés par une deuxième fusion dans les usines.

Tous les fers en triugles, ou fer ronds du commerce, sont tous laminés.

Le forgeron-carrossier doit donner la préférence au fer martiné, pour tous les objets qui demandent beaucoup de manipulation et de chaudes soudantes ;

Et au fer laminé, pour les pièces qui ne demandent pas beaucoup de chaudes soudantes et qui peuvent s'ajuster à froid.

Le fer martelé en barre se reconnaît à la vue parce qu'il est forgé bien moins correctement, et présente plus d'aspérités à l'extérieur. Le fer laminé est toujours plus correct et plus poli à la surface.

Il ne faut cependant pas se dissimuler que la confiance que l'on a dans le vendeur est à peu près la seule garantie que l'on ait de l'origine du fer, attendu que les marques sont souvent contrefaites et fausses, genre de fraude très-commun aujourd'hui, et qu'on ne saurait flétrir par un blâme trop énergique.

Généralement les fers fabriqués au bois sont de meilleure qualité que les fers fabriqués à la houille, et d'une manipulation plus sûre.

On trouve dans le *Bulletin de la Société d'Encouragement*, quelques renseiguements présentés par M. Hood sur les modifications qui surviennent dans la structure du fer après sa fabrication. Nous croyons devoir les reproduire ici à cause de leur utilité.

» Les deux grandes distinctions que l'on fait dans le fer forgé sont le fer fibreux, malléable à froid, et le fer brillant et cristallin cassant à froid. Ce dernier se forge très-bien à chaud, mais devient facile à casser lorsqu'il est refroidi, tandis que le premier conserve à froid une force considérable. Or, il existe, suivant l'auteur, plusieurs circonstances

sous l'influence desquelles le fer fibreux peut se convertir rapidement en fer cristallin, changement pour lequel sa force
est diminuée dans une énorme proportion; les principales
causes qui produisent cette conversion sont : la percussion, la
chaleur et le magnétisme. Chaque fois que le fer est porté à
une haute température, il éprouve un changement dans sa
condition électrique et magnétique; car, par une forte chaleur, il perd entièrement son pouvoir magnétique, qu'il re-
prend ensuite lorsqu'il se refroidit graduellement; dans la
trempe il y a un effet magnétique et électrique encore plus
prononcé. Ces résultats ont, toutefois, peu d'importance pratique; mais les effets de la percussion sont à la fois variés,
étendus et considérables.

Lorsqu'on procède à la fabrication de quelques variétés
de fer forgé, on donne d'abord au fer la forme convenable
par l'étirage, puis on chauffe la moitié de la barre et on la
porte de suite sous le marteau du martinet; après quoi, on
chauffe la seconde portion pour la soumettre de même à l'action du marteau, afin d'éviter toute inégalité dans la lame et
toute différence de couleur là ou les deux opérations distinctes
se sont terminées; les ouvriers donnent souvent quelques
coups de marteau sur la portion qui a été la première mise
en œuvre; or, cette portion a eu le temps de se refroidir un
peu, et si ce refroidissement est porté trop loin, lorsqu'elle
reçoit ce martelage additionnel, elle devient immédiatement
cristalline et si cassante, qu'il suffit quelquefois de la jeter à
terre pour la briser, quoique tout le reste de la barre soit de
la plus fibreuse et de la meilleure qualité. Il faut remarquer
que ce n'est pas un excès de martelage qui produit cet effet,
car il suffit seulement de trois ou quatre coups : si le barreau
est de petite dimension, la cristallisation du fer paraît due ici
à l'action combinée de la chaleur de l'électricité et de la percussion. Tant que la barre est soumise à l'action du marteau
à la température convenable, la cristallisation n'a pas lieu;

mais aussitôt que la température s'abaisse assez pour qu'elle soit affectée par le magnétisme, l'effet des coups de marteau tend à produire une induction magnétique et la polarité des molécules qui en est la conséquence ; phénomènes qui, favorisés par les vibrations causées par de nouvelles percussions, produisent une structure cristalline.

» La fracture des essieux de voitures vient à l'appni de cette opinion, souvent ils se brisent tout-à-coup, sans cause apparente, sous une charge et des chocs plus faibles que ceux qu'ils avaient fort bien supportés jusqu'alors ; néanmoins, les effets de ce changement moléculaire sont très-lents, Il en est tout autrement des essieux des voitures des chemins de fer ; tous ceux qui se sont brisés ont été trouvés présenter une structure fortement cristalline, et cet effet doit se produire avec bien plus de rapidité qu'on aurait pu le supposer. Ces essieux tournent avec les roues et doivent devenir fortement magnétiques par l'influence de cette rotation ; il est donc essentiel d'éloigner, pour ces essieux, toutes les causes de percussion, et, dans ce but, il faudrait diminuer la rigidité de toutes les parties, de manière à les rendre moins dépendantes les unes des autres dans les cas si fréquents de chocs ou de secousses. »

DES ACIERS.

On distingue quatre sortes d'aciers qui sont :

L'acier naturel, l'acier cémenté, l'acier fondu et l'acier d'alliage.

Je ne parlerai que des trois premières sortes, puisque dans la carrosserie on ne se sert pas de la quatrième.

On désigne, dans le commerce, sous le nom d'acier naturel celui qui est produit par l'affinage immédiat de la fonte de première fusion, et qui n'a pas été préalablement convertie en fer malléable.

Il se fabrique plus spécialement avec la fonte du minerai

de fer spatique, où il entre en plus ou moins grande quantité du manganèse oxydé contenu dans la fonte.

Le bon acier naturel est celui où le manganèse existe en proportion deux fois plus grande que le carbone. Cet acier peut se souder facilement ; il a beaucoup de nerf ; il est plus tenace et plus liant que l'acier cémenté, mais il est moins élastique.

L'acier des départements des Vosges, de l'Isère, du Tarn et du Bas-Rhin est de bonne qualité.

Il y en a beaucoup d'importé en France sous le nom d'acier d'Allemagne, il se fabrique en Styrie, en Pologne et en Hongrie.

De l'acier cémenté.

On désigne, dans le commerce, sous cette dénomination l'acier qui est fabriqué avec le fer doux ou malléable, en le cémentant et le saturant de carbone : il est plus difficile à souder que l'acier naturel, mais il est à force égale plus élastique et moins susceptible de perdre sa forme après avoir été cintré par la charge ou un choc (c'est ce que l'on appelle en terme d'état perdre sa bande); son tissu est plus grenu, plus fin et plus brillant que celui de l'acier naturel, qui est plus lamelleux ou fibreux.

On obtient cet acier en plaçant de bon fer malléable entre des charbons de bois pulvérisés et passés au tamis, que l'on mêle avec deux fois la même quantité de suie ; on y ajoute un quart de la quantité de sel marin et autant de cendres de bois : on met le tout dans un creuset que l'on lute avec précaution et que l'on maintient sur un fourneau, entouré de charbon de bois, jusqu'à ce que la pièce soit parfaitement cémentée.

Les personnes qui désireraient avoir des renseignements plus exacts sur la manière de cémenter le fer, trouveront de très-bonnes recettes de cémentation dans le *Manuel du Coutelier*, de l'*Encyclopédie-Roret*, rue Hautefeuille, 12, à Paris.

On rencontre dans le commerce de très-bons aciers cémentés qui proviennent des départements suivants : départements de la Haute-Garonne, de l'Indre-et-Loire, de l'Isère ; on y fabrique spécialement de l'acier pour les ressorts de voitures ; du Bas-Rhin et du Tarn, où la fabrique du sieur Carrignou produit de bons aciers estimés dans le commerce.

L'on emploie dans la carrosserie les aciers anglais, connus sous la dénomination de Sanderson à Sheffield ; la marque (L) ou acier de Dannemora en Suède, et la marque (O,O), connu sous la dénomination de double boulet.

On se sert de l'acier naturel et de l'acier cémenté pour faire les ressorts de voitures.

L'on doit employer de préférence l'acier naturel pour faire les maîtresses feuilles, attendu que cet acier est plus tenace et plus liant, et de l'acier cémenté pour les feuilles successives, parce que cette sorte d'acier est plus élastique et moins susceptible de perdre la bande.

De l'acier fondu.

On désigne par cette expression de l'acier cémenté qui a été cassé par petits morceaux d'un centimètre cube en volume et que l'on fait fondre dans un creuset de terre très-réfractaire et bien luté, et placé dans le centre d'un feu très-intense jusqu'à ce qu'il soit fondu ; arrivé à cet état, on le coule dans une lingotière en fonte et placée verticalement.

C'est un nommé Huntzmann d'Altercliffe près Sheffield, comté d'York (Angleterre), qui a inventé la méthode de fabriquer cet acier, qui a fait faire de si grands progrès dans toutes les industries où l'on fait emploi des outils tranchants, qu'on a dès-lors fabriqués avec cette espèce d'acier, dont le mérite est de joindre la résistance à la finesse du taillant.

Cet acier sert pour faire des burins, des limes, des mèches à percer, et autres outils nécessaires dans la carrosserie.

Composition pour souder l'acier fondu.

Prenez 245 grammes (8 onces) de borax, 30 grammes (1 once) de sel ammoniaque que vous pulvériserez et que mélangerez jusqu'à consistance de pâte avec de l'alcool : mettez le tout ensemble dans un creuset de terre de grandeur convenable, lutez le creuset avec de la terre à four et mettez-le sur un feu doux jusqu'à ce qu'il soit vitrifié ; alors on le délute et on pulvérise la mixtion pour l'usage.

On apprête avec soin les deux parties d'acier fondu, c'est-à-dire qu'on les fait bien porter ensemble, on met de la composition dont on a indiqué ci-dessus la préparation sur les joints, on remet la pièce à souder au feu jusqu'à ce qu'elle soit couleur rouge cerise un peu pâle, et on frappe alors à petits coups et très-vite sur les parties que l'on veut souder ; et l'on recommence la même opération s'il reste des bavures.

De la Houille ou Charbon de terre.

Les minéralogistes distinguent deux gisements pour la houille.

La houille des sols calcaires, et la houille des sols granitiques.

La houille des sols calcaires est rarement pure ; elle se fendille et diminue de près de moitié de son poids et de son volume, à mesure qu'elle s'enflamme ; ses morceaux ne s'agglutinent pas ensemble, et son charbon ou coke est sec et non collant.

Son résidu, lorsqu'elle est d'une bonne qualité, est une cendre blanchâtre semblable à celle du bois, et laisse beaucoup de fraisil lorsqu'on l'emploie dans une forge.

Quand on casse un morceau, on remarque que sa cassure est ondulée, et présente des paillettes de soufre.

Elle brûle avec une flamme vive, allongée et un peu bleuâtre à son extrémité; elle répand une odeur bitumineuse et sulfureuse.

On l'emploie plutôt pour les hauts-fourneaux, en gros morceaux, que l'on appelle gaillette, que pour fine forge.

La houille des sols granitiques est presque toujours de bonne qualité; son aspect est lamelleux et ses pierres sujettes à se briser; on l'emploie de préférence dans la carrosserie, où elle est connue sous le nom de Saint-Etienne-en-Forez, département de la Loire.

Elle se boursouffle en brûlant et augmente de volume d'un tiers au moins; elle se masse avec force, ne forme plus qu'un seul monceau voûté que l'on est obligé de rompre quelquefois pour nettoyer le résidu qui se fait dans le foyer sous forme d'un mâche-fer d'une seule pièce. Dans cet état de boursoufflement, elle est poreuse comme de la pierre-ponce, et on lui donne le nom de coke.

Lorsqu'on laisse la houille de sol granitique s'éteindre d'elle-même, son résidu est une cendre grise, roussâtre, sèche au toucher; elle exhale une odeur de succin.

Les mines d'Anzin et de Fresne, près Valenciennes, département du Nord, livrent un très-bon charbon pour fine forge, qui peut remplacer le charbon dit de Saint-Etienne, et coûte moins cher, rendu à Paris, que ce dernier, qui se livre bien rarement pur dans le commerce.

On trouve dans le Bulletin de la Société d'encouragement, la description d'un nouveau four à rechauffer les fers, dont on doit l'invention à M. Pauwells, et dont nous allons donner une idée.

On sait que les fours à réverbère destinés à chauffer les fers à corroyer, sont ordinairement alimentés par l'air libre qui arrive directement sous la grille. Sans rien changer à la disposition habituelle, M. Pauwells a seulement ajouté un tuyau qui amène de l'air du ventilateur et qui sort en une lame très-mince par une ouverture large et aplatie. Cet air se projette sous la grille et se mêle avec celui qui vient de l'extérieur; il en résulte un feu beaucoup plus actif.

L'air arrive du ventilateur avec une pression très-faible. Indépendamment de ce que l'on obtient maintenant, au moins une chauffe de plus par heure, on peut brûler dans ce four des menus charbons.

Nous ferons remarquer seulement que souvent avec ces fours accélérateurs, dont il existe plusieurs modèles, il arrive que si, d'un côté, on accélère le travail, on détériore aussi le fer ou du moins on en fait une consommation superflue et en pure perte pour le fabricant.

CHAPITRE IV.

DES BOIS EMPLOYÉS DANS LE CHARRONNAGE ET LA CARROSSERIE FRANÇAISE.

De la structure des bois. — De la densité des bois. — De l'élasticité des bois. — Influence du sol sur les bois. — Examen des arbres. — Des arbres sur pied. — Défauts visibles des arbres après l'abattage. — Qualités et emplois des bois; — du chêne, de l'orme, du frêne, du hêtre, du noyer, de l'acacia, du peuplier, du merisier, du poirier, du châtaignier. — Du cubage des bois en grume et carrés. — Règlement des entrepreneurs de la Seine. — Opération pour les bois carrés, — Méthode pour mesurer le bois au moyen de l'arithmétique; méthode pour le réduire au quart. — Toisé des bois en grume. — Toisé au sixième déduit. — Pesanteur spécifique. — Tableau des pesanteurs spécifiques. — De la force des bois. — Force de cohésion. — Force des bois debout. — Table de progression. — De la force transversale des bois. — Tableau de la force transversale. — Force absolue. — Tableau de la force absolue des bois. — Du retrait et de la contraction des bois. — Du débit du sciage et de la conservation des bois. — Qualités que doit réunir le bois en grume. — Courbure des bois. — Dessiccation ordinaire des bois. — Préparation des bois par M. Neumann. — Procédé de Sargent pour courber les bois. — Procédés de conservation des bois de M. Boucherie, de M. L. Margery. — Procédé de conservation de Bréant. — Colle navale de Jeffery.

DES BOIS.

De la structure des bois.

Peut-être quelques lecteurs de cet ouvrage seront-ils tentés de regarder comme inutiles les notions que ce Manuel va leur offrir sur la structure des bois, mais je pense tout au contraire que ces notions méritent une attention toute particulière : car c'est en faisant une étude approfondie et pour ainsi dire l'anatomie des bois, que l'on apprendra à connaître leurs qualités et leurs défauts.

Les bois propres au charronnage et à la menuiserie en voitures, considérés sous le rapport de leur croissance, sont exogènes, parce que leur croissance résulte de l'apport successif des couches qui se forment à l'extérieur.

1° Ces couches se composent d'abord d'un épiderme ou enveloppe extérieure de la plante. Lorsque la plante vieillit, cet épiderme devient plus dur et plus épais, et se convertit en croûte ou écorce calleuse dans certaines essences, et lisse dans d'autres.

2° Sous l'épiderme se trouve immédiatement le tissu cellulaire, c'est le second feuillet de l'écorce après l'épiderme ; il est léger et mou comme les plantes herbacées et disposé en réseau, et il est communément vert.

3° Sous le tissu cellulaire, pendant la sève, on trouve une couche de substance mucilagineuse appelée cambium. Ce cambium s'organise en feuillets très-minces et devient le liber. Il subsiste à l'état gélatineux du côté du tissu cellulaire, se solidifie du côté opposé, et se forme insensiblement en bois tendre et imparfait que l'on nomme aubier.

4° Celui-ci se change une première fois en couche ligneuse et enfin se transforme une dernière fois en bois parfait, et ainsi de suite d'année en année, c'est ce que l'on appelle les couches annulaires ou annuelles.

Elles sont séparées entre elles par une substance médullaire qui indique le temps de repos de la végétation.

L'on peut, en coupant transversalement un arbre, ou une branche au collet, en compter les années par le nombre de couches annuelles que l'on y remarque.

Ces couches annuelles sont traversées par une autre série de fibres allant du centre à la circonférence, dans la direction des rayons, et que l'on appelle raies médullaires, lesquelles présentent, en certains endroits, un aspect brillant appelé mailles : elles se conjuguent en tous sens avec les couches ligneuses et constituent, par leur réunion, la substance du bois. Au centre de la tige est l'étui médullaire ou cœur qui contient la moelle.

Dans toutes les essences de bois, les couches annuelles sont plus dures à mesure que l'on approche du cœur.

L'aubier varie dans chaque essence de bois, il est plus ou mois épais. Cependant, l'épaisseur de l'aubier est généralement la même, à peu de chose près, dans chaque sorte de bois.

De la densité des bois.

Plus le bois est lourd à volume égal, plus il a de densité, et la plupart du temps de dureté, ce qui se comprendra facilement, puisque les bois les plus durs sont ceux qui présentent un tissu plus serré, c'est-à-dire que les couches annuelles sont plus rapprochées les unes des autres, et les fibres plus serrées et plus comprimées les unes sur les autres.

De l'élasticité des bois.

Les bois les plus élastiques sont ceux où les couches annuelles ou longitudinales sont les plus droites et parallèles, et les moins entrelacées avec les rayons médullaires et les moins interrompues par les nœuds. Tels sont le frêne, le noyer blanc, l'orme de futaie. Les bois les plus raides sont ceux où les couches annuelles sont les plus compactes et les plus entrelacées avec les rayons médullaires, tels que : le chêne vert, l'acacia, l'alisier.

Il n'est pas inutile d'observer ici que les couches annuelles que l'on voit dans un tronc d'arbre coupé horizontalement, ne sont pas de même épaisseur à leur circonférence ou pourtour, et qu'elles sont plus minces du côté du nord, dans la position où l'arbre était avant d'être abattu, que du côté du midi. Il n'y a point d'autre raison que l'aspect et la chaleur du soleil qui dilatent les pores et les fibres de l'arbre et les maintiennent mieux en état de recevoir aisément les sucs nourriciers.

Il est reconnu que les bois d'un arbre sont plus durs ou denses du côté du nord que du côté du midi ; remarque que l'ouvrier intelligent saura mettre à profit, surtout dans la confection des moyeux de roues.

Influence du sol sur la qualité des diverses essences de bois.

On sait que le sol, la situation et l'exposition donnent aux arbres plus ou moins de qualité et contribuent à leur développement en plus ou moins de temps.

Il faut donc faire attention à ces trois choses essentielles pour bien en connaître la qualité.

Voici, à cet égard, les résultats des recherches et des expériences faites par le savant Duhamel.

1° Les bois qui ont crû en pays chaud et sec, sont plus durs et plus compactes, et moins sujets à la pourriture que ceux des pays froids et humides; mais ces derniers ont l'avantage d'être d'une plus belle taille et de pouvoir être employés plus facilement pour cintrer.

2° Les arbres qui ont crû sur le penchant des montagnes, aux abords des futaies, dans les lisières; ceux qui sont isolés et ceux des haies et pâtis, ont ordinairement un bois dur et de bonne qualité, mais rebour et rustique.

3° Les bois situés en plaine et renfermés dans le centre des futaies, sont moins durs; mais ils sont communément d'une belle venue et exempts de gelivures, et leur fil est droit.

4° Les arbres exposés au midi, soit sur le côté d'une futaie, soit sur le penchant d'une montagne, ont ordinairement leurs bois durs et de bonne qualité; mais ils sont souvent branchus parce qu'ils cherchent l'air et qu'ils s'étendent toujours du côté du soleil.

5° Les bois qui ont crû à l'exposition du levant sont sujets à devenir rabougris (ou nomme ainsi les bois qui sont tortueux et noueux).

6° Le bois crû à l'exposition du couchant est moins dur que celui des autres expositions.

7° Enfin l'on trouve souvent de beaux corps d'arbres à l'exposition du nord, quoique leur bois soit un peu tendre.

Les terrains les plus avantageux à la qualité des bois sont ceux qui sont substancieux, et plutôt secs qu'humides.

Examen des arbres.

Ce n'est que par une grande pratique, jointe à une longue expérience, et aux connaissances dont nous allons donner une idée sommaire, qu'on parvient à bien distinguer la qualité des arbres propres au charronnage et à la menuiserie en voitures.

Des arbres sur pied.

Voici, toujours d'après Duhamel, les signes auxquels on peut reconnaître qu'un arbre est sur son retour.

L'âge qui précède immédiatement l'altération du cœur d'un arbre, est celui où il convient de l'abattre, si l'on veut en tirer le meilleur parti possible.

1° On est assez généralement d'accord à penser que lorsqu'un arbre a pris son plus grand degré d'accroissement, il reste un certain temps dans cet état fixe, sans altération ; mais qu'ensuite on s'aperçoit des progrès de son dépérissement par l'état de son écorce, dont une partie se dessèche et se détache.

Il s'ensuit que les feuilles de la cîme jaunissent et tombent de bonne heure à l'automne, et que quelquefois il n'y a que les branches d'en bas qui se garnissent de feuilles.

Cependant, malgré ces marques de vieillesse, il se peut encore que le corps de l'arbre paraisse sain, tandis que l'intérieur, le cœur, sont nécessairement altérés parce qu'il ne reçoit plus de nourriture.

2° Un arbre qui forme, par les branches de sa cîme, une tête arrondie, doit avoir peu de vigueur, quelle que soit sa grosseur.

3° Quand un arbre se garnit de bonne heure de feuilles au printemps, et surtout lorsqu'en automne elles jaunissent plus vite et plutôt que les autres, que celles du bas sont plus vertes que celles du haut, c'est un signe de peu de vigueur.

4° Quand un arbre se couronne, c'est-à-dire quand il meurt quelques branches du haut, c'est un signe infaillible que le bois du centre s'altère.

5° Quand l'écorce se détache, ou qu'elle se sépare de distance en distance par des gerçures qui se font en travers, c'est un signe de dépérissement considérable.

6° Quand l'écorce est beaucoup chargée de mousse, d'agaric ou de champignons, ou quand elle est tachée de marques noires ou rousses, c'est un signe de grande altération qui doit faire soupçonner que l'intérieur est aussi très-endommagé.

7° Quand on aperçoit enfin des écoulements de sève par les gerces de l'écorce, c'est un signe qui indique que les arbres meurent dans peu.

A l'égard des chancres et des gouttières, ces défauts, quelque fâcheux qu'ils soient dans les arbres, peuvent produire quelque défectuosité, et ils proviennent de quelque vice local, mais ils ne sont pas toujours des signes de vieillesse.

Défauts des bois.

Les défauts des bois que l'on peut plus facilement remarquer après l'abattage, sont: les nœuds, les malandres, les roulures, l'aubier et les gerçures.

Les nœuds sont la partie interne d'où naissent les branches en partant près de l'étui médullaire du tronc; ils traversent les couches ligneuses en interrompant et dérangeant la direction de leurs fibres; ces nœuds augmentent, chaque année, d'une couche ligneuse de même nature que celle du tronc auquel ils appartiennent; mais ces couches sont plus dures en ce point que dans tous autres; cela tient à un engorgement de sève occasioné par le dérangement de direction des fibres ligneuses du tronc.

Les nœuds, en dérangeant ainsi les fibres, les rendent courbes en divers sens, au lieu d'être droits, surtout lorsqu'il s'en trouve plusieurs assez proches les uns des autres; dans ce cas, le bois est tranché et à rebours.

Il se trouve aussi des nœuds pourris intérieurement; ceux-là peuvent occasioner des détériorations très-graves; il faut aussi avoir soin de mettre au rebut les parties qui en sont affectées.

Il faut aussi faire attention aux nœuds qui pourraient être recouverts, surtout dans le bois de frêne où l'on a besoin de longues billes pour les brancards.

Les malandres sont des veines blanches ou quelquefois d'un rouge terne, qui annoncent une espèce de carie sèche ou un commencement de détérioration du bois qui finit par se décomposer et se pourrir insensiblement.

Les roulures sont une séparation interne des couches annuelles, et qui réduisent plus ou moins le diamètre de la tige de l'arbre, et elles se présentent quelquefois à plusieurs endroits dans le même arbre, ce qui cause un grand préjudice par le déchet; on s'en aperçoit par les coupes transversales que l'on fait à la tige de l'arbre.

L'aubier est, comme il a déjà été dit, d'une contexture plus imparfaite que le bois, ce qui le rend très-susceptible de se décomposer, d'engendrer des vers qui le réduisent en poussière; on s'aperçoit de son épaisseur par les coupes transversales que l'on fait au bois.

Les gerçures sont une séparation partielle des lignes fibreuses; elles peuvent provenir d'un desséchement trop rapide des lignes fibreuses, produit par de fortes gelées ou par un grand vent, ou par l'action du soleil, ou être le résultat de quelques maladies : elles causent quelquefois un grand déchet.

Quelle que soit la cause qui occasionne toute fente qui s'étend du centre du tronc d'un arbre à sa circonférence, elle s'appelle gerçure ou gélivure.

On nomme gélivure entrelardée, une couronne de faux aubier qui n'occupe quelquefois que le quart ou le tiers de la circonférence d'un arbre ; assez souvent on trouve morte cette portion de mauvais bois. On peut regarder cette espèce de gélivure comme un double aubier partiel, ce qui est vrai, quand la portion viciée n'est pas morte. Mais comme elle est presque toujours défectueuse, il est à propos d'y faire attention.

D'après ce qui vient d'être dit, la bonne qualité des bois consiste à être exempts de défauts, à ce que leurs fibres soient ligneuses, souples, d'un tissu serré, droites et homogènes.

Lorsque l'on sait ainsi reconnaître la qualité des bois par la nature, la contexture de leurs fibres et par les accidents qui les caractérisent, on est en état de pouvoir en tirer le meilleur parti possible pour les travaux auquels on les destine, soit pour les cintres ou pour les employer naturels.

De l'abattage des arbres.

On pourrait croire, au premier abord, qu'il est indifférent d'abattre les arbres dans toutes les saisons de l'année, mais l'expérience et le raisonnement nous enseignent le contraire · le temps le plus favorable pour l'abattage des arbres est l'hiver, parce qu'alors la sève est peu abondante et le travail de la végétation presque nul.

Si, au contraire, on choisissait une autre saison, la sève contenue dans les fibres ligneuses du bois le provoquerait à s'échauffer et à se fendre, et à être attaqué par les vers et les insectes.

*Qualités et emplois des différentes essences de bois
de chêne.*

Il y en a de plusieurs espèces; je ne citerai que celles qui
seront le plus propres aux travaux de charronnage et de
menuiserie. Le chêne est un de nos plus grands arbres fores-
tiers; il se distingue par plusieurs qualités éminentes : son
bois, robuste et nerveux, paraît en quelque sorte indestruc-
tible, et lorsqu'il est débité dans le sens de la ligne médu-
laire, il présente un aspect maillé du plus bel effet. Il s'emploie dans le gros charronnage pour faire des limons de
charrettes et des barres, et généralement pour faire les rais
de toute espèce de voitures; il doit être employé jeune, c'est-
à-dire de 30 à 35 ans; c'est, sans contredit, l'âge où l'on
peut en attendre un meilleur service pour les travaux de
charronnage.

Il pèse de 24 à 25 kilog. les 30 centimètres cubes, suivant
sa qualité.

Nous allons énumérer parmi les principales espèces celles
qui sont employées dans l'industrie que nous traitons :

1º Le chêne blanc à longs pédoncules (*quercus racemosa*),
c'est une des plus grandes espèces : lorsqu'il est jeune, son
écorce est vive, luisante, unie et de couleur olive rembrunie;
avec très-peu d'aubier; son bois est jaune tirant sur la couleur
paille; ses fibres sont fines et droites; quoique fort élastique,
il n'est point à rebours : c'est le plus propre aux travaux de
charronnage.

2º Le chêne roure ou rouvre (*quercus robur* ou *Q. sessili-
folia*) : c'est un des arbres le plus beau et le plus utile; son
bois est plus foncé que le précédent; il est plus dur et plus
raide, mais moins élastique. L'écorce est d'un gris roux
foncé, il a très-peu d'aubier qui se distingue facilement de la
couleur de son bois par sa teinte blanche. Il pèse 35 à 36

kilogrammes (70 à 72 livres) le pied cube. Il est meilleur employé en rais qu'en limons.

3° Chêne blanc châtaigner (*quercus castanea*) : son bois est plus blanc que les deux autres sortes, son écorce est très-mince et de couleur gris-blanc. C'est un très-beau bois, mais plus mou que le précédent ; il convient mieux pour la menuiserie en caisse : il croît dans les terrains humides.

4° Chêne yeuse, chêne vert (*quercus virens*), chêne verdoyant : arbre d'une grandeur médiocre, de 10 à 12 mètres (30 à 35 pieds) ; il est tortu, très-branchu, originaire du midi de la France. Le bois de cette espèce est très-lourd, compacte, très-dur ; on ne s'en sert que pour faire du rais de roue et des essieux en bois. Il aime les terrains secs, sablonneux, aérés, à l'exposition du midi : sa croissance est très-lente.

La qualité de ces espèces de chênes sera d'autant meilleure qu'ils croîtront dans un sol siliceux ou gravier ayant un bon sous-sol très-profond et légèrement humide.

Orme.

L'orme est un très-bon bois de charronnage ; il sert à faire des moyeux, des jantes et à faire les bâtis des caisses pour les menuisiers en voitures.

On doit préférer l'orme qui a poussé dans les meilleurs terrains, attendu qu'il redoute également l'humidité et la sécheresse ; il ne craint pas le froid, mais il demande à être un peu ombragé ; on peut le regarder à la fois comme arbre pivotant et traçant ; car, dans les terres profondes et substantielles, ses racines s'enfoncent verticalement dans la terre, tandis que ses rameaux latéraux s'étendent horizontalement à une très-grande distance. Il est d'une meilleure qualité pour le charronnage lorsqu'il pousse dans du gravier et une terre siliceuse, dans les sols secs et sablonneux, et est meilleur pour la menuiserie lorsqu'il pousse dans une terre végétale, franche et légère.

Voici les variétés dont on fait choix pour le charronnage :
1° l'orme champêtre (*ulmus campestris*) : arbre de 18 à 20 mètres (54 à 60 pieds) de hauteur, qui a quelquefois de 1^m,62 à 2 mètres (5 à 6 pieds) de circonférence dans le milieu de sa hauteur; son tronc est droit, revêtu d'une écorce peu épaisse, grisâtre et à côtes parallèles. Son bois est jaune blanchâtre, marqué de brun au cœur : il pèse 23 à 24 kilog. (46 à 48 livres) les 30 centimètres cubes.

2° Orme-ormille ou à feuille étroite et ridée : il n'est pas d'un aussi grand diamètre, mais il est beaucoup plus raide; son écorce est mince et écailleuse, d'un gris blanchâtre. Il est le plus robuste et le plus élastique.

3° Orme rouge (*ulmus rubra*) : arbre de 20 mètres (60 pieds) de hauteur; son écorce est épaisse et rouge brunâtre. Il est plus mou que les précédents; il convient mieux pour la menuiserie en caisses.

4° Orme à écorce fongeuse (*ulmus cortice fungoso*) : son écorce est épaisse, molle, remplie de loupes; son bois est plus mêlé, sa texture et ses fibres plus grosses. Il est très-mou : on ne l'emploie que pour faire les bâtis des caisses de voiture, parce qu'il est très-léger.

5° Orme tortillard ou à moyeu (*ulmus modiolina*) : son écorce est dure et écailleuse ; sa couleur est brune foncée tirant sur le roux ; son bois est composé de fibres très-mêlées en tous sens. Il est plus fort et plus robuste que tous les autres.

On l'emploie dans le gros charronnage pour faire des moyeux et des essieux en bois, ainsi que des jantes de deux et de quartier.

Frêne.

Le frêne est un arbre de première grandeur qui croît dans les terres humides de nos forêts. Cet arbre jette beaucoup de racines, tant pivotantes que traçantes.

Son bois est précieux pour le charronnage. C'est, de tous les bois, le plus liant et le plus élastique, et qui résiste le mieux à la rupture.

On fait un grand nombre d'objets que la flexibilité de ce bois permet de cintrer à droit fil, forme qu'il conserve très-bien après son entière dessiccation.

On doit préférer le frêne qui a poussé dans une vallée humide dont le sol est calcaire ou argileux, pour pouvoir le cintrer facilement, et celui qui a poussé dans un terrain humide dont le sol est siliceux et sablonneux, pour les travaux où on l'emploie sans le cintrer et qui demandent de la résistance.

Voici les variétés dont on se sert pour le charronnage : 1° frêne commun (*fraxinus excelsior*) : il s'élève à 30 à 35 mètres (90 à 100 pieds); ses feuilles sont grandes, ses rameaux d'un vert cendré et très-lisse ; l'écorce du tronc est assez unie et grisâtre. Il réussit partout; il vient très-beau dans les terres limono-sablonneuses un peu grasses et humides.

Lorsqu'il a poussé dans l'intérieur d'une futaie, son écorce est d'un vert grisâtre assez vif; on doit s'apercevoir à son écorce si les fibres ligneuses sont bien droites et parallèles entre elles, et, dans ce cas, on s'en sert pour les bois que l'on veut cintrer, tels que brancard, limonière, armon, flèche, etc.

La couleur de son bois est d'un blanc légèrement verdâtre.

2° Frêne blanc (*fraxinus alba*) : arbre de 25 mètr. (80 pieds); son tronc, ses rameaux sont blancs, ses feuilles grandes et ailées, son bois est aussi bon que celui du chêne rouvre; il est très-blanc, compacte, luisant comme de la corne ; c'est le meilleur pour les assemblages, mais il est très-difficile à cintrer ; il sert à faire les sellettes, les encastrures, les traverses, etc. ;

3° Frêne noir (*fraxinus sambucifolia*) : arbre de 20 à 25 mètres (60 à 75 pieds) ; ses rameaux sont un peu noirs, ainsi que son écorce moins sillonnée et un peu plus épaisse; son bois est gris; ses fibres ligneuses sont plus fortes et moins élastiques : on l'emploie de préférence dans la menuiserie en voiture;

4° Frêne rouge (*fraxinus tomentosa*) : arbre de 20 mètres (60 pieds) de hauteur ; son tronc et ses rameaux sont d'un gris roux ; ses rameaux deviennent rouges au printemps; son écorce est forte, un peu cotonneuse; son bois, d'un rouge brillant, est plus dur que celui des autres frênes, mais un peu moins élastique : il sert pour faire de la jante, des lisoirs et des traverses.

Hêtre.

Le hêtre (*fagus*) croît assez promptement dans un bon fond et s'élève dans l'espace de 120 ans à une grande hauteur; il se plaît surtout sur le penchant des montagnes calcaires ou granitiques, dans les terres franches, légères, profondes et un peu sèches; son bois, plus ou moins rougeâtre suivant la qualité du terrain sur lequel il croît, a beaucoup d'analogie avec celui de noyer, mais il n'est pas aussi élastique; son écorce est blanche, luisante et un peu piquetée. C'est, de tous les bois, celui dans lequel on remarque le mieux la maille produite par les rais médullaires ; il est d'autant plus doux à travailler, qu'il croît dans un terrain calcaire; on l'emploie dans quelques contrées de la France pour faire des moyeux de roues, des jantes; mais son principal emploi est de faire les bâtis des caisses de voiture.

Il est sujet à se piquer des vers ; s'il est abattu dans la mauvaise saison, il se prête facilement à faire de forts assemblages.

Noyer.

Les qualités distinctives de ce bois sont : une grande souplesse, remarquable surtout dans le noyer blanc, espèce que l'on emploie de préférence pour la voiture, vu que le bois est plus compacte et qu'il se polit mieux, attendu que ses fibres ligneuses sont plus serrées.

Il prend des dimensions énormes dans les terres calcaires, légères, rocailleuses, profondes et légèrement humides.

Voici les variétés dont on se sert pour la menuiserie en voiture :

1° Noyer cendré (*juglans cinerea*) : son écorce est légèrement coteleuse, d'un gris cendré ; son bois est dur, compacte ; ses couches annulaires sont épaisses , de couleur gris roussâtre.

On s'en sert pour faire des panneaux de caisses de voitures, vu la facilité qu'il offre pour cintrer.

2° Noyer ikorie ou blanc (*juglans alba*) : arbre de 18 à 20 mètres (50 à 60 pieds) de hauteur ; son bois est dur, compacte, pesant, blanc et très-élastique ; son écorce est blanche et lisse. Il est très-recherché pour faire les bateaux des caisses, où il remplace le frêne avec avantage pour les assemblages ; les terres profondes, légèrement silicieuses et peu humides, lui conviennent beaucoup.

3° Le noyer comprimé (*juglans compressa*) : cette espèce a beaucoup de rapport avec l'ikorie ; son bois, sans être tout-à-fait aussi dur, a les mêmes qualités ; il s'emploie au même usage, il se cintre plus facilement au feu ; la couleur de son écorce est d'un blanc roux.

Acacia ou *robinier*.

L'acacia, après avoir été très-longtemps négligé, commence aujourd'hui à prendre sa place et à être estimé à sa juste valeur.

C'est un bon bois pour la carrosserie ; ses fibres sont presque toujours disposées en ligne droite ; il est passablement dur et d'une rigidité complète. On l'emploie maintenant pour faire les rais des roues de préférence au chêne : il est compacte, lourd et se feud avec une extrême facilité, mais il éclate au premier choc. Il se polit facilement; sa couleur est jaune, veiné de bandes brunes tirant sur le vert. Il est revêtu d'une écorce brune et rugueuse, des épines fortes sont disposées sur ses branches.

Il produit peu de déchet à l'emploi, attendu que l'on fait du rais depuis le pied jusqu'à l'extrémité des branches.

Peuplier.

Arbre extrêmement précieux à cause de la rapidité de sa croissance, et de l'utilité de son bois, qui est léger, tendre, prenant assez bien le poli et très-blanc.

Voici les variétés dont on se sert pour le charronnage et la menuiserie en voiture :

1° Peuplier blanc, ypréau, blanc de Hollande (*populus alba*). Cette espèce croît avec une très-grande rapidité et vient dans tous les terrains; il s'élève à 25 et 30 mètres (100 et 125 pieds) de hauteur, son écorce est couleur gris-blanchâtre dans sa jeunesse et crevassée sur les vieux troncs; ses rameaux sont rouge-brun et couverts d'un duvet blanc dans leur jeunesse; son bois est propre, doux, liant, il sert à faire toutes les doublures des caisses de voiture; il croît dans tous les terrains, pourvu qu'ils ne soient pas trop secs, mais il préfère les sols substantiels et les bords des ruisseaux.

2° Le peuplier tremble (*populus tremula*) : c'est une variété, seulement son bois est plus mou, cassant et spongieux; l'écorce est unie et d'une couleur blanche-rousse, et gercée dans sa maturité et d'un vert blanchâtre dans sa jeunesse.

3° Peuplier noir (*populus nigra*). Cet arbre s'élève à une hauteur considérable, son tronc est droit et se divise en rameaux nombreux, étalés, dont l'écorce est jaunâtre et ridée. Le bois de cette espèce est un des meilleurs, il est assez dur et assez compacte ; on l'emploie au même usage que le précédent.

4° **Peuplier grisard**, grisaille (*populus canescens*) : c'est le meilleur des bois blancs pour la carrosserie, il est moins poreux, et ses couches annuelles sont plus compactes; il est plus dur et se polit mieux ; son écorce est d'un gris tirant sur le vert, plus mince et moins profondément sillonnée.

Il sert à faire des panneaux, et a la propriété de se bien cintrer.

Il porte ses rameaux plus redressés, et il s'élève moins que le peuplier blanc. Même culture.

Merisier.

Le merisier ne sert que pour les ébénistes en voiture, il sert à faire les baguettes, les bourrelets et quelquefois on l'emploie à faire les bâtis des caisses. Il a la propriété de bien imiter l'acajou au moyen d'une préparation chimique.

Le merisier s'élève ordinairement de 12 à 13 mètres (35 à 40 pieds), son écorce est lisse, blanchâtre, il est formé de quatre couches qui peuvent s'enlever séparément. Son bois est rougeâtre, assez fin et dur ; il veut un terrain sec et sablonneux.

Poirier.

Il sert aux ébénistes en voiture pour faire les vasistas. Il est très-compacte, et n'est pas susceptible de se voiler ou gauchir; il est doux, liant, sans nœuds, ni gerçures, très-uni, d'un grain fin. Il se teint facilement en noir, et il imite alors l'ébène à s'y méprendre ; son écorce est lisse et rougeâtre dans sa jeunesse, fendillée et d'un gris brun dans sa vieillesse.

Le poirier sauvage croît dans toutes les terres, pourvu qu'elles ne soient ni crayeuses, ni argileuses : il prend tout son accroissement dans les terres calcaires un peu fraîches et profondes.

Il existe encore d'autres essences de bois que l'on emploie accidentellement dans le charronnage, telles que :

Le châtaignier, qui peut servir à remplacer le chêne blanc pour les travaux de menuiserie.

Le charme, qui remplace quelquefois le hêtre, est lourd et dur, mais ne fait pas de bons assemblages, parce qu'il contient une matière grasse dans l'intérieur de ses fibres ligneuses.

L'érable sycomore, dont le bois est blanc et léger, mais un peu mou et peut remplacer le hêtre dans la menuiserie pour faire les bâtis de caisses de voitures communes.

Du cubage des bois en grume et carrés.

Il y a plusieurs manières de cuber le bois. Les marchands de bois achètent généralement du propriétaire au cinquième déduit et livrent aux entrepreneurs au sixième déduit, et sans aucune réduction aux particuliers. Voici le mode de cubage qui est le plus généralement adopté par les entrepreneurs du département de la Seine, d'après l'arrêté de leur Chambre de commerce, et pour se conformer à la loi du 4 avril 1837, pour l'adoption du système métrique mis en usage depuis le 1er janvier 1840 :

Règlement des entrepreneurs du département de la Seine.

Article premier. Le mesurage des grosseurs des bois se fera de trois en trois centimètres pleins, et celui des longueurs de vingt-cinq en vingt-cinq centimètres pleins et couverts.

Art. 2. Les grosseurs de bois seront mesurées au milieu des morceaux sur les deux côtés les plus faibles des faces opposées d'arrête en arrête, et le trait toujours couvert.

En cas de difficulté, il sera placé deux réglets appliqués aux deux faces adjacentes.

Art. 3. Au cas où il existerait une grosseur moindre en par-

tant du milieu et en se rapprochant du gros bout, cette grosseur serait adoptée au lieu de celle que le morceau offrirait au
milieu de sa longueur.

Art. 4. L'acquéreur aura le droit de mesurer la grosseur du
morceau aux deux bouts, à égales distances, qui ne pourront
être moindres de vingt-cinq centimètres de chacune de ses
extrémités, et d'adopter la moyenne de ces deux mesures.

L'acquéreur aura aussi la faculté de joindre aux deux dimensions des extrémités ainsi mesurées celles du milieu, et
d'en prendre le tiers.

De plus, l'acquéreur aura le droit d'établir un redant à
l'endroit où la progression cessera d'être régulière.

Art. 5. Il sera accordé un mètre de réduction pour chaque
malandre, nœud vicieux ou roulure.

Art. 6. On devra mesurer les longueurs en les affranchissant
des abattages, racines et fausses coupes.

Art. 7. Toute flâche qui excédera le cinquième de la face
sur laquelle elle existera, devra entraîner une réduction de 3
centimètres sur la mesure de cette face.

Dans le cas où ce défaut serait plus considérable, on devra
mesurer les morceaux en prenant le quart du pourtour.

Art. 8. Le mesurage des bois en grume se fera en prenant
le pourtour dont on déduira le sixième, après quoi on prendra le quart du restant en négligeant les fractions de 3 centimètres.

Art. 9. Il sera fait à l'acquéreur la fourniture des 4 au 100,
à titre de remise.

Art. 10. Les bois, pour être livrables ne devront pas avoir
moins de deux mètres de longueur et moins de neuf centimètres d'équarrissage.

Adopté, en assemblée générale, par les entrepreneurs de
Paris.

Le Président, SAINT-SALVI.

Manière de mesurer les bois au moyen du calcul.

Dans l'ancien système, l'unité de mesure s'appelait pièce ou solive ; c'était un bloc de bois contenant 3 pieds cubes, ou bien une solive de 12 pieds de long sur 6 pouces de hauteur et 6 pouces de largeur.

Le bois d'œuvre se mesure actuellement au décistère, ou dixième partie du stère, ou mètre cube. Le stère contient 1,000 décimètres cubes, le décistère en contient 100 ; le stère équivaut à peu près à 10 solives ou pièces anciennes et est dans le rapport de 100 à 103, c'est-à-dire qu'il faut 103 décistères de bois pour faire 100 pièces à l'ancienne mesure.

Opération pour les bois carrés.

Lorsqu'on veut cuber une pièce de bois carré, on multiplie la longueur par la largeur, et le produit de cette opération par l'épaisseur. Ce dernier produit donne le cube cherché.

1er *Exemple.*

On demande quel est le cube d'une pièce de bois carré de 15 mètres de long sur 33 centimètres de large et 39 centimètres d'épaisseur.

Opération.

Je pose	15	mètres de long que je multiplie
par	33	cent de large.
	45	
	45	
et j'additionne	495	premier produit, que je multiplie
par	39	cent. d'épaisseur.
	4455	
	1485	

et j'additionne 19305, ce qui donne pour produit dix-neuf décistères trente centièmes cinq millièmes.

2ᵉ Exemple.

On demande le cube d'une pièce de bois carré de 12 mètres 2 décimètres de long sur 0ᵐ,36 de large et 0ᵐ,34 d'épaisseur.

Opération.

Je pose	12ᵐ2ᵈ	de long que je multiplie
par	0ᵐ36	cent. de largeur.

$$732$$
$$366$$

et j'additionne	4392	premier produit que je multiplie
par	0ᵐ34	cent. d'épaisseur.

$$17568$$
$$13176$$

et j'additionne   149328   En négligeant les trois dernières décimales, le cube demandé est donc de 1 mètre cube 49 centièmes, ou, c'est le terme marchand, quatorze décistères neuf centièmes, ou 1 mètre cube 4 décistères 9 centièmes.

Méthode employée dans la pratique pour trouver le produit d'un arbre mesuré au quart de la circonférence, sans aucune déduction.

On prend le quart de la circonférence et l'on en multiplie le résultat par les mêmes chiffres ou le quart trouvé par le même nombre, et ensuite on multiplie le produit trouvé par la longueur de l'arbre, et le dernier produit sera le nombre cherché.

Exemple.

Soit une pièce de bois de 1ᵐ,40 de circonférence sur 11ᵐ,50 de long.

Opération.

1° Je divise 1^m,40 par 4, et je trouve 35 au quotient.

2° Je multiplie   35
par   35
                     175
                   105

J'additionne :   1225   premier produit.

3° Je multiplie ce produit par 11 mètres 50 cent., qui est la longueur de l'arbre :

Et je dis :   1225
multiplié par   1150
              61250
              1225
              1225

        1408750   me donne pour résultat 14 décistères 087 millièmes, en retranchant les deux dernières décimales.

Méthode pour mesurer les bois en grume ou les bois avec leur écorce, au sixième déduit.

Exemple.

1° On prend la circonférence de l'arbre.

2° On en retranche le sixième, soit sur le cordeau, ou par le calcul, en divisant la circonférence par le nombre 6.

3° L'on prend le quart du reste que l'on multiplie par lui-même (ou le quart trouvé par le même nombre).

4° L'on multiplie le produit par la longueur de l'arbre, et le produit de l'addition est le résultat demandé.

Exemple.

Soit un morceau de bois en grume de 1ᵐ,40 de circonfé-rence sur 11ᵐ,50 de long.

Opération.

1° Je divise 1ᵐ,40 par 6, et je trouve 23 centimètres 3 millim. au quotient.

2° Je retranche du nombre 140, qui est la circonférence, le sixième qui est de 23 cent. 3 millim., nombre trouvé pendant la première opération.

Et je dis : qui de   140   0
       ôte   23   3
_____
Reste   1m16c.7m̄   que je divise par quart.

3° Je divise 116 par 4, et je trouve 29 au quotient.

4° Je multiplie   29
     par   29
_____
          261
          58
_____
et j'additionne   841   premier produit de la largeur sur la hauteur.

5° Je multiplie le premier produit de la hauteur, sur la hauteur, par la longueur, ou :

          841
    par   1150   qui est la longueur de l'arbre.
_____
      42050
      84100
     841000
_____
et j'additionne   967150   ce qui me donne 9 décistères 671 millistères 50, pour le résultat demandé.

De la force et du poids des bois.

Après nous être attachés à reconnaître les signes auxquels on peut distinguer la nature et l'essence des bois, leurs qualités et le sol qui convient le mieux à leur croissance, la première chose à s'occuper, c'est de connaître le poids spécifique, les forces absolues et relatives de chaque essence de bois.

La connaissance du poids et de la force de ces matériaux est la première base sur laquelle le charron et le carrossier doivent s'exercer, puisqu'elle les met à même de proportionner sous le rapport des dimensions, toutes les parties du charronnage d'une voiture, de manière que la force et la solidité de chaque partie soit en rapport avec la charge qu'elle doit servir à supporter et transporter.

Nous commencerons ce paragraphe par donner la pesanteur spécifique de chaque essence de bois employé le plus généralement dans le charronnage :

1° Parce qu'on doit tenir compte du poids que pèsent ces matériaux dans chaque morceau en particulier pour produire le meilleur rapport qu'ils doivent avoir entre eux dans la construction générale de chaque espèce de voitures.

2° Parce que ce n'est qu'après la connaissance exacte du poids de chaque partie de la voiture que l'on peut géométriquement en déterminer les formes et les rapports dans la force que doit avoir chaque pièce qui la compose.

Poids spécifique de quelques bois employés dans le charronnage.

Comme on juge du nombre de points matériels par le poids, il s'ensuit que l'on calcule les densités des corps en comparant leur poids sous des volumes égaux.

C'est le poids proportionnel sous un certain volume qui est appelé poids spécifique.

On ne peut faire cette comparaison qu'en prenant pour point de départ un corps quelconque qui sert de mesure pour tous les corps.

Dans la pratique on prend l'eau pour unité.

Il est reconnu qu'un décimètre cube d'eau distillée pèse 1 kilog. ou 1,000 grammes.

Nous allons présenter un tableau du poids spécifique des bois employés dans le charronnage, en faisant observer toutefois que le poids de chaque espèce n'est qu'approximatif, attendu que l'on rencontre difficilement deux morceaux de bois de même dimension et de même essence, qui pèsent le même poids.

Nous avons pris pour base de la construction de ce tableau un décimètre cube d'eau distillée, pesant 1 kilogramme ou 1,000 grammes, et pour point de comparaison, un décimètre cube de bois.

Si l'unité de bois était un mètre cube (ou stère), l'on prendrait dans le tableau le poids du bois suivant son essence, et on le comparerait avec son volume d'eau, dont le poids du mètre cube est de 1,000 kilogrammes.

Exemple.

Le poids du mètre cube de bois de chêne rouvre est à celui du mètre cube d'eau comme 905 est à 1,000 kilog. donc le poids spécifique du chêne rouvre est de 905 kilog. le mètre cube.

TABLEAU

Des poids spécifiques des bois de charronnage.

Chêne.

Essences.	Kilog.
1. Chêne blanc.	842
2. Chêne rouvre ou roure	905

3. Chêne châtaignier, ou de Virginie. . 587
4. Chêne yeuse, ou chêne vert. . . . 994

Orme.

1. Orme champêtre 714
2. Orme ormille 720
3. Orme rouge. 650
4. Orme à écorce fongeuse. 600
5. Orme Tortillard 750

Frêne.

1. Frêne commun. 700
2. Frêne blanc. 840
3. Frêne noir 640
4. Frêne rouge 787

Noyer.

1. Noyer cendré 619
2. Noyer blanc 670
3. Noyer comprimé 612

Hêtre.

1. Le plus dur ou rouge. 840
2. Le plus mol ou blanc. 720

Acacia.

1. Le tronc ou corps de l'arbre. . . . 720
2. Les branches 676

Merisier.

1. Le merisier sauvageon 741

Peuplier.

1. Peuplier blanc, ypréau 520
2. Peuplier tremble 450

Charron-Carrossier. Tome I.   8

3. Peuplier noir 480
4. Peuplier grisard 550

Bois divers.

1. Poirier 680
2. Châtaignier. 585

Méthode pour se servir de ce tableau.

On demande combien un cheval qui tire 1500 kilogrammes de charge dans une charrette, pourrait transporter de stères de bois de chêne rouvre.

1° Consultez la table, vous y voyez que le poids spécifique de ce bois est de 905 kilogrammes.

2° Divisez 1500 kilogrammes, poids que le cheval peut transporter dans la voiture, par 905 kilogrammes. Le quotient 1595 exprimera la quantité de décistères de bois de chêne rouvre que le cheval pourra traîner, ou 1 mètre cube 5 décistères 95 décimètres ou centistères.

1°. De la force des bois.

Il s'en faut de beaucoup que la force des bois soit la même dans chacune des essences, puisque deux solives prises dans le même corps d'arbre ne supportent même pas à dimensions égales le même poids. Cette inégalité est due en partie à une circonstance dont nous avons déjà parlé, à savoir que la partie de l'arbre, qui regardait le soleil dans la position sur le terrain est moins compacte que celle qui était à l'ombre. Il résulte de là, que la première prise du côté du soleil est moins rigide, et moins forte que la seconde qu'on enlève du côté de l'ombre. Mais en supposant que le corps de l'arbre eût été fendu verticalement du nord au midi, il est prouvé par l'expérience que les deux solives ne supporteraient pas encore le même poids, et l'on pourrait même dire qu'il n'y a pas dans la nature deux solives de la même dimension et de même essence qui supporteraient un poids parfaitement égal.

Les différentes manières sous lesquelles on considère les forces de bois, sont :

1° La force de cohésion ; 2° la force absolue ; 3° la force relative.

La force de cohésion d'un morceau de bois, est cette propriété par laquelle ses fibres et toutes les molécules qui le composent résistent aux actions qui pourraient les séparer les unes des autres et en déterminer la solution de continuité.

C'est pourquoi plus les molécules qui le composent sont nombreuses, plus il faut dépenser de force pour les séparer, ce qui est d'accord avec la règle, que la force des corps est proportionnelle à la surface de leurs sections transversales. Il en résulte que cette force augmente comme les carrés de ses dimensions.

De la force de cohésion.

La force de cohésion est considérée dans les bois, lorsque leurs fibres sont posées horizontalement, et qu'on agit par traction des deux côtés en les écartant jusqu'à ce qu'elles se séparent sensiblement. En prenant le pouce carré ou 144 lignes carrées pour base de la surface de disjonction dans le tableau ci-dessous, on a :

Chêne.

1 Chêne blanc . . . . 7850 ou 109 liv. par lign. car.
2 Chêne rouvre . . . 8064 ou 112 livres.
3 Chêne châtaignier . 4752 ou 66 livres.
4 Chêne yeuse. . . , . 8486 ou 118 livres.

Orme.

1 Orme champêtre. . . . 6048 ou 84 liv. par lign. car.
2 Orme ormille. . . . 6480 ou 90 livres.
3 Orme rouge . . . . 5616 ou 78 livres.
4 Orme à écorce fongeuse 4176 ou 58 livres.
5 Orme tortillard. . . 7056 ou 98 livres.

Frêne.

1 Frêne commun . . . 7997 ou 111 liv. par lig. car.
2 Frêne blanc. . . . 8424 ou 117 livres.
3 Frêne noir . . . 5040 ou 70 livres.
4 Frêne rouge. . . . 7850 ou 109 livres.

Noyer.

1 Noyer cendré . . . 4392 ou 61 liv. par lign. car.
2 Noyer blanc . . . 5548 ou 84 livres.
3 Noyer comprimé . . 5256 ou 77 livres.

Hêtre.

1 Hêtre rouge . . . . 6048 ou 84 liv. par lign. car.

Peuplier.

1 Peuplier ypréau. . . 4320 ou 60 liv. par lign. car.
2 Peuplier tremble . . 3456 ou 48 livres.
3 Peuplier noir . . . 4032 ou 56 livres.
4 Peuplier grisard . . 4536 ou 63 livres.

Essences diverses.

Acacia. . . . . . 5472 ou 76 liv. par lign. car.
Merisier . . . . 5040 ou 70 livres.
Poirier sauvageon . . 6640 ou 120 livres.

Il ne faut pas confondre la force de cohésion avec la force absolue, attendu que la force de cohésion est la propriété qui maintient les fibres parallèles du bois entre elles sur le sens de leur longueur, et la force absolue, la propriété qui fait rompre les fibres du bois transversalement.

Ainsi, dans une mortaise, la force qui fait que le bois se sépare longitudinalement suivant la fibre du bois est la force de cohésion.

Et la force qui le sépare transversalement est la force absolue.

Je prends pour exemple l'acacia. L'acacia a la propriété de résister dans les assemblages à une pression de 76 livres par ligne carrée de disjonction, ou force de cohésion;

Et à une pression de 97 livres par ligne carrée de solution de continuité ou force absolue.

Il résulte que l'on doit faire forcer davantage sur la largeur du tenon que sur l'épaisseur, lorsque l'on fait un assemblage dans cette espèce de bois.

2º De la force des bois debout.

Si le bois était parfaitement rigide sans aucune flexibilité et posé parfaitement d'aplomb, il supporterait le même poids, quelle que fût la distance qui séparera les deux extrémités de sa hauteur.

Mais il en est autrement dans la pratique, attendu que les expériences qui ont été faites prouvent que dès qu'un morceau de bois contient plus de six fois en longueur le diamètre de sa base, il se courbe sous le poids et finit par s'écraser.

Comme dans le charronnage on se sert peu de cette manière d'employer le bois, si ce n'est pour faire du rais, je me bornerai à désigner les essences que l'on emploie le plus communément de la sorte, en prenant pour base un pouce cube.

TABLEAU de la force des bois debout.

Chêne.

Essences.	Poids en kilog.
1 Chêne blanc	3168 ou 44 liv. par lig. carrée contenue dans sa base.
2 Chêne rouvre	3600 ou 50 livres.
3 Chêne vert ou yeuse. .	5680 ou 65 livres.

Acacia.

1 Le pied de l'arbre pre- mière bille	4104 ou 57 livres.
2 Les autres billes et les branches	3494 ou 47 livres.

Frêne.

1 Frêne blanc	4104 ou 57 livres.
2 Frêne rouge	4320 ou 60 livres.

Table de progression suivant laquelle la force des bois debout diminue.

Exemple.

Un cube de chêne rouvre, les fibres posées verticalement, supporte 3,600 kilog. avant que de se rompre; c'est donc 50 livres par ligne carrée contenue dans sa base que le cube de chêne soutient sur sa section. Maintenant, supposons que ce morceau de bois augmente en hauteur sans que sa base ou sa section à ses diverses hauteurs augmente, alors on aura pour l'échelle de décroissance de la force de résistance, le tableau suivant, d'après M. Tesseydre :

Pour un cube dont la hauteur est	1	la force est	1
Pour une pièce dont la hauteur est	12		$5/6$
—	24		$1/2$
—	36		$1/3$
—	48		$1/6$
—	60		$1/12$
—	72		$1/24$

Au moyen de ces tables relatives de la force des bois debout, on peut déterminer approximativement quelles sont les relations qui existent entre la longueur et le poids qu'elles peuvent supporter.

Exemple.

Quel est le poids que pourrait supporter un rais de chêne rouvre de 54 millimètres (2 pouces) de large sur 27 millimètres (1 pouce) d'épaisseur, à la place du décollement du carré, et ayant 650 millimètres (2 pieds) de longueur entre l'épaulement de la broche et celui du carré de la patte.

Pour éviter des calculs un peu compliqués, dans lesquels on serait obligé d'entrer, nous proposerons une manière d'opérer tout-à-fait pratique.

On prend la circonférence du rais avec une ficelle à la place la plus faible du décollement du rais, et l'on trouvera à peu près cinq pouces (plus ou moins suivant qu'il sera décolleté).

1º On suppose donc qu'il se trouve 5 pouces de tour; on réduit ces 5 pouces en lignes, ce qui produit 60 lignes, que l'on divise par le nombre quatre, pour former un carré qui a 15 lignes sur chaque face (puisque quatre fois 15 font 60).

2º On multiplie une des faces par l'autre (ou 15 par 15), ce qui vous donne 225 lignes carrées pour le produit qui se trouve contenu dans la circonférence au décollement du carré du bois.

3° On regarde dans la table de la force des bois debout, à l'article chêne rouvre, le poids que peut supporter une ligne de bois carré, on trouve le nombre 5o qui le représente.

4° On multiplie les 225 lignes que contient le rais, par le nombre 5o, qui représente le poids que la ligne carrée de bois sur 1 pouce de hauteur peut porter, et le produit 11,250 exprime le poids général que le bois peut porter sur 1 pouce de hauteur.

5° On regarde à la table qui indique la progression suivant laquelle la force diminue, à mesure que la hauteur augmente, et l'on trouve qu'à 24 pouces de longueur, la force diminue de moitié du nombre indiqué dans 1 pouce de hauteur, ce qui réduit le premier nombre trouvé à 5,625 livres, qui est la force cherchée du rais.

On trouvera peut-être, à première vue, ce poids exagéré; mais, si l'on déduit de ce nombre la moitié, force nécessaire pour supporter les chocs que produisent les aspérités du chemin, et qui déterminent une vibration continuelle, tendant à détruire la force de cohésion, alors la force du rais se trouvera réduite à 2,812 livres.

Enfin, si l'on calcule le rais comme constituant un levier, prenant toutes sortes de positions angulaires, l'on trouvera que la puissance nécessaire est à la résistance comme 1 est à 4, ou enfin que le rais ne peut plus supporter que 703 livres lorsqu'il n'est plus d'aplomb.

3° De la force transversale des bois.

La force transversale du bois, est cette propriété par laquelle une pièce de bois, posée horizontalement, supporte, sans qu'il y ait rupture, un poids donné; si on augmente ce poids, cette pièce se brise.

Règles qui régissent la force transversale des bois.

1° Les pièces de bois de mêmes épaisseur et longueur sont, entre elles, comme leur largeur, c'est-à-dire que si une pièce de bois d'un pouce de largeur supporte 50 kilog., une pièce de bois de deux pouces de largeur supportera 100 kilog.

2° Si les pièces de bois sont d'égale largeur, elles seront entre elles comme le carré de leur épaisseur.

C'est-à-dire que, si une pièce de 1 pouce de largeur sur 1 pouce d'épaisseur supporte 50 kilog., une pièce de 1 pouce de largeur sur 2 pouces d'épaisseur supportera quatre fois le même poids, ou 200 kilog.

3° Deux pièces de bois de largeur et épaisseur égales sont, entre elles, en raison inverse de leur longueur.

C'est-à-dire qu'une pièce de bois d'une dimension et d'une essence données supporte un poids double qu'une pièce de bois de la même dimension et de même essence, mais qui serait une fois plus longue; ou qu'une pièce de bois de 2 pieds de longueur supportera deux fois le même poids qu'une de 4 pieds de longueur.

4° Une pièce de bois maintenue des deux bouts, d'une longueur et d'une section données, supportera deux fois le même poids donné, que si elle était maintenue à poste fixe à une de ses extrémités seulement, c'est-à-dire que si une pièce de bois d'une dimension donnée, et de quatre pieds de distance entre les deux extrémités qui se trouvent maintenues à poste fixe, supporte dans le milieu 200 kilog., une autre pièce de bois de même essence, même dimension, transversale et même longueur, mais maintenue à l'une de ses extrémités seulement, ne supportera, sans se rompre, que la moitié de ce poids, ou 100 kilog.

5° Il faut moitié moins de charge totale à un seul point donné pour occasioner la rupture d'une pièce de bois posée horizontalement, que si cette charge était posée et uniformément répartie sur toute la longueur de la pièce.

C'est-à-dire qu'une pièce de bois, de dimensions transversales et d'une longueur donnée entre les deux points d'appui, ne supportera que 50 kilog., posée dans un seul point donné, tandis que la même pièce supportera 100 kilog. si ce poids s'est uniformément réparti sur la longueur de la pièce entre les deux appuis.

Tableau approximatif des forces transversales extrêmes que peuvent supporter, jusqu'à leur solution de continuité, les diverses essences de bois employées horizontalement dans le charronnage, en prenant pour base 1 pouce cube de saillie, et posées à poste fixe d'un bout, et chargées à l'extrémité de l'autre bout.

Les nombres employés pour construire ce tableau ne donnent que la moitié du poids absolu que supporterait une pièce de bois posée à poste fixe des deux bouts.

J'ai cru devoir déduire la moitié de la force extrême que pourraient supporter les bois, pour pallier l'effet que produit la vibration de toutes les parties de la voiture, effet dont la cause est produite par les réactions et les chocs.

Chêne.

Essences.	Poids en livres.
1 Chêne blanc	1296 ou 9 liv. par lig. carrée contenue dans sa base.
2 Chêne rouvre . . .	1080 ou 7 livres 1/2.
3 Chêne châtaignier . .	1006 ou 7 livres.
4 Chêne yeuse. . . .	1476 ou 10 livres 1/4.

Orme.

1 Orme champêtre . .	1116 ou 7 l. 3/4 par lig. carrée contenue dans sa base.

2 Orme ormille . . . 1188 ou 8 livres $\frac{1}{4}$.

3 Orme à écorce fongeuse 720 ou 5 livres.

4 Orme tortillard . . . 1296 ou 9 livres.

Frêne.

1 Frêne commun . . . 1440 ou 10 liv. par lig. carrée
contenue dans sa base.

2 Frêne blanc . . . . 2026 ou 14 livres.

3 Frêne noir . . . . 1008 ou 7 livres.

4 Frêne rouge . . . . 1290 ou 9 livres.

Hêtre.

Hêtre . . . . . . 1040 ou 7 livres $\frac{1}{4}$.

Acacia.

Acacia . . . . . 789 ou 5 livres $\frac{1}{2}$.

Bois divers.

Merisier . . . . . 1142 ou 8 liv. par lig. carrée.

Poirier . . . . . 980 ou 6 l. $\frac{3}{4}$ par lig. carrée
contenue dans sa base.

Châtaigner gras. . . 972 ou 6 livres $\frac{3}{4}$.

Peuplier.

1 Peuplier blanc ypréau. 576 ou 4 livr. par lig. carrée.

2 Peuplier tremble . . 400 ou 2 livres $\frac{3}{4}$.

3 Peuplier noir . . . 612 ou 4 livres $\frac{1}{4}$.

4 Peuplier grisard . . 790 ou 5 l. $\frac{1}{2}$ par lig. carrée
contenue dans sa base.

La méthode suivante donnera le moyen de se servir de ce tableau.

On demande quel poids pourrait supporter dans un point

donné au milieu, par exemple une traverse de bois de frêne rouge, de 2 pouces carrés, ayant 4 pieds de longueur, et maintenue à poste fixe des deux bouts ou extrémités.

Exemple.

1° On multiplie la hauteur par l'épaisseur (ou 2 fois 2 font 4), on multiplie ce produit par 144, nombre qui représente la quantité des lignes carrées contenues dans un pouce, ce qui donne 576 que l'on multiplie par 9, poids que peut supporter, sans se rompre, la ligne carrée de bois de frêne rouge, et on trouve au quotient 5,184 kilog. pour premier produit.

2° On divise la longueur en pouces, et on trouve que les 4 pieds produisent 48 pouces de longueur, et d'après la règle qui dit que la force des bois est en raison inverse de leur longueur; on divise le premier produit 5,184 par 48, et on trouve que le poids que peut supporter la pièce de bois, sur un point donné, est de 108 livres.

Mais comme la table des forces transversales ci-dessus est basée sur un pouce cube, posé à poste fixe, par une extrémité, et chargé de l'autre extrémité, il en résulte qu'il ne supporte que la moitié du poids qu'il supporterait s'il était maintenu aux deux extrémités.

Alors, dans ce cas, vous devez doubler le produit, puisque votre traverse est dans cette position, ce qui vous donne 216 livres pour le poids que pourra supporter la traverse sur un point donné.

Il faudrait encore doubler ce produit, si la charge était uniformément répartie sur la longueur comprise entre les deux appuis, ce qui vous donnerait 432 livres.

Ce poids est loin d'être la force extrême que pourrait supporter la traverse, il ne représente que la moitié, puisqu'elle a été déduite d'une force réduite dans la construction de la table, pour atténuer, comme nous l'avons dit, l'effet des vibrations sur toutes les parties de la voiture, effet dû aux réactions et aux chocs.

4° De la force absolue.

La force absolue des bois, est cette propriété qu'ils ont de résister à l'extension qu'on leur fait subir en les tirant [par les deux bouts, jusqu'à ce qu'ils se séparent et qu'il y ait solution de continuité.

Quelle que soit la longueur du bois, à dimensions égales, il faut toujours la même puissance d'extension pour les séparer.

Ainsi, un morceau de bois de deux pouces carrés, et de quatre pieds de long, résistera autant à la force d'extension qu'un morceau de bois de même essence et de dimension transversale égale qui aurait 20 pieds de longueur.

De même qu'un morceau de bois de 12 pieds de longueur supportera la même force d'extension qu'un de 6 pieds de dimension égale.

Chacun des nombres ci-dessous exprime la force extrême et absolue de chaque sorte de bois, et lorsque l'on voudra savoir la force en poids qu'il pourra porter en toute sûreté, il ne faudra prendre que la moitié de ce poids pour parer aux éventualités provenant de l'effet des vibrations et des chocs.

TABLEAU de la force absolue des bois.

Chêne.

Essences.	Poids en livres par ligne carrée contenue dans sa base.
1 Chêne blanc	14688 ou 102 livres.
2 Chêne rouvre . . .	14400 ou 100 livres.
3 Chêne châtaignier . . .	10520 ou 80 livres.
4 Chêne yeuse. . . .	17280 ou 120 livres.

Orme.

1 Orme champêtre . . . 15408 ou 117 l. par lig. carrée
2 Orme ormille . . . . 15840 ou 110 livres.
3 Orme à écorce fongeuse 8640 ou 60 livres.
4 Orme tortillard . . . 12960 ou 90 livres.

Frêne.

1 Frêne commun . . . . 15120 ou 105 l. par lig. carrée
2 Frêne blanc.. . . . . 15840 ou 110 livres.
3 Frêne noir . . . . 12960 ou 90 livres.
4 Frêne rouge. . . . . 14400 ou 100 livres.

Noyer.

1 Noyer cendré . . . 10800 ou 75 liv. par lig. carrée
2 Noyer blanc. . . . . 12960 ou 90 livres.
3 Noyer comprimé . . 11520 ou 80 livres.

Peuplier.

1 Peuplier blanc ypréau . 7200 ou 50 liv. par lig. carrée
2 Peuplier tremble . . 4760 ou 40 liv. par lig. carrée
3 Peuplier noir. . . . 8640 ou 60 livres.
4 Peuplier grisard . . 10368 ou 72 livres.

Bois divers.

Hêtre . . . . 11520 ou 80 liv. par lig. carrée
Acacia . . . . . . 13968 ou 97 livres.
Merisier . . . . . 13248 ou 92 livres.
Poirier . . . . . 9792 ou 68 livres.
Châtaignier . . . . 12240 ou 52 livres.

Du retrait et de la contraction du bois.

Lorsque l'on travaille un morceau de bois, il change quelquefois sensiblement de forme et de dimension, ce que l'on doit attribuer à l'état de siccité ou de sécheresse, plus ou moins complète, où il se trouvait avant son emploi, en ayant égard aux conditions qui régissent l'état de l'atmosphère.

Ainsi, un morceau de bois qui ne serait pas parfaitement sec, se déformerait bien moins dans une place où il réguerait de l'humidité, tel qu'un fond de cave, le bateau de caisse, la barre de limon de charrette, etc., que dans un endroit exposé à la sécheresse.

L'ouvrier intelligent doit donc savoir mettre à profit cette propriété du bois pour la consolidation de ses travaux.

Ainsi, par exemple, dans la construction de la roue, le moyeu étant de bois presque vert, lorsqu'on l'emploierait, les mortaises qui y seraient pratiquées pour recevoir les pattes des rais, se contracteraient et se resserreraient par la dessiccation lente et progressive des fibres du bois, d'où il résulterait que si l'on avait eu la précaution de n'employer que des rais parfaitement secs, et des dimensions de pattes convenables, lors de l'assemblage ou enrayage de la roue, cet enrayage devrait être excessivement solide, puisqu'à la force d'un enrayage bien fait, on réunirait la pression occasionée par la dessiccation du bois du moyeu.

Dans tous les cas, il est indispensable que cette dessiccation se fasse lentement ; car, dans le cas contraire, les couches annuelles du cœur de l'arbre étant plus compactes que les couches extérieures, et le retrait étant plus sensible sur ces dernières, puisqu'elles sont exposées au contact de l'air, la dessiccation se faisant brusquement, elle formerait une circonférence trop petite pour contenir les couches intérieures, elle se séparerait dans la direction des lignes médullaires, sous la forme de fentes, ce qui serait très-nuisible à la solidité.

L'on pourrait éviter cet inconvénient, en perforant le moyeu dans son centre, ce qui permettrait à l'air d'agir à l'intérieur comme à l'extérieur, et empêcherait qu'il ne se fendît.

Il ne faut pourtant pas conclure de cela, qu'il faut employer du bois vert pour toute espèce de mortaises : car, pour faire un bon assemblage, il faut toujours du bois sec, parce qu'alors les largeurs et épaisseurs des tenons ne diminuant pas, le bois étant parfaitement sec, il est moins susceptible de se gauchir et de se tourmenter.

Il en est de même pour les parties qui présentent une grande surface, par exemple, les panneaux des voitures; et, comme on ne peut pas toujours empêcher le bois de travailler, suivant l'état de l'atmosphère, il s'ensuit qu'il ne faut jamais clouer les panneaux, mais bien les assembler à feuillures, si l'on veut faire de l'ouvrage propre, attendu que s'ils étaient cloués, ils se fendraient.

Le changement de température détermine aussi dans les bois une sorte de courbure, et cet effet a lieu dans les bois exposés à l'air, qui deviennent toujours convexes du côté du cœur. C'est ce moyen que l'on emploie pour cintrer les brancards et les panneaux de voitures, etc.

Il est beaucoup plus facile de cintrer les bois sur la largeur des fibres, que sur la longueur, attendu qu'ils se contractent bien mieux sur la largeur que sur la hauteur.

Il faut aussi, lorsque l'on voudra cintrer des bois, que la partie convexe se trouve, autant que possible, du côté du cœur, et la partie concave du côté de la dosse ou aubier, attendu que les couches annuelles, étant plus distantes et moins compactes dans cette dernière partie que dans l'autre, elles se prêtent mieux à la pression sur elles-mêmes, ce qui détermine plus aisément la courbure.

Du débit, du séchage et de la conservation des bois.

Les bois de charronnage s'achètent en grume, parce qu'on ne les équarrit pas pour les débiter.

Après que les bois ont été abattus et transportés au chantier, on les écorce, précaution nécessaire si l'on veut empêcher les vers de les piquer, et on les soumet aux opérations suivantes :

1º On les débite, opération qui a pour but de marquer les dimensions des grosseurs convenables aux pièces que l'on veut en tirer : c'est ce qui s'appelle mettre en plateau.

On a soin de débiter les bois au douzième, ou une ligne par pouce plus large que le bois ne doit avoir, lorsqu'il sera parfaitement sec, et ce pour combler le déficit qui résulterait de la dessiccation du bois.

Il faudra aussi avoir soin de laisser 2 lignes en plus par chaque trait de scie, que sera susceptible de recevoir le plateau lorsqu'il sera sec.

2º Lorsque les bois sont débités, on fait venir les scieurs de long pour les refendre, et lorsque les plateaux sont refendus, il serait à propos de les latter dans les bouts, surtout les bois durs qui sont plus susceptibles de s'éclater dans ces points que les autres.

On les empile les uns à côté des autres, et verticalement, si c'est possible, dans la position qu'ils occupaient dans le tronc de l'arbre, en ayant soin de mettre une épaisseur pour que l'air puisse circuler entre les traits de scie.

3º Lorsque les bois que l'on veut mettre en planches, panneaux, sont secs (opération qui ne peut avoir lieu naturellement qu'après un certain laps de temps, tel que six à sept mois pour les bois tendres, et un an pour les bois durs), on les débite une seconde fois, et on les trace encore un peu plus épais qu'ils ne doivent l'être lorsqu'ils seront finis de corroyer, et on les fait refendre, soit sur le champ, soit sur le plat.

Les bois débités sur plat sont ceux que l'on fait refendre sur la largeur du plateau, et ceux débités sur champ sont ceux qui sont débités sur leur épaisseur.

4⁰ Quand les bois ont été refendus en morceaux appropriés aux ouvrages de charronnage et de la menuiserie auxquels ils sont propres, on les met en piles dans un lieu convenablement aéré.

Il faut avoir soin que les morceaux ou les planches soient le moins possible en contact les uns avec les autres, afin que l'air puisse circuler librement, on les sépare donc les uns des autres, ordinairement avec de petites cales ou lattes.

Empilés de cette façon, ils ne peuvent se gauchir, attendu que le poids de la pile suffit ordinairement pour les maintenir.

Cette dessiccation doit se faire, autant que possible, avec lenteur, dans un endroit sec et couvert, et ventillé par un courant d'air d'une extrémité à l'autre.

Dans cet état, le bois peut se conserver longtemps sans beaucoup de déchet, et se durcit beaucoup, surtout si l'on peut faire circuler en partie la fumée de la forge dans l'endroit qui le renferme, et lorsqu'il est parfaitement sec, il est dans les meilleures conditions pour le mettre en œuvre.

Qualités que doit réunir le bois en grume pour la fabrication des rais, et méthode pour le fabriquer.

1⁰ L'on doit toujours choisir les troncs les plus droits des diverses essences des bois, avec lesquels on veut fabriquer des rais; il est nécessaire que les lignes fibreuses ainsi que les rayons médullaires soient bien parallèles entre eux. On ne doit prendre qu'une ou deux longueurs de billes du côté du pied dans chaque tronc d'arbre, attendu que le bois des arbres est toujours plus dense et plus compacte de ce côté que du côté de la tête de l'arbre, dont le tissu est moins serré. Il en résulte que les rais pris dans les billes des pieds sont toujours plus raides. Ils sont d'ailleurs aussi moins exposés à s'échauffer.

2° L'on découpe les bois en grume de la longueur convenable pour les roues que l'on doit fabriquer, en ayant toutefois la précaution de laisser toujours 6 centimètres de longueur en plus que la longueur qu'ils doivent avoir lorsqu'on les met en œuvre. Ce surplus de la longueur est destiné à parer aux inconvénients des fentes qui surviennent à chaque bout par la dessiccation du bois.

3° On fend les billes en autant de parties qu'elles peuvent contenir de fois le volume des rais que l'on veut fabriquer.

Il y a deux méthodes pour séparer les rais contenus dans une bille : la première consiste à fendre les billes avec un coutre ou des coins, et la deuxième à les fendre à la scie de long.

La première méthode, si les fibres sont bien droites, ainsi que les rayons médullaires, a l'avantage, à qualité égale de bois, de donner des rais de meilleure qualité que la seconde méthode, parce que, s'il se trouve un nœud ou quelque autre défaut renfermé dans la bille, la fente ou la première méthode les met presque toujours à découvert; mais aussi cette méthode a le désavantage de causer plus de déchet dans le bois, parce que les rais ne se fendent pas toujours en ligne droite. L'on peut évaluer, au minimum, à un sixième, en supposant les billes dans les meilleures conditions indiquées ci-dessus, le déchet occasioné par cette méthode.

La deuxième méthode consiste à refendre à la scie les billes en autant de parties qu'elles peuvent contenir de fois le volume des rais que l'on fabrique.

On comprend facilement que la scie refend toujours la bille en ligne droite, ce qui n'est pas toujours la disposition

qu'affectent les fibres ligneuses et les rayons médullaires du
bois, il en résulte que les fibres sont presque toujours tran-
chées (plus ou moins), ce qui a l'inconvénient d'amoindrir la
force de cohésion que le bois du rais devrait avoir, et de retarder le travail à la plane du charron, puisqu'il est plus difficile de travailler un bois de rebours qu'un bois de fil. Mais
cette méthode a l'avantage de produire un sixième et même
un cinquième en plus de rais que la première, lorsque l'on
a la précaution de choisir les billes dans lesquelles on se propose de faire des rais, excessivement droites sur toutes les faces de la circonférence, et que les rayons médullaires et les
lignes fibreuses soient bien parallèles et en lignes directes,
d'une extrémité à l'autre de la bille. On comprend, en effet,
que les rais fabriqués dans les billes qui ont été choisies de
la sorte ne sont pas contre-taillées et possèdent toute la
force de cohésion que peut produire un morceau de bois du
même diamètre et de la même essence.

Règle générale : dans l'une comme dans l'autre méthode,
il faut toujours débiter le bois dans le sens de la maille, si
l'on veut éviter de faire du rais d'épaule. Le rais fabriqué
autrement qu'en suivant la direction de la maille, présente
toujours des rayons médullaires dans la ligne transversale de
la mortaise du moyeu, et c'est ce que l'on appelle rais d'é-
paule; dans cette position, il n'est pas aussi raide et supporterait bien moins de charge, parce que les couches annuelles
se séparent plus facilement que les rayons médullaires.

La première méthode ne peut convenir qu'à un marchand
de bois à brûler : car si une bille ne se fend pas droite, on
la remet sur la pile de bois, et alors elle toise davantage, ce
qui compense le déficit de la perte de temps de l'ouvrier qui
l'a fendue.

Mais si, au contraire, c'est un charron qui emploie cette
méthode, il cherche presque toujours à redresser à la cognée
les rais qui ne se sont pas fendus droit, et alors il rentre et

même plus désavantageusement dans le même inconvénient que si les rais étaient fendus à la scie.

Il faut éviter, autant que possible, de faire des rais d'épaule, puisqu'ils ont l'inconvénient : 1° de présenter l'aubier sur le côté du rais au lieu de le présenter sur le devant, qui est la position dans laquelle le rais fatigue moins ; 2° il est plus susceptible de s'épauler, lorsque l'on met les rais à fond en les enrayant; 3° il n'est pas aussi raide et supporterait bien moins de charge, parce que les couches annuelles du bois se séparent plus facilement que les rayons médullaires dans cette position.

Dans les travaux neufs, on ne doit jamais employer de rais ayant un nœud, quelque petit qu'il soit, ni aucune espèce de roulures.

Lorsque les rais sont fendus, soit à la scie, soit au coutre ou au coin, on les taille et on les écorce pour empêcher les vers de s'introduire dans le bois. On appelle tailler un rais, l'opération qu'on lui fait subir pour en faire un rectangle de la dimension voulue, en ayant soin de mettre, autant que possible, la patte du côté du pied de la bille et l'aubier sur le devant du rais.

Lorsque les rais sont taillés, on les met en pile, en ayant la précaution de laisser toujours de l'espace entre chaque rais sur chaque face, ce qui s'obtient en couchant le premier rang d'un sens et le second rang en travers du premier.

Courbure des bois.

On trouve dans l'*Encyclopédie méthodique* le passage suivant : « Certaines pièces qui doivent être courbées dans l'emploi du charronnage sont de beaucoup préférables lorsqu'elles sont courbées par la nature, parce qu'elles ont plus de force et de durée que celles dont la courbure est formée avec l'outil. Les pièces de chêne, au contraire, destinées aux rais des roues, ne peuvent être d'un bois trop droit, parce que leurs fibres faisant un effort de bout en bout, dans une direction perpendiculaire, la force de ces fibres ne doit être altérée par aucune courbure. »

Le contour d'une roue est formé de la réunion de plusieurs jantes courbées dans le même sens, assemblées ensemble, et maintenues à l'aide de *gougeons* et de ferrements. Ce simple aperçu montre que les jantes, ainsi multipliées, exigent beaucoup plus de temps et de bois que des jantes d'une seule pièce, et qu'elles sont plus lourdes et plus dispendieuses. Cette difficulté avait été sentie en 1792 par un maître charron de Paris, nommé Mugneron. On lit dans un rapport fait l'année suivante, au bureau de consultation, que ce fabricant avait imaginé de faire des roues de voitures légères, d'une seule jante, pliée à droit fil; qu'il en avait, dès l'année 1783, fourni plusieurs paires à divers particuliers, et que l'usage avait prouvé la solidité des roues ainsi fabriquées.

M. Duhamel-Dumonceau, dans son *Traité du transport des bois*, publié en 1767, dit que le bois préparé d'une manière convenable, tant pour la grosseur que pour la longueur, était mis d'abord, afin de le disposer à se courber, dans l'eau bouillante, ou dans un bain de vapeur pendant autant d'heures qu'il portait de pouces d'épaisseur : ensuite ce bois, immédiatement après avoir été retiré de l'étuve à vapeur, ou du bain d'eau bouillante, était soumis à des opérations mécaniques, agissant avec des vis et des coins, qui lui donnaient la forme d'un cercle, forme qu'il conservait parfaitement après quelques jours de dessiccation.

Ce mode de fabrication des roues de voiture n'était déjà plus une simple tentative, il était dès-lors assuré, on en avait pu apprécier tous les avantages, et il est difficile de comprendre comment on a pu l'abandonner et même l'oublier jusqu'à ces derniers temps, où un anglais, M. Isaac Sargent, est venu, avec un brevet d'importation et de perfectionnement, exploiter à Paris cette branche d'industrie dont la première idée paraît appartenir à M. Mugneron. Ce n'est pas la première fois que l'on voit nos voisins d'outre-mer apporter chez nous, comme une nouvelle invention une découverte française mal accueillie ou perdue. Faisons des vœux pour que ce soit la dernière.

Sans tenir donc aucun compte de la voie importante de perfectionnement ouverte par le charron français, les ateliers de charronnage ont été, jusqu'à 1823, obligés de débiter leurs pièces contournées, dans des bois épais et larges, afin de leur donner la forme désirée, selon l'élégance des ouvrages; mais sans qu'il soit besoin de l'expliquer, c'était toujours aux dépens de la solidité. On sent bien que pour rendre les bois tranchés plus solides, l'ouvrier était forcé de leur donner plus de largeur et d'épaisseur; nécessité qui produisait des pièces beaucoup plus lourdes et par conséquent moins élégantes. Il ne pouvait pas se dispenser de les armer de frettes de fer, ce qui rendait le tout extrêmement pesant. On éprouvait, en outre, une très-grande perte de bois. Tous ces désavantages ont frappé les charrons de Paris, lorsqu'à l'exposition des produits de l'industrie de 1823 ils virent non-seulement des roues formées d'une seule jante, par M. Sargent, mais encore un très-grand nombre d'autres pièces de charronnage en bois de frêne, d'orme, de chêne, courbées par l'action de la vapeur. La durée nécessaire de l'action de cette vapeur, ou de l'eau bouillante pour ramollir et disposer ce bois à se courber dans tous les sens, ne paraît pas en altérer la qualité. Nous croyons même qu'il en acquiert, car il devient extrêmement dur. Il n'y a donc aucun doute que les roues à droit fil, qui offrent tout à la fois économie de main-d'œuvre, de bois et plus de solidité, ne doivent remplacer les roues ordinaires à jantes multipliées, pour les voitures légères, et peut-être même aussi pour les grosses voitures, mais en se bornant pour ce dernier cas, à plier mécaniquement les

jantes, au lieu de leur donner la courbure à la scie et à l'her-
minette, ce qui fait tomber dans les déchets à peu près la
moitié du bois.

Afin de ne rien laisser désirer au lecteur sur cette importante matière, nous allons indiquer tous les meilleurs moyens
de dessécher et de préparer les bois. Nous terminerons par
l'indication du procédé de M. Sargent.

Dessiccation ordinaire du bois.

La sève qui existe dans tous les bois est une cause inévitable d'altération. Dans ceux même de première qualité
elle s'échauffe, fermente et travaille jusqu'à ce que le temps
l'ait détruite. Dans les bois de qualité inférieure cette fermen-
tation a des effets encore plus fâcheux, surtout s'ils n'ont pas
été coupés dans la saison convenable. La corruption de la
sève attire les insectes, qui rongent et coupent les fibres du
bois ; elle le fait bomber, fendre et même pourrir avant le
temps. Par son évaporation, elle donne lieu à un resserre-
ment quelquefois considérable : les pièces de charronnage
faites avec du bois vert se séparent, et si elles sont assemblées d'une manière invariable, elles se fendent. Le charron
n'emploiera donc les bois qu'après les avoir bien fait sécher
en les exposant à l'air, sous un hangar.

Dessiccation du bois, par M. MUGNERON.

Nous croyons devoir ajouter quelques détails sur le procédé déjà décrit de M. Mugneron. Ce fabricant plongeait le
bois dans d'immenses chaudières qu'il remplissait d'eau ; il
faisait bouillir, puis faisait ensuite sécher le bois à l'étuve.
L'emploi de ces chaudières embarrassantes et coûteuses
nuisit à cette opération si avantageuse d'ailleurs : grâce à
elle, le bois est entièrement dépouillé de cette partie ex-

tractive ; ses fibres se rapprochent, et sa sève est remplacée par l'eau qui s'évapore promptement. Cette opération obtint l'approbation de l'Académie des sciences. Voici le résultat des épreuves faites sous ses yeux : 1° le meilleur bois acquiert un tiers de force de plus que sa force naturelle ; 2° le bois vert qui demandait plusieurs années pour pouvoir être employé, peut l'être très-promptement ; 3° le bois qui n'était bon à rien, rendu plus dur, peut servir à divers usages qui n'exigent pas beaucoup de force, tels que les limons de traverse, les ridelles, les coquilles, etc ; 4° les bois ainsi préparés sont moins sujets à être fendus, gercés et vermoulus ; 5° on peut, dans l'emploi, diminuer d'un tiers la grosseur de certaines pièces de bois ; 6° le bois devient flexible ; il en résulte qu'on peut redresser les pièces qui sont courbées, et quand on le souhaite, cintrer dans tous les sens celles qui sont droites.

Préparation des bois, par M. NEUMAN.

Ce procédé n'est qu'une modification de la découverte de M. Mugneron, dont l'emploi est devenu bien plus facile par le chauffage à la vapeur pour faire entrer l'eau en ébullition.

La manière dont procède M. Neuman, menuisier de Hanovre, est des plus simples. Il met les pièces de bois dans une forte caisse en chêne dont les joints ont été convenablement mastiqués. Il a soin que les diverses pièces de bois ne s'appliquent pas exactement l'une sur l'autre. Il doit se trouver au fond de la caisse un robinet qu'on ouvre et ferme à volonté. Cette caisse se remplit d'eau.

Sur un fourneau placé près d'elle est une chaudière pleine d'eau, et fermée par un couvercle en forme d'entonnoir renversé. Pour que la vapeur ne puisse pas s'échapper en glissant entre le couvercle et la chaudière, on bouche la jointure avec de la terre glaise, ou mieux encore avec de la chaux vive délayée avec du blanc d'œuf, mêlé à l'avance avec un peu d'eau. Au sommet du couvercle, on a soudé un gros tuyau qui s'élève d'abord verticalement, puis se recourbe et descend au fond de la caisse en bois. Lorsqu'on chauffe fortement la chaudière, l'eau qu'elle renferme entre en ébullition, la vapeur sort par le tuyau du couvercle, et ne trouvant point d'autre issue, passe à travers la masse d'eau contenue dans la caisse, qu'elle finit par échauffer. L'opération est plus ou moins longue, et l'ébullition doit être plus ou moins longtemps soutenue, suivant que les pièces de bois renfermées dans la caisse sont plus ou moins grosses. On atteint le but quand le bois ne colore plus l'eau de la caisse.

Moyens de rendre les bois inaltérables.

Le charron qui, dans ses ouvrages, doit spécialement viser à la solidité, apprendra, je pense, avec plaisir, qu'en jetant du sel de cuisine dans la chaudière de Neuman, on obtient l'inaltérabilité des bois. Aux Etats-Unis, on fait mariner dans le sel les bois destinés à la charpente. En 1813, un journal allemand annonçait qu'à Copenhague le champignon s'étant mis sur le bois du plancher de la comédie, avait gagné au point que le plancher vint à manquer : on en construisit un nouveau, qu'on eut soin de frotter d'une dissolution de sel. Après dix ans, le bois de ce plancher était encore aussi sain, et aussi bien conservé que s'il eût été tout récent. La charrée de savon a la même propriété.

Manière de durcir le bois.

Pour donner au bois une dureté presque prodigieuse, il faut l'imbiber d'huile ou de graisse et l'exposer pendant un certain temps à une chaleur douce. Il devient alors lisse, luisant et très-dur quand il s'est refroidi. C'est d'un procédé semblable que se servent quelques sauvages pour durcir le bois avec lequel ils construisent leurs armes et leurs outils. Ainsi préparé, le bois devient assez dur pour tailler et percer d'autres bois, et les piques graissées, chauffées et séchées de la sorte, peuvent traverser le corps d'un homme de part en part.

Moyen de rendre le bois incombustible.

Dans les mémoires de l'Académie des sciences, Faggot dit que pour rendre le bois parfaitement incombustible, il suffit de le faire bouillir dans une dissolution d'alun ou de vitriol vert (sulfate de fer).

Les bois imprégnés d'urine ne se consument que très-lentement. On trouve dans le *Monats blatt fur Bauwesen*, de 1831, que si on lessive du schiste alumineux avec de l'urine, et qu'on laisse pendant 14 jours dans cette liqueur des morceaux de bois de pin de trois pouces d'épaisseur, ils deviennent presque incombustibles. Après les avoir laissé sécher, si on les met dans le feu, ils y restent pendant près d'une demi-heure sans être altérés : c'est seulement au bout de ce temps qu'ils commenceront à se charbonner, mais ils ne produisent plus de flamme. C'est au charron à voir s'il veut faire usage de ce procédé un peu coûteux sans doute, mais dont le succès est assuré.

Procédé de M. I. SARGENT pour courber les bois.

Ainsi que nous l'avons vu, M. Sargent a modifié et perfectionné le procédé de MM. Mugueron et Neuman. Il fait travailler le bois à droit fil en lui donnant, d'après toutes sortes de calibres, la forme et la longueur qu'il doit avoir après qu'il sera courbé : il ne lui conserve que la force nécessaire. Il l'expose ensuite à la vapeur de l'eau bouillante, assez longtemps pour qu'il soit ramolli au point de pouvoir être plié ou courbé sans se rompre : à cet effet, il expose le bois dans une étuve construite exprès et chauffée avec de la vapeur.

Quand le bois est assez ramolli, on le contourne dans un moule disposé convenablement. Rien n'empêche de le faire en bois : pour peu qu'on ait à préparer un certain nombre de pièces de la même forme, on sera bien dédommagé de la peine qu'on prendra pour cela. Comme les pièces de charronnage sont peu variables, le charron aura tout bénéfice à cet égard ; car, par exemple, la forme des roues est constante et ne diffère que pour le plus ou moins de grandeur. Les moules sont ordinairement faits de deux pièces. On laisse les bois sécher à l'ombre sans les sortir des moules. Quand ils sont bien secs, ils ont acquis invariablement la forme qu'on leur a fait contracter, et pour la leur enlever, il faudrait les ramollir de nouveau. Les bois, ainsi préparés à droit fil, ne perdent rien de leur souplesse ni de leur élasticité. La dessiccation des bois ainsi contournés n'a pas lieu au grand air ; elle se fait dans un vaste séchoir, où une chaleur douce d'abord, et qu'on porte successivement au plus haut degré possible, en renouvelant l'air, opère en très-peu de temps la dessiccation complète du bois.

Procédé de conservation des bois, par M. BOUCHERIE.

Ce procédé consiste à introduire ou à injecter dans tous les canaux séveux du bois du pyrolignite de fer, qui a la propriété de convertir en matières insolubles, inattaquables aux insectes, toutes les substances solubles alimentaires et putréfiables, qui entrent dans la composition physique et chimique des bois.

L'auteur opère sur des arbres sur pied ou récemment abattus ; un réservoir rempli du liquide à injecter est placé au pied de l'arbre, et le liquide s'introduit par la circulation séveuse non-seulement dans le tronc principal, mais dans toutes les branches.

La plus ou moins grande activité de cette introduction dépend de circonstances particulières ; mais le liquide peut, dans certains cas et avec de certaines conditions, s'étendre à une distance de près de 30 mètres.

M. Boucherie s'est trouvé conduit par ses expériences à la possibilité de donner aux bois diverses qualités ; ainsi, il propose d'introduire dans le bois les chlorures de calcium et de magnésium pour lui donner de la flexibilité et de l'élasticité ; ces sels déliquescents diminueraient aussi beaucoup la combustibilité des bois ; enfin, M. Boucherie paraît avoir étendu ses soins jusqu'à des pétrifications artificielles, toujours par l'introduction de certains liquides et par des décompositions de nature à donner des précipités à base de silice.

La méthode la plus puissante pour porter la liqueur aussi loin que possible consiste à conserver l'arbre sur pied, à lui enlever au pied un tronçon, non pas entier, puisque l'arbre tomberait, mais en ménageant sur deux faces latérales assez de bois pour empêcher l'arbre de se renverser ; on enveloppe cette tranche vide d'une ceinture ou frette, on lute et on forme ainsi un réservoir en communication avec un récipient contenant du pyrolignite de fer, qu'on obtient en faisant digérer sur des ferrailles l'acide acétique brut ou pyroligneux résultant de la distillation du bois.

M. Boucherie a opéré le plus ordinairement sur des arbres abattus à l'instant même ou peu de jours après l'abattage ; il faut leur conserver les branches et les feuilles et rechercher pour chaque arbre l'instant de sa vie la plus active ; c'est ce moment qu'il faut fixer pour l'abattage.

Tous les bois ne sont pas également propres à recevoir des liquides dans la totalité de leur contexture intérieure, tandis que les bois durs ne s'imprègnent que sur un nombre plus ou moins considérable de couches annulaires extérieures, au centre desquelles il reste une masse assez considérable de bois mort sans circulation séveuse.

L'introduction du pyrolignite de fer donne au bois une teinte marbrée en gris et une dureté bien supérieure au même bois non préparé.

Ce procédé, par sa simplicité et le peu de dépense qu'il exige, et cependant, par les importants résultats dont il ouvre l'avenir, appelle toute l'attention des industriels. En effet, tous les bois blancs, considérés jusqu'à présent comme inapplicables aux grandes constructions, peuvent devenir d'un intérêt au moins égal pour les constructions, tandis que jusqu'à présent on a dû se borner à l'application presque exclusive des bois durs.

Autre procédé propre à garantir les bois de toute altération, par M. Loyd Margery.

La substance que l'auteur recommande pour préserver de toute altération les bois et les tissus, est le sulfate de cuivre ; il en fait dissoudre un demi-kilogramme dans 18 litres d'eau chaude, pour accélérer la dissolution qui s'opère dans un vase de bois.

Les pièces de bois à préparer sont placées au fond d'une auge dans laquelle on verse la dissolution ; elles y baignent pendant deux jours, plus ou moins, suivant leurs dimensions. Le bois doit être sec, afin de pouvoir absorber une plus grande quantité de liquide.

Procédé de conservation des bois, de M. Bréant.

Nous allons extraire ce que nous voulons dire de ce procédé, d'un rapport fait à la Société d'Encouragement par M. Payen :

« La commission, dit le rapporteur, que vous avez chargée,

il y a trois ans, d'examiner les divers procédés de conservation des bois, s'est occupée avec une vive sollicitude d'approfondir cette importante question.

» A plusieurs reprises, nous avons verbalement rendu compte de nos travaux, des résultats déjà obtenus; nous attendions que des données plus positives, plus pratiques encore nous eussent été fournies par l'expérience, pour vous présenter un rapport écrit sur l'ensemble des procédés soumis à notre examen. Mais, dès aujourd'hui, nous pouvons vous communiquer les observations que nous avons faites sur les bois imprégnés par le procédé de M. Bréant.

» Ce procédé, vous vous le rappelez, Messieurs, date de 1831, époque à laquelle les bois ainsi pénétrés de sulfate de fer en solution saturée furent présentés à la Société d'Encouragement : il consiste à imprégner les pièces de bois immergées dans des cylindres, à l'aide d'une forte pression exercée sur le liquide.

» La pénétration est telle que des solutions, même huileuses, arrivent jusque dans l'intérieur des cellules végétales ; ainsi, sous ce rapport, l'efficacité du procédé est évidente : il est probable que les parties excessivement serrées des nœuds et du cœur de certains bois qui résistent à cette imbibition ne seraient atteintes par aucun autre moyen. On conçoit d'ailleurs que les portions des bois que l'altération avait rendues poreuses, sont facilement remplies du liquide destiné à les garantir des détériorations ultérieures ; on en jugera par un échantillon sur lequel la pourriture a été arrêtée depuis 1834.

» Quant à la question économique, nous serons sans doute à portée de la juger bientôt, car M. Bréant a promis de mettre à notre disposition le grand cylindre en fonte et la pompe foulante qui ont servi à ses premières opérations.

» Dans tous les cas, nous n'aurons pas à comparer le procédé de notre collègue avec les moyens de pénétration si remarquables de M. Boucherie, car ceux-ci utilisent la force d'aspiration de la plante vivante, d'arbres sur pied ou récemment abattus, tandis que l'appareil de M. Bréant doit être employé pour traiter les pièces de bois déjà équarries ou façonnées.

» Il est applicable pour faire pénétrer des solutions oléiformes ou résineuses qui n'ont pas, que nous le sachions, été mises en usage par les auteurs des autres procédés.

» Mais la première, la plus importante condition à laquelle devait satisfaire le procédé dont nous avons l'honneur de vous entretenir, était de fournir des pièces de bois qui résistassent dans des circonstances où le même bois normal fût détérioré; à cet égard, une expérience décisive a été faite et vient d'être régulièrement constatée.

» Des planches en sapin de 6 centimètres d'épaisseur, les unes imprégnées d'huile de lin, les autres à l'état ordinaire, ont été posées simultanément sur le pont Louis-Philippe, en 1834. Maintenant, le platelage en bois ordinaire de ce pont est tellement détérioré par la pourriture, qu'on a dû le refaire à neuf. Quant aux parties confectionnées avec les bois imprégnés d'huile, elles sont dures, sonores, exemptes d'altérations et paraissent dans le même état qu'au moment de leur pose, il y a six ans.

» On en peut juger encore en remarquant la solidité très-grande des clous fixés dans ce bois, nous conservons deux des planches imprégnées d'huile enlevées sur le pont; les autres restent en place, afin de servir à nos observations ultérieures.

» Au moment où l'administration supérieure s'occupe des applications utiles à faire des procédés de conservation des bois, votre commission spéciale a pensé que les faits précités devaient être portés à sa connaissance; elle a, en conséquence, l'honneur de vous proposer d'insérer le présent rapport au bulletin et d'en envoyer un extrait à MM. les Ministres de l'agriculture, de la guerre, de la marine, des travaux publics et des finances. »

Colle navale de JEFFERY.

Nous ne croyons pas pouvoir mieux terminer ce chapitre qu'en donnant quelques détails sur la fabrication de la colle dite marine, de Jeffery, qui sert à assembler les bois d'un manière excessivement solide, et qu'on trouve aujourd'hui facilement dans le commerce.

Cette colle, qui est très-élastique, est insoluble dans l'eau et sert principalement à réunir les pièces de bois employées dans les constructions navales; elle se prépare de la manière suivante :

1° On fait dissoudre dans 18 litres de naphte de houille ou naphte brut, 5oo grammes (1 livre) de caoutchouc de bonne qualité divisé en petits fragments. On agite de temps en temps, jusqu'à complète dissolution du caoutchouc, et lorsque le mélange a acquis la consistance de crème épaisse, ce qui a lieu au bout de dix à douze jours, on y ajoute de la gomme-laque en écailles, dans la proportion de deux parties en poids de laque pour une partie de la dissolution, on verse ensuite le mélange dans une chaudière de fer, munie, à sa partie inférieure, d'un tuyau de décharge, et qu'on place sur le feu. Pendant que la matière chauffe, on la remue constamment pour rendre la combinaison bien intense; le composé qui en résulte est la colle marine au caoutchouc, qu'on retire chaude du vase de fer par le tuyau de décharge et qu'on étend ensuite sur des dalles pour refroidir, après quoi on la brise et on la conserve pour l'usage.

2° On prépare une seconde espèce de colle sans caoutchouc, en mêlant ensemble une partie en poids de naphte brut et deux parties aussi en poids de gomme-laque, ou plutôt de laque en écailles, et en opérant comme ci-dessus.

Quand on veut se servir de cette colle, on la fait chauffer dans un vase de fer, à la température de 80° centig. environ, et on l'applique chaude, à l'aide d'une brosse, sur les surfaces qu'on se propose de réunir, en ayant soin de l'étendre en couche bien uniforme. On rapproche ensuite vivement les pièces de bois et on les serre fortement; comme la température de la colle s'abaisse aussitôt qu'elle est étendue et qu'elle durcit, il faut la ramollir en la ramenant à 60° centig., ce qui se fait en passant dessus des fers chauds; on doit alors saisir le moment pour rapprocher les surfaces et les serrer à l'aide de frettes chassées par des coins.

On emploie la colle marine non-seulement pour la réunion des pièces entre elles, mais aussi pour la réparation des pièces fendues. En remplissant les crevasses de colle portée à 80° cent., on peut faire varier la proportion des ingrédients, suivant les circonstances; ainsi, en employant une plus grande quantité de laque, la colle prendra plus de consistance, sera plus dure et résistera mieux aux intempéries de l'air, tandis qu'en augmentant les doses de naphte ou de caoutchouc, la colle acquerra plus de douceur et d'élasticité.

Nous demandons la permission, avant de terminer, d'ajouter encore quelques détails sur la fabrication de la colle navale que M. Winterfeld a donnés dans le *Technologiste* (1) du mois de juin 1850, p. 470 :

« Il m'a semblé que les procédés qui ont été indiqués pour la fabrication de la gomme ou colle marine de Jeffery ne remplissaient pas entièrement le but qu'on s'était proposé, et les différents échantillons de colle marine que j'ai reçus de Paris et de Londres m'ont confirmé dans cette opinion. J'ai donc dû songer à préparer cette matière d'une manière un peu différente, en employant pour cet objet l'huile essentielle de goudron de houille, le caoutchouc et la gomme-laque. Voici comment j'ai opéré :

» On fait d'abord une dissolution de caoutchouc dans

_____

(1) Le *Technologiste*, ou Archives des progrès de l'Industrie française et étrangère. À Paris, chez Roret, rue Hautefeuille, 12. Prix : 18 fr. par an.

l'huile essentielle, et, à cet effet, on coupe le caoutchouc en petits morceaux qu'on humecte, dans un vase en métal ou en grès, d'huile essentielle rectifiée du poids spécifique de 0,80 : on peut favoriser cette dissolution en agitant avec une baguette et par l'application d'une légère chaleur. La première essence dont on a arrosé légèrement les morceaux est promptement absorbée, et ceux-ci ne tardent pas à se gonfler; alors on verse de nouvelle essence et suivant la qualité du caoutchouc qu'on emploie; il faut pour 1 partie de ce corps 20 à 25 parties d'essence, pour obtenir une solution complète, dont on peut se servir comme de colle liquide. On passe par pression cette dissolution à travers un linge pour la débarrasser de quelques impuretés, puis on la fait chauffer dans une chaudière, en y ajoutant peu à peu toute la gomme-laque nécessaire pour donner au produit la consistance qu'on désire. Cette gomme-laque n'a pas besoin d'être réduite en poudre fine, elle se ramollit très-aisément et se dissout promptement dans la liqueur.

» Une goutte du mélange versée sur un carreau de verre ou un morceau de tôle fait connaître à l'ouvrier s'il a atteint le degré convenable à une bonne fabrication. On peut, pour la colle marine, employer les sortes de gomme-laque les plus brunes et à meilleur marché. Les autres résines à bon compte ne peuvent pas servir à cette fabrication. Avec la colophane on obtient une masse poisseuse. Plus l'essence est rectifiée et plus la colle est de bonne qualité, mais même une essence chargée notablement d'eau peut dissoudre le caoutchouc; seulement, si on fait fondre de la gomme-laque dans un pareil mélange, il y a une élimination de l'eau lorsqu'on coupe ou qu'on rompt la colle refroidie. Cette colle n'a donc qu'une force d'adhérence peu considérable. »

CHAPITRE V.

LOIS, ORDONNANCES ET ARRÊTÉS SUR LES DIMENSIONS ET LA CONSTRUCTION DES VOITURES.

Dans le cours de ce Manuel on aura bien des fois l'occasion de s'apercevoir combien il est nécessaire au charron et au carrosier de connaître les lois qui règlent les dimensions et la construction des voitures et des pièces qui les composent ; c'est dans le but de ne pas revenir à chaque instant sur ce sujet, que nous avons réuni dans un seul et même chapitre les lois sur cette matière, afin qu'avant de procéder à la fabrication des pièces qui entrent dans la composition des voitures, nous connaissions, pour ne pas faire une école, les dimensions qui leur ont été assignées par les lois et les règlements des autorités compétentes.

LOI DU 23 JUIN 1806.

Fixation du poids des voitures de roulage.

Article 3. Le poids des voitures de roulage, compris voiture, chargement, paille, corde, bache, est fixé ainsi qu'il suit :

Pendant cinq mois, à compter du 1er novembre jusqu'au 1er avril, le poids des charrettes et voitures à deux roues, avec des bandes de 11 centimètres de largeur, ne pourra excéder deux mille deux cents kilogrammes.

	2,200 kilog.
Bandes de 14 centim.	3,400
Bandes de 17.	4,800
Bandes de 25.	6,800

Pendant les sept autres mois de l'année, le poids des charrettes à bandes de 11 centimètres ne pourra excéder deux mille sept cents kilogrammes.

	2,700 kilog.
Bandes de 14 centim.	4,100
Bandes de 17.	5,800
Bandes de 25.	8,200

Pendant les cinq mois à compter du 1er novembre jusqu'au 1er avril, le poids des charriots ou voitures à quatre roues, et à voies égales, avec bandes de 11 centimètres, ne pourra excéder trois mille trois cents kilogrammes.

	3,300 kilog.
Bandes de 14 centim.	4,700
Bandes de 17.	6,700
Bandes de 22.	8,700

Pendant les sept autres mois, le poids des charriots à bandes de 11 centimètres ne pourra excéder quatre mille kilogrammes.

	4,000 kilog.
Bandes de 14 centim.	5,700
Bandes de 17.	8,100
Bandes de 22.	9,600

Art. 4. Il est fait une exception en faveur des charriots dont les voies sont inégales, c'est-à-dire, lorsque la voie de derrière excèdera celle de devant dans les proportions suivantes, et que ces proportions se trouveront également entre la longueur des essieux, d'une échantignole à l'autre.

Pendant les cinq mois d'hiver, charriots, bandes de 11 centimètres, avec excès de largeur pour la voie de derrière, de 12 centimètres, trois mille sept cents kilogrammes.

	3,700 kilog.
Bandes de 14 centim., excès de largeur de 16.	5,200

Charron-Carrossier. Tome 1.   11

Bandes de 17 centim., excès de largeur de 19. 7,400
Bandes de 22 centim., excès de largeur de 24. 9,500

Les mêmes charriots, pour les sept mois d'été, et avec les excès de largeur de voie ci-dessus déterminées.

Bandes de 11 centim. 4,400
Bandes de 14. 6,200
Bandes de 17. 8,800
Bandes de 22. 11,400

Art. 6. Le poids des voitures publiques, diligences, messageries, fourgons, allant en poste ou avec relais, berlines, est fixé pour toute l'année ainsi qu'il suit :

Avec bandes de 6 centimètres,

De 7 . . . . 2,000 kilog.
De 8 2,300
De 9 2,600
De 10 2,900
De 11 3,400

Art. 7. La tolérance sur le poids des voitures publiques, pour les causes exprimées dans l'art. 4, est fixée à cent kilogrammes pour chaque voiture.

Art. 8. Le poids des voitures employées à la culture des terres, au transport des récoltes, à l'exploitation des fermes, et qui, par l'article 8 de la loi du 7 ventôse an XII, sont exceptées de l'obligation d'avoir des roues à jantes larges, ne pourra, lorsqu'elles fréquenteront les grandes routes, excéder dans aucun cas quatre mille kilogrammes, chargement compris.

Art. 9. Les objets indivisibles, tels que pierres, marbres, arbres, et autres dont le poids ne peut être diminué, sont exceptés des dispositions qui précèdent, et pourront être transportés par des voitures dont la dimension des jantes serait inférieure aux largeurs déterminées.

Néanmoins, les préfets sont autorisés à appliquer les dispositions du présent décret aux voitures habituellement employées à l'exploitation des carrières et à celle des forêts. Les propriétaires de ces voitures seront tenus d'obtempérer au règlement des préfets, sous les peines portées par la loi du 7 ventôse an XII.

Titre IV. *De la longueur des essieux. — Forme des clous de bandes.*

Art. 16. La longueur des essieux de toute espèce de voiture, même de culture et de labourage, ne pourra jamais excéder 2 mètres 50 centimètres entre les deux extrémités ; et chaque bout ne pourra saillir au-delà des moyeux de plus de six centimètres.

Art. 17. Quant aux voitures qui seront construites sur des voies inégales, l'essieu de derrière ne pourra excéder les proportions déterminées par l'article précédent, et celui de devant sera raccourci de la quantité nécessaire pour établir l'inégalité de la voie.

Art. 18. Les défenses d'employer des clous rivés à tête de diamant sont renouvelées ; tout clou des bandes sera rivé à plat, et ne pourra, lorsqu'il aura été posé à neuf, former une saillie de plus d'un centimètre.

ORDONNANCE DU 20 JUIN 1828.

Art. 1er. Dix-huit mois après la publication de la présente ordonnance, aucune charrette, voiture de roulage ou autre, ne pourra circuler dans toute l'étendue du royaume, qu'avec des moyeux dont la saillie, en y comprenant celle de l'essieu, n'excédera pas de 12 centimètres un plan passant par la face extérieure des jantes.

ORDONNANCE DU 21 MAI 1823.

Art. 1er. L'article 27 du décret du 23 juin 1806, concernant le poids des voitures et la police du roulage, est rectifié en ce sens que les surcharges des voitures mentionnées aux articles 3 et 4 de ce décret, commenceront au point où le poids de ces voitures excédera celui fixé par ces articles et la tolérance accordée par l'art. 5.

En conséquence, les amendes résultant dudit article 27, pour excès de chargement, à partir des quantités réglées par les art. 3 et 4, et augmentées de la tolérance, seront appliquées ainsi qu'il suit :

De	0 à 60 myriagr.	25
De	60 à 120 id.	50
De	120 à 180 id.	75
De	180 à 240 id.	100
De	240 à 300 id.	150
Et au-dessus de 300 id.		300

ORDONNANCE DU 16 JUILLET 1828.

De la construction, du chargement et du poids des voitures.

Art. 8. Les voitures publiques seront d'une construction solide, et pourvues de tout ce qui est nécessaire aux voyageurs.

Les propriétaires ou entrepreneurs seront poursuivis à raison des accidents arrivés par leur négligence, sans préjudice de leur responsabilité civile, lorsque les accidents auront lieu par la faute ou la négligence de leurs préposés.

Art. 9. Les voitures publiques auront au moins 1 mètre 62 centimètres de voie entre les jantes de la partie des roues pesant sur le sol. Le voie des roues de devant ne pourra être moindre, lorsque les voies seront inégales, de 1 mètre 59 centimètres.

Néanmoins, le ministre de l'intérieur pourra, sur la proposition motivée des préfets, autoriser les entrepreneurs qui exploitent les routes à travers les montagnes non desservies par la poste, à donner une largeur de voie égale à la plus large voie en usage dans le pays.

Art. 10. La distance entre les axes des deux essieux dans les voitures publiques à quatre roues ne pourra être moindre de deux mètres lorsqu'elles ont deux ou trois caisses, ou deux caisses et un panier, ni d'un mètre 60 centimètres lorsqu'elles n'ont qu'une caisse; néanmoins le préfet de police pourra autoriser une moindre distance entre les essieux, pour les voitures dites *des environs de Paris*, qui n'auront pas de chargement sur leur impériale.

Art. 11. Les essieux seront en fer corroyé, et fermés à chaque extrémité d'un écrou assujetti d'une clavette. Les voitures publiques seront constamment éclairées pendant la nuit, soit par une forte lanterne placée au milieu de la caisse de devant, soit par deux lanternes placées aux côtés.

Art. 12. Toute voiture publique sera munie d'une machine à enrayer, au moyen d'une vis de pression agissant sur les roues de derrière; cette machine devra être construite de manière à pouvoir être manœuvrée de la place assignée au conducteur.

En outre de la machine à enrayer, les voitures publiques devront être pourvues d'un sabot, qui sera placé par le conducteur à chaque descente rapide.

Les préfets pourront néanmoins autoriser la suppression de la machine à enrayer et du sabot, aux voitures qui parcourent *uniquement* un pays de plaines.

Art. 13. La partie des voitures publiques appelée la *berline*, sera ouverte par deux portières latérales; la caisse dite le *coupé* ou le cabriolet, sera également ouverte par deux portières latérales, à moins qu'elle ne s'ouvre par devant; la caisse de derrière, dite la *galerie* ou la rotonde, pourra n'avoir qu'une portière ouverte à l'arrière. Chaque portière sera garnie d'un marche-pied.

Art. 14. Il pourra être placé sur l'impériale des voitures publiques, une banquette destinée au conducteur et à deux voyageurs : le siége de cette banquette sera posé immédiatement sur cette impériale. Elle ne pourra être recouverte que d'une capote flexible. Aucun paquet ne pourra être placé sur cette banquette.

Art. 15. Une vache en une ou plusieurs parties pourra être placée sur l'impériale, en arrière de la banquette de l'impériale : le fond de cette vache aura, dans sa longueur et dans sa largeur, un centimètre de moins que l'impériale ; elle sera recouverte par un couvercle incompressible bombé dans son milieu.

Lorsqu'il y aura sur le train de derrière d'une voiture publique, un coffre au lieu d'une galerie ou rotonde, il devra aussi être fermé par un couvercle incompressible.

Les entrepreneurs qui le préféreront, pourront continuer à se servir d'une bâche flexible ; mais le *maximum* de hauteur du chargement sera déterminé par une traverse en fer, divisant le panier en deux parties égales. La bâche devra être placée au-dessous de cette traverse, dont les montants, au moment de la visite prescrite par l'article 2, seront marqués d'une estampille constatant qu'ils ne dépassent point la hauteur prescrite, et ils devront, ainsi que la traverse, être constamment apparents.

Une pareille traverse devra être placée à la même hauteur sur le coffre qui remplace la galerie ou rotonde, dans le cas où le couvercle incompressible ne serait pas mis en usage.

Aucune partie du chargement ne pourra dépasser la hauteur de la traverse, ni l'aplomb de ses montants en largeur.

Art. 16. Il ne pourra être attaché aucun objet ni autour de l'impériale, ni en dehors du couvercle incompressible ou de la bâche.

Art. 17. Nulle voiture publique à quatre roues ne pourra

avoir du sol au point le plus élevé du couvercle de la vache ou du coffre de derrière, plus de trois mètres, quelle que soit la hauteur des roues.

Nulle voiture publique à deux roues ne pourra avoir entre les mêmes points plus de deux mètres 60 centimètres.

Art. 18. Deux ans après la promulgation de la présente ordonnance, le poids des voitures, diligences et messageries, et des fourgons allant en poste, ou avec des relais, sera fixé savoir :

Avec bandes de huit centimètres, à trois mille cinq cent soixante kilogrammes.

Avec bandes de onze centimètres, à trois mille cinq cent vingt kilogrammes.

Avec bandes de quatorze centimètres, à quatre mille kilogrammes.

Jusqu'alors ces poids pourront être, ainsi qu'ils sont en ce moment, savoir :

Avec bandes de huit centimètres de deux mille cinq cent soixante kilogrammes.

Avec bandes de onze centimètres, de trois mille cinq cent vingt kilogrammes.

Avec bandes de quatorze centimètres, de quatre mille quatre cent quatre-vingts kilogrammes.

Art. 19. Il est accordé une tolérance de cent kilogrammes sur les chargements fixés par l'article précédent, au-delà de laquelle les contraventions seront rigoureusement constatées et poursuivies, conformément à la loi du 29 floréal an x et au décret du 23 juin 1806.

Art. 25. A dater du 1er janvier prochain, toute voiture publique, attelée de quatre chevaux et plus, devra être conduite par deux postillons, ou par un cocher et un postillon.

Pourront néanmoins être conduites par un seul cocher ou postillon, les voitures publiques attelées de cinq chevaux au plus, lorsqu'aucune partie de leur chargement ne sera placée dans la partie supérieure de la voiture, et qu'il sera en totalité placé, soit dans un coffre à l'arrière, soit en contre-bas des caisses, et lorsqu'en outre, le conducteur seul aura place sur l'impériale.

Les voitures dites *des environs de Paris*, qui se rendront dans les lieux déterminés par le préfet de police, pourront être conduites par un seul homme, quoique attelées de quatre chevaux ; au-delà de ce nombre de chevaux, elles devront être conduites par deux hommes.

Art. 33. Il est accordé trois mois, à dater de la publication de la présente ordonnance, pour faire placer sur les voitures actuellement en service le couvercle incompressible, ou les montants et la traverse prescrite par l'article 15.

Dans le même délai, les mêmes voitures devront être munies, indépendamment d'un sabot, d'une machine à enrayer, susceptible d'être manœuvrée de la place assignée au conducteur.

Les voitures actuellement en service pourront, sauf les exceptions portées à l'article 72, continuer à circuler, quelle que soit la hauteur de l'impériale au-dessus du sol : mais le chargement placé sur cette impériale ne pourra excéder une hauteur de 66 centimètres, mesurée de sa base au point le plus élevé.

Deux ans après la publication de la présente ordonnance, aucune voiture publique, à destination fixe, qui ne serait pas construite conformément à toutes les règles ci-dessus prescrites, ne pourra circuler dans toute l'étendue du royaume.

ORDONNANCE DU 29 OCTOBRE 1828.

Art. 1er. Dix-huit mois après la publication de la présente ordonnance, aucune charrette, voiture de roulage ou autre, ne pourra circuler dans toute l'étendue du royaume, qu'avec des moyeux dont la saillie, en y comprenant celle de l'essieu, n'excédera pas de douze centimètres un plan passant par la face extérieure des jantes.

Art. 2. Toute charrette ou voiture trouvée en contravention après l'époque ci-dessus déterminée sera arrêtée et retenue, et elle ne pourra être remise en circulation qu'après que les moyeux et l'essieu auront été réduits à la longueur prescrite par l'article précédent.

Art. 3. Les contraventions seront en outre exactement constatées par des procès-verbaux, et poursuivies comme les autres contraventions en matière de roulage, sans préjudice de peines plus graves dans les cas d'accidents prévus par les lois.

ARRÊTÉ

QUI FIXE LES DIMENSIONS ET CONDITIONS D'APRÈS LESQUELLES LES VOITURES DE PLACE DEVRONT ÊTRE CONSTRUITES A L'A-VENIR.

Paris, le 15 Janvier 1841.

NOUS, CONSEILLER D'ETAT, PRÉFET DE POLICE,

Vu : 1° l'article 9 de notre ordonnance, en date de ce jour, concernant les voitures de place ;

2° Les anciens arrêtés et réglements, relatifs à la construction de ces sortes de voitures ;

3° L'avis de la commission, que nous avons chargée de soumettre, à un nouvel examen, les dimensions et conditions qui ont été prescrites, jusqu'à ce jour, pour la construction des voitures dont il s'agit, et de nous proposer toutes les modifications et dispositions, dont l'expérience a fait reconnaître la nécessité ou l'utilité ;

4° Les observations adressées par plusieurs entrepreneurs de voitures de place ;

5° Le rapport du chef de la 2e division,

Arrêtons ce qui suit :

Art. 1er A l'avenir, toutes les voitures de place devront être construites d'après les dimensions et conditions indiquées dans le tableau ci-après :

Dimensions intérieures et extérieures *des Voitures de Place.*

Numéros d'ordre.		MINIMUM.						MAXIMUM.					
		FIACRES		COUPÉS.	CABRIOLETS			FIACRES		COUPÉS.	CABRIOLETS		
		à 2 chevaux.	à 1 cheval.		à 2 roues.	à 4 roues.	dits de l'extérieur.	à 2 chevaux.	à 1 cheval.		à 2 roues.	à 4 roues.	dits de l'extérieur.
	CAISSES.												
1	Hauteur de la Caisse, mesurée en dedans, du fond de la cave à l'impériale..........	1 48	1 48	1 48	» »	» »	1 48	» »	» »	» »	» »	» »	» »
2	Hauteur de la Caisse, mesurée en dedans, du fond de la cave au cerceau du milieu........	» »	» »	» »	1 53	1 53	» »	» »	» »	» »	» »	» »	» »
3	Hauteur de la Caisse, mesurée en dedans, du fond de la cave à la hauteur de la parclose, dégarnie de son coussin.	» »	» »	» »	» »	» »	» »	» 36	» 36	» 36	» 36	» 36	» 36
4	Longueur de la Caisse, mesurée en dedans, depuis le fond jusqu'au devant de la caisse.	1 50	1 24	1 10	» »	» »	1 30	» »	» »	» »	» »	» »	» »
5	Longueur de la Caisse, mesurée en dedans, du fond du cabriolet à la portière fermée.	» »	» »	» »	» 90	» 85	» »	» »	» »	» »	» »	» »	» »
6	Largeur d'une portière à l'autre.	1 14	1 »	» 1	» »	» »	» »	» »	» »	» »	» »	» »	» »
7	Largeur de la Caisse, mesurée à la hauteur et sur le bord de la parclose.	» »	» »	» »	1 05	» 95	» »	» »	» »	» »	» »	» »	» »
8	Largeur de la Caisse, à la hauteur de ceinture, et non compris la garniture, pour les voitures à 6 places....	» »	» »	» »	» »	» »	1 30	» »	» »	» »	» »	» »	» »
	Et pour les voitures à 4 places........	» »	» »	» »	» »	» »	1 »	» »	» »	» »	» »	» »	» »
	BANQUETTES.												
9	Profondeur de chaque Banquette, dégarnie du coussin, et à partir du fond de la caisse.	» 40	» 38	» 40	» 40	» 40	» »	» »	» »	» »	» »	» »	» »
10	Profondeur du Strapontin, à partir de la garniture....	» »	» »	» »	» »	» »	» »	» »	» »	» 30	» »	» »	» »
11	Largeur du Strapontin.	» »	» »	» »	» 40	» »	» »	» »	» »	» »	» »	» »	» »
12	Profondeur de la Banquette de derrière, dégarnie de son coussin, et à partir du fond de la caisse.	» »	» »	» »	» »	» »	» 35	» »	» »	» »	» »	» »	» »
13	Profondeur de la Banquette de devant, dégarnie de son coussin.	» »	» »	» »	» »	» »	» 30	» »	» »	» »	» »	» »	» »
14	Profondeur de chacune des deux Banquettes, lorsqu'elles seront placées à l'instar de celles des voitures, dites *Omnibus.*	» »	» »	» »	» »	» »	» 35	» »	» »	» »	» »	» »	» »
15	Espace réservé à chaque voyageur sur les Banquettes, placées en longueur.	» »	» »	» »	» »	» »	» 43	» »	» »	» »	» »	» »	» »

Numéros d'ordre.		MINIMUM.						MAXIMUM.					
		FIACRES		COUPÉS.	CABRIOLETS			FIACRES		COUPÉS.	CABRIOLETS		
		à 2 chevaux.	à 1 cheval.		à 2 roues.	à 4 roues.	dits de l'extérieur.	à 2 chevaux.	à 1 cheval.		à 2 roues.	à 4 roues.	dits de l'extérieur.
	HAUTEUR DE LA VOITURE.												
16	Hauteur de la Voiture, mesurée du sol au point le plus élevé de l'impériale.	»	»	»	»	»	»	2 50	2 20	2 20	»	»	2 70
17	Hauteur de la Voiture, mesuré du sol au point le plus élevé de la capote.	»	»	»	»	»	»	»	»	»	»	2 50	2 25
	VOIE DES ROUES.												
18	Largeur de la Voie des Roues de derrière.	1 22	1 22	1 22	»	1 20	»	»	»	»	»	»	»
19	Largeur de la Voie des Roues de devant.	1	1	1	»	1	»	»	»	»	»	»	»
20	Largeur de la Voie des Roues.	»	»	»	»	1 50	1 60	»	»	»	»	»	»
21	Diamètre des Ronds d'Avant-Train.	50	50	50	»	50	»	»	»	»	»	»	»
	SIÈGE DU COCHER.												
22	Largeur extérieure du Siège du Cocher.	»	»	»	»	»	»	55	55	»	»	55	»
23	Hauteur des Accottoirs du Siège du Cocher, dégarni de son coussin.	»	»	»	»	»	»	»	»	»	»	»	»
24	Longueur de la Banquette extérieure, mesurée d'un accottoir à l'autre, et sur le coussin.	20	20	20	»	20	»	»	»	»	»	»	»
25	Profondeur de cette Banquette, à partir de la garniture du dossier.	»	»	»	»	55	»	»	»	»	»	»	1 30
26	Hauteur des Accottoirs de cette banquette, mesurée à partir du coussin.	»	»	»	»	30	»	»	»	»	»	»	»
27	Les mesures, prescrites par les paragraphes 4 et 5, seront à la hauteur du siège, dégarni de son coussin.												
28	Les mesures, prescrites par les paragraphes 6, 7, 8, 9, 10, de dedans en dedans.												

prises, pour toutes les voitures , immédiatement et horizontalement, 11, 12, 13, 14, 15, 18, 19 et 20, seront prises, pour toutes les Voitures,

Nos D'ORDRE.		FIACRES		COUPÉS.	CABRIOLETS		
		A 2 CHEVAUX.	A 1 CHEVAL.		A 2 ROUES.	A 4 ROUES.	DITS DE L'EXTÉRIEUR.
29	Poids.	800 kilogrammes, *maximum*.	600 kilog., *maximum*.	600 kilog., *maximum*.	500 kilogrammes, *maximum*.	580 kilogrammes, *maximum*.	900 kilogr., *maximum*, pour les cabriolets à 9 places. 1000 kilogr., *maximum*, pour les cabriolets à 11 places.
30	Distance entre la caisse et les roues ou les cols de cygne.	Dans aucune circonstance, et quel que soit le mode de suspension de la voiture, la caisse ne pourra approcher des roues ou des cols de cygne de plus de 5 centim.	Mêmes conditions que pour les fiacres à 2 chevaux.	Mêmes conditions que pour les fiacres à 2 chevaux.		Mêmes conditions que pour les fiacres à 2 chevaux.	
31	Jeu des roues de devant.	Les roues de devant devront pouvoir tourner librement sous la caisse.	Mêmes conditions que pour les fiacres à 2 chevaux.	Mêmes conditions que pour les fiacres à 2 chevaux.		Mêmes conditions que pour les fiacres à 2 chevaux.	
32	Cheville ouvrière.	La cheville-ouvrière sera fixée à l'avant-train par un écrou et une lanière, ou par une forte courroie de sûreté.	Mêmes conditions que pour les fiacres à 2 chevaux.	Mêmes conditions que pour les fiacres à 2 chevaux.		Mêmes conditions que pour les fiacres à 2 chevaux.	
33	Écrous des essieux.	Les écrous des essieux seront entaillés de toute leur épaisseur dans les moyeux. Les abouts des essieux ne pourront dépasser la frète du moyeu.	Mêmes conditions que pour les fiacres à 2 chevaux.	Mêmes conditions que pour les fiacres à 2 chevaux.	Mêmes conditions que pour les fiacres à 2 chevaux.	Mêmes conditions que pour les fiacres à 2 chevaux.	Les essieux seront fermés à chaque extrémité par un écrou assujetti au moyen d'une lanière en cuir. Les écrous des essieux seront entaillés de toute leur épaisseur dans les moyeux, et les abouts des essieux ne pourront dépasser que de 15 millimètres au plus la frète du moyeu.

Suite des Conditions particulières.

NOS D'ORDRE.		FIACRES.		COUPÉS.	CABRIOLETS		
		A 2 CHEVAUX.	A 1 CHEVAL.		A 2 ROUES.	A 4 ROUES.	DITS DE L'EXTÉRIEUR.
34	Ressorts.						Les voitures, dites Cabriolets de l'extérieur, seront suspendues sur 4 ressorts en acier. Les soupentes avec crics sont interdites.
35	Largeur des jantes.						La largeur des jantes des roues sera proportionnée au poids de la voiture chargée, conformément aux dispositions de l'ordonnance royale du 15 février 1837.
36	Peinture.	La caisse, le train et les roues devront être peints et vernis.	Mêmes conditions que pour les fiacres à 2 chevaux.	Mêmes conditions que pour les fiacres à 2 chevaux.	Mêmes conditions que pour les fiacres à 2 chevaux.	Mêmes conditions que pour les fiacres à 2 chevaux.	Mêmes conditions que pour les fiacres à 2 chevaux.

Garniture intérieure.

NOS D'ORDRE.		FIACRES.		COUPÉS.	CABRIOLETS		
37	Garniture et coussins.	L'intérieur de chaque voiture devra être garni d'une étoffe propre et solide et de coussins bien rembourrés et recouverts.	Mêmes conditions que pour les fiacres à 2 chevaux.	Mêmes conditions que pour les fiacres à 2 chevaux.	Mêmes conditions que pour les fiacres à 2 chevaux.	Mêmes conditions que pour les fiacres à 2 chevaux.	Mêmes conditions que pour les fiacres à 2 chevaux.
38	Paillassons ou tapis.	Le plancher de la caisse sera couvert de paillassons ou tapis, qui, dans aucun cas, ne pourront être remplacés ni recouverts par de la paille.	Mêmes conditions que pour les 2 fiacres à 2 chevaux.	Mêmes conditions que pour les fiacres à 2 chevaux.	Mêmes conditions que pour les fiacres à 2 chevaux.	Mêmes conditions que pour les fiacres à 2 chevaux.	Mêmes conditions que pour les fiacres à 2 chevaux.

Suite de la Garniture intérieure.

Nºs D'ORDRE.		FIACRES		COUPÉS.	CABRIOLETS		
		À 2 CHEVAUX.	À 1 CHEVAL.		À 2 ROUES.	À 4 ROUES.	DITS DE L'EXTÉRIEUR.
39	Châssis des glaces.	Les châssis des glaces devront jouer facilement, et les poignées seront en galon ou en cuir.	Mêmes conditions que pour les fiacres à 2 chevaux.	Mêmes conditions que pour les fiacres à 2 chevaux.			Mêmes conditions que pour les fiacres à 2 chevaux.
40	Stores.	Chacune des baies des châssis de la voiture sera garnie de stores bien établis et en bon état.	Mêmes conditions que pour les fiacres à 2 chevaux.	Mêmes conditions que pour les fiacres à 2 chevaux.			
41	Timbre à ressort.	Il y aura, dans la caisse, un cordon ou un bouton qui correspondra à un timbre à ressort. Ce timbre, qui devra être entièrement conforme au modèle adopté par l'administration, sera assez rapproché du cocher, pour que ce dernier puisse en entendre le son.	Mêmes conditions que pour les fiacres à 2 chevaux.	Mêmes conditions que pour les fiacres à 2 chevaux.			

Accessoires extérieurs.

Nºs D'ORDRE.		FIACRES		COUPÉS.	CABRIOLETS		
42	Caisse et portières.	La caisse et les portières seront garnies extérieurement de poignées confectionnées avec soin et fermant solidement.	Mêmes conditions que pour les fiacres à 2 chevaux.	Mêmes conditions que pour les fiacres à 2 chevaux.	Un crochet, ou tout autre mode de fermeture, sera fixé de chaque côté de la caisse, et ajusté de telle manière que la portière puisse toujours être fermée solidement. La portière sera, en outre, pourvue, de chaque côté, d'une poignée qui aura au moins 20 centimètres de longueur.	La portière sera pourvue, de chaque côté, d'une poignée qui aura au moins 20 centimètres de longueur.	La portière sera établie, soit sur le devant, soit à l'arrière de la voiture : Dans le premier cas, elle sera pratiquée dans la séparation qui existe entre la caisse et la banquette extérieure. Les banquettes intérieures, à l'exception de celle de derrière, se lèveront alors à charnière; Dans le deuxième cas, la portière sera pourvue

Suite des Accessoires extérieurs.

Nos D'ORDRE.		FIACRES		COUPÉS.	CABRIOLETS		
		A 2 CHEVAUX.	A 1 CHEVAL.		A 2 ROUES.	A 4 ROUES.	DITS DE L'EXTÉRIEUR.
42	Caisse et portières.						d'un marche-pied à deux marches au moins ; elle sera fermée au moyen d'une poignée solide et d'un loqueteau de sûreté à ressort. Il y aura, en outre, une poignée de montoir, qui sera fixée au pied d'entrée de la porte. Les banquettes intérieures seront garnies d'un dossier mobile à la partie répondant à cette portière.
43	Capote.				La capote sera vernie ou passée au noir et lustrée.	Mêmes conditions que pour les cabriolets à 2 roues.	
44	Lanternes.	Il y aura, sur le devant, deux lanternes garnies de réflecteurs polis et de glaces bien transparentes.	Mêmes conditions que pour les fiacres à 2 chevaux.	Mêmes conditions que pour les fiacres à 2 chevaux.	Il y aura, aux côtés de la caisse, deux lanternes garnies de réflecteurs polis et de glaces bien transparentes.	Mêmes conditions que pour les cabriolets à 2 roues.	Il y aura, aux côtés de la caisse, deux lanternes garnies de réflecteurs polis et de glaces bien transparentes. En outre, l'intérieur de la voiture devra être éclairé convenablement.
45	Marche-pied.	Il y aura, de chaque côté, à l'extérieur, un marche-pied mobile à deux marches. Le marche-pied pourra n'avoir qu'une seule marche, lorsque la distance du sol au-dessus du brancard n'excédera pas 80 centimètres. Les marche-pieds, re-	Il y aura, de chaque côté, à l'extérieur, un marche-pied à une marche. Mêmes condi-	Mêmes conditions que pour les fiacres à 1 cheval. Mêmes condi-	Il sera adapté, à chacun des brancards, un marche-pied à deux branches au moins. Ce marche-pied portera une volute qui aura, en hauteur et en largeur, 10 centimètres au moins.	Mêmes conditions que pour les cabriolets à 2 roues	Il sera adapté, à chacun des brancards, un marche-pied à deux marches et à deux branches au moins. Chaque marche portera une volute ayant en hauteur et en largeur 10 centimètres au moins.

Suite des Acces soires extérieurs.

Nos D'ORDRE.		FIACRES		COUPÉS.	CABRIOLETS		
		A 2 CHEVAUX.	A 1 CHEVAL.		A 2 ROUES.	A 4 ROUES.	DITS DE L'EXTÉRIEUR.
45	Marche-pied.	pliant à l'intérieur, ne seront tolérés qu'autant qu'ils seront enchâssés dans l'épaisseur de la portière, et qu'ils seront recouverts d'une étoffe et de galons semblables à la garniture intérieure de la voiture.	tions que pour les fiacres à 2 chevaux, en ce qui concerne les marche-pieds intérieurs.	tions que pour les fiacres à 2 chevaux, en ce qui concerne les marche-pieds intérieurs.			
46	Palette du marche-pied.				Il y aura, au-dessus de chaque brancard, une plaque arrondie, dite *palette*, piquée au grain d'orge. La largeur de cette palette sera de 10 centimètres, et sa longueur, de 20 centimètres.		Mêmes conditions que pour les cabriolets à 2 roues.
47	Brancards.				Les brancards seront garnis, dans toute leur longueur, d'une plate-bande en fer, ayant au moins 5 millimètres d'épaisseur et 4 centimètres de largeur. Cette plate-bande pourra être en une seule partie, ou en plusieurs parties croisées.		
48	Quille.				Il sera adapté, au train de derrière, une jambe de force en fer, dite *quille*.		Mêmes conditions que pour les cabriolets à 2 roues.

Suite des Accessoires extérieurs.

Nos D'ORDRE.		FIACRES		COUPÉS.	CABRIOLETS		
		A 2 CHEVAUX.	A 1 CHEVAL.		A 2 ROUES.	A 4 ROUES.	DITS DE L'EXTÉRIEUR.
49	Garde-Crotte.	Lorsque la voiture ne sera pas pourvue d'ailes servant de garde-crotte, les portières devront ouvrir sur les roues de derrière. Les ailes, lorsqu'il en existera, ne devront, dans aucun cas, cacher le numéro de la voiture.	Mêmes conditions que pour les fiacres à 2 chevaux.	Mêmes conditions que pour les fiacres à 2 chevaux.	Le garde-crotte, fixé sur le devant de la caisse, aura au moins 50 centimètres de hauteur.	Le garde-crotte, qui se trouve entre le siège du cocher et la caisse, aura toute la largeur de la caisse. Lorsqu'il y aura, sur les côtés de la voiture, des ailes servant de garde-crotte, ces ailes ne devront, dans aucun cas, cacher le numéro de la voiture.	
50	Accottoirs et Banquette extérieure.	Les accottoirs du siège du cocher devront toujours être en contre-bas de l'impériale.	Mêmes conditions que pour les fiacres à 2 chevaux.	Mêmes conditions que pour les fiacres à 2 chevaux.			La banquette extérieure sera garnie de rideaux en cuir. Elle sera couverte sur le devant par un tablier en cuir, ouvrant des deux côtés. Ce tablier devra être assez élevé du devant pour que, dans aucune circonstance, il ne puisse toucher les genoux des voyageurs.
51	Coffre du fourrage.	Il devra être adapté, au siège du cocher, un coffre destiné à recevoir le fourrage.	Mêmes conditions que pour les fiacres à 2 chevaux.	Mêmes conditions que pour les fiacres à 2 chevaux.		Mêmes conditions que pour les fiacres à 2 chevaux.	
52	Harnais.	Les harnais seront solides, passés au noir dans toutes leurs parties, et tenus proprement.	Mêmes conditions que pour les fiacres à 2 chevaux.	Mêmes conditions que pour les fiacres à 2 chevaux.	Mêmes conditions que pour les fiacres à 2 chevaux.	Mêmes conditions que pour les fiacres à 2 chevaux.	Mêmes conditions que pour les fiacres à 2 chevaux.

Art. 2. A compter de six mois, après le jour de la publication du présent arrêté, aucune voiture de place, neuve, ne sera numérotée, si elle ne réunit toutes les conditions prescrites par l'article 1er.

Au 15 janvier 1847, toute voiture de place, vieille ou neuve, qui n'aura pas toutes les dimensions, ou qui ne sera pas entièrement conforme aux dispositions de l'article 1er précité, sera immédiatement démarquée, et la circulation en sera interdite.

Art. 3. Tous les arrêtés, réglements et décisions antérieurs, relatifs à la construction des voitures de place, seront rapportés, à compter des époques fixées par l'article précédent.

Art. 4. Le présent arrêté sera imprimé et notifié à tous les entrepreneurs de voitures de place.

Le chef de la police municipale, l'inspecteur-contrôleur de la Fourrière, les experts des Voitures publiques, les contrôleurs ambulants, les surveillants des stations sont chargés, chacun en ce qui les concerne, d'en assurer l'exécution.

Le conseiller d'Etat, préfet de police,

G. DELESSERT.

Ordonnance, en date du 15 novembre 1846, portant règlement sur la police, la sûreté et l'exploitation des chemins de fer.

Voici le titre II, concernant le matériel employé à l'exploitation :

7° Les machines locomotives ne pourront être mises en service qu'en vertu de l'autorisation et de l'administration, et après avoir été soumises à toutes les épreuves prescrites par les règlements en vigueur.

Lorsque, par suite de détérioration ou pour toute autre cause, l'interdiction d'une machine aura été prononcée, cette machine ne pourra être remise en service qu'en vertu d'une nouvelle autorisation.

8° Les essieux des locomotives, des tenders et des voitures de toute espèce, entrant dans la composition des convois de voyageurs ou dans celle des trains mixtes de voyageurs et de marchandises allant à grande vitesse, devront être en fer martelé de premier choix.

9° Il sera tenu des états de service pour toutes les locomotives; ces états seront inscrits sur des registres qui devront être constamment à jour et indiquer, à l'article de chaque machine, la date de sa mise en service, le travail qu'elle a accompli, les réparations ou modifications qu'elle a reçues et le renouvellement de ses diverses pièces.

Il sera tenu, en outre, pour les essieux de locomotives, tenders et voitures de toute espèce, des registres spéciaux sur lesquels, à côté du numéro d'ordre de chaque essieu, seront inscrits sa provenance, la date de sa mise en service, l'épreuve qu'il peut avoir subie, son travail, ses accidents et ses réparations; à cet effet, le numéro d'ordre sera poinçonné sur chaque essieu.

Les registres mentionnés aux deux paragraphes ci-dessus seront représentés, à toute réquisition, aux ingénieurs et agents chargés de la surveillance du matériel de l'exploitation.

10° Il est interdit de placer dans un convoi comprenant des voitures de voyageurs aucune locomotive, tender ou autre voiture d'une nature quelconque, montés sur des roues en fonte.

Toutefois, le ministre des travaux publics pourra, par exception, autoriser l'emploi de roues en fonte cerclées en fer, dans les trains mixtes de voyageurs et de marchandises et marchant à la vitesse d'au plus 25 kilomètres à l'heure.

11° Les locomotives devront être pourvues d'appareils ayant pour objet d'arrêter les fragments de coke tombant de la grille et d'empêcher la sortie des flammèches par la cheminée.

12° Les voitures destinées au transport des voyageurs seront d'une construction solide ; elles devront être commodes et pourvues de ce qui est nécessaire à la sûreté des voyageurs.

Les dimensions de la place affectée à chaque voyageur devront être au moins de 45 centimètres en largeur, 65 centimètres en profondeur et 1^m,45 en hauteur; cette disposition sera appliquée aux chemins de fer existants, dans un délai qui sera fixé pour chaque chemin par le ministre des travaux publics.

13° Aucune voiture pour les voyageurs ne sera mise en service sans une autorisation du préfet donnée sur le rapport d'une commission constatant que la voiture satisfait aux conditions de l'article précédent.

L'autorisation de mise en service n'aura d'effet qu'après que l'estampille prescrite pour les voitures publiques par l'art. 117 de la loi du 25 mars 1817 aura été délivrée par le directeur des contributions indirectes.

14° Toute voiture de voyageurs portera, dans l'intérieur, l'indication apparente du nombre des places.

15° Les locomotives, tenders et voitures de toute espèce devront porter : 1° le nom ou les initiales du nom du chemin de fer auquel ils appartiennent; 2° un numéro d'ordre ; les voitures de voyageurs porteront, en outre, l'estampille délivrée par l'administration des contributions indirectes. Ces diverses indications seront placées d'une manière apparente sur la caisse ou sur les côtés des châssis.

16° Les machines, locomotives, tenders et voitures de toute espèce et tout le matériel d'exploitation seront constamment maintenus dans un bon état d'entretien. La compagnie devra faire connaître au ministre des travaux publics les mesures adoptées par elle à cet égard, et, en cas d'insuffisance, le ministre, après avoir entendu les observations de la compagnie, prescrira les dispositions qu'il jugera nécessaires à la sûreté de la circulation.

CHAPITRE VI.

DES CONDITIONS ESSENTIELLES D'UNE BONNE CONSTRUCTION DE VOITURE.

De la ligne de tirage. — Avantages que procurent les larges jantes. — Expériences qui ont été faites à ce sujet. — Comment les ressorts facilitent la traction. — Remarque sur la moyenne de l'effort de traction, suivant la composition de l'attelage. — Du centre de gravité des voitures et de ses relations avec la ligne de tirage.

Des principes de la ligne de tirage et des règles de l'équilibre auxquelles elle est subordonnée.

Avant que de déterminer les dimensions les plus convenables à donner à chacune des parties dont se compose une voiture, ainsi que les formes de construction les plus en rapport avec les chargements au transport desquels on les destine, je vais décrire les principes qui régissent la ligne de tirage, ainsi que les moyens que l'on emploie pour diminuer les efforts de tirage ou de traction que font généralement les animaux sur toutes sortes de voitures.

Lorsqu'un cheval trotte, son centre de gravité s'élève et s'abaisse alternativement, d'où il résulte un mouvement d'ondulation dans le sens de la ligne horizontale, qui se communique aux brancards par des impulsions successives, lesquels mouvements font varier continuellement le centre de gravité de la charge des voitures.

Il faut remarquer qu'à ce mouvement vient se joindre le mouvement alternatif des deux épaules qui détermine un mouvement d'oscillation dans la direction du parcours de la route, lequel ne tend par conséquent ni à s'élever, ni à s'abaisser. On peut donc, en quelque sorte, le considérer comme formant une ligne droite parallèle à la route sur laquelle se meut la voiture ou le véhicule.

Il en résulte que l'emploi de la force du cheval peut être divisé en deux parties : 1° le poids imprimé par ses limons ou brancards sur le dos du cheval; 2° l'action que le cheval exerce horizontalement.

Ces deux forces sont constamment entre elles comme les côtés d'un parallélogramme, dont l'un des côtés représente la pression sur le collier, et l'autre les chocs occasionés par la vibration des limons sur la dossière de la sellette du cheval de limon, lequel éprouve aussi la réaction des chocs produits par les aspérités du terrain.

Le tirage s'opère sur une ligne qui part du poitrail des chevaux et vient finir directement à l'essieu, dont les fusées engagées dans les moyeux des roues les poussent en avant et les forcent à parcourir le chemin sur lequel elles roulent.

Il en résulte : 1° que les rais inférieurs, et par conséquent toute la circonférence de la roue, peuvent être considérés comme des leviers continus de premier genre, dont le point d'appui est sur le sol et celui de la puissance motrice au centre de la roue. Aussi l'effet de cette puissance pour détruire la force d'inertie et donner à la voiture le mouvement progressif horizontal, ainsi que pour vaincre le frottement que l'essieu éprouve dans la boîte du moyeu de la roue, est-il proportionné à la grandeur du rais; d'où il résulte : 1° que plus les roues d'une voiture sont grandes, moins il faut de puissance pour la faire mouvoir.

Il en résulte aussi que la circonférence de la roue étant plus grande, la courbure des jantes est moindre, et la portion qui pose à terre tombe moins dans les trous ou cavités que présentent les chemins.

3° Les obstacles étant abordés sous un angle plus aigu sont plus faciles à surmonter, ce qui diminue l'effort qu'il faut faire pour les vaincre;

4° Toutes les parties de la voiture avancent avec un mouvement plus doux, puisque l'angle des chocs est plus aigu.

Mais si la grandeur des roues est avantageuse sous le rapport que nous venons d'envisager, elle est défavorable sous plusieurs autres :

1° Il faut, pour que la force motrice produise tout son effet, que sa direction soit parallèle au terrain que parcourt la voiture ; car, si l'essieu était plus bas que le poitrail des chevaux, une partie de leurs forces serait employée à soulever la voiture sur le sol.

2° Le centre de la roue étant plus haut que le poitrail du cheval de limon, élève trop la charge au-dessus du sol, et dans cette condition, l'inclinaison transversale du terrain que peut avoir la route provoque le chargement (surtout lorsqu'il est composé d'éléments légers) à s'élever au-dessus du centre de gravité, et il en résulte que la voiture est d'autant plus susceptible de verser que le chargement est plus élevé.

3° Les roues qui auraient plus de deux mètres de diamètre seraient aussi très-incommodes pour opérer le chargement et le déchargement de la voiture, lorsqu'il se fait au-dessus de l'essieu.

L'on ne se sert généralement de roues d'un plus grand diamètre que pour des chargements qui se font dessous l'essieu, tels que pour les fardiers avec lesquels on fait le transport des bois de charpente.

Voici, du reste, un extrait d'un rapport fait à l'Académie des sciences sur le tirage des chevaux attelés à une charrette, et qui vient évidemment à l'appui de ce que j'avance ci-dessus :

« Le tirage d'un cheval se fait généralement de son poitrail, directement à l'essieu de la charrette ; voyez *Pl.* 1re, *fig.* 3, le rayon A de la roue qui porte sur le sol : il peut être regardé comme un levier ; et le point B du sol où porte le rayon ou contre lequel ce rayon arc-boute, peut être considéré comme le point d'appui du levier, et le centre A de la roue comme le point où est appliquée la puissance P.

» Si la roue ne portait jamais que sur le rayon vertical A, il est évident qu'un tirage infiniment peu puissant la ferait tourner, et ferait par conséquent marcher la charrette sur un plan horizontal et poli.

» Mais si la roue porte sur plusieurs rayons, comme il arrive quand elle enfonce dans un terrain sur lequel elle roule, ou bien lorsqu'elle roule sur un sol inégal tel que le pavé, il y a toujours un point de la circonférence de la roue qui porte avant que d'être arrivé aplomb de la ligne verticale AC. Alors le point B où porte le rayon indiqué par la ligne oblique AB doit être considéré comme le point d'appui, et le plan naturel du chemin se trouve dans ce point B transformé suivant la direction GH en une ligne formant angle avec le point d'appui AB, et la ligne horizontale BC tirée du même point d'appui B sur la verticale A de l'essieu sert de levier où est appliquée la charge de la voiture.

» Il en résulte que, comme le centre de gravité se trouve placé derrière le point d'appui et qu'il se trouve en quelque sorte arc-bouté par l'élévation du terrain, il faut que la force soit d'autant plus considérable que l'angle sous lequel la roue aborde le point d'appui est plus élevé.

» Or, plus le bras du levier est long, plus la puissance qui lui est appliquée a d'avantage.

» Il faut donc autant que possible que le rayon de la roue soit perpendiculaire au rayon qui arc-boute sur le terrain, puisque plus les roues sont grandes, plus elles offrent d'avantages; car on voit dans les roues (AB) (CB) (fig. 4), dont les rayons sont différents, que le rayon FB de la plus grande, qui est employé dans le tirage CD, est plus grand que le rayon AB de la petite roue, qui est employé dans le tirage AD et qu'il aborde.

» Que la circonférence de la roue aborde le point d'appui formé par la route sous un angle plus aigu, ce qui favorise le tirage.

» Cependant, comme le rayon qui arc-boute sur le terrain est toujours incliné vers le derrière de la voiture,

» Le tirage, pour être plus avantageux, devrait être oblique à l'horizon, comme la ligne A I (*fig.* 3), c'est-à-dire que le poitrail du limonier devrait être un peu plus élevé que l'essieu ou le centre A de la roue.

» On voit, par ce qui précède, que les charrettes les plus avantageuses pour le tirage et la commodité du chargement ne sont pas au total celles dont les roues sont les plus hautes et où le tirage s'opère suivant la direction la plus avantageuse.

» Il faut tout combiner dans la construction d'une voiture, et il importe d'avoir égard non-seulement à sa conservation et à sa solidité, ainsi qu'à son prix de revient, mais encore, et surtout, il faut pourvoir à la conservation des animaux que l'on emploie pour la traîner, soin trop négligé et souvent la cause en grande partie des désagréments que l'on éprouve dans l'industrie du roulage.

» Les conditions essentielles d'une bonne construction de voiture à deux roues sont donc :

» 1° Que la ligne de tirage soit autant que possible en rapport avec la hauteur du poitrail du cheval de limon.

» 2° que les roues soient du plus grand diamètre possible, sans cependant qu'elles soient incommodes pour l'espèce de chargement qu'elles doivent supporter.

» 3° Que les brancards ou limons soient disposés de manière que l'équilibre, lorsque le chargement est fait, se trouve le plus juste possible, mais cependant plutôt lourd que léger, c'est-à-dire qu'ils doivent peser de 6 à 8 kilogrammes au minimum, et 10 à 15 kilogrammes au maximum sur le dos du cheval de limon.

» 4° Que la ligne horizontale du chargement (représenté par les limons lorsque le cheval est attelé) se trouve élevée par derrière d'à peu près 2 centimètres par mètre de plus que par devant. C'est ce qui détermine le mouvement en avant que font les roues par suite de la vibration que les chocs font éprouver au chargement ; c'est ce que l'on appelle , en terme d'état, mouvement de chasse.

» 5° Que toutes les pièces qui composent la voiture, tant en bois qu'en fer, soient calculées, sous le rapport de leurs forces, suivant l'usage auquel on les destine, de manière à n'employer que les dimensions nécessaires de matière pour résister au poids du chargement, et qu'elles soient bien appropriées pour la forme et la précision de leurs ajustements, dont les coupes, faites dans les bois, ne doivent affamer que le moins possible ; les assemblages et les ferrures doivent en former les liaisons et leur communiquer une force de cohésion , afin que lesdites pièces puissent parfaitement résister, ce qui aurait l'avantage de donner des voitures bien légères et dans de bonnes conditions de durée pour l'emploi ; ce que l'on obtiendra facilement, si on compose la voiture afin que les arcs-boutants rapportent au centre de gravité toutes les réactions des chocs, et que les tirants en soulagent les extrémités de la voiture.

» 6° Que tous les matériaux dont se compose la voiture soient de première qualité, vu que c'est mal calculer son intérêt que d'employer des matériaux de qualité inférieure, attendu qu'il faut plus de temps pour mettre en œuvre ces derniers par les difficultés qu'ils présentent dans la main-d'œuvre.

» 7° Il est important que l'écuage des roues se rapporte avec le devers donné aux fusées de l'essieu, de manière à ce que le centre de gravité de la charge répartie sur chaque fusée vienne passer par le centre du rais inférieur de la roue qui doit se trouver d'aplomb sur le sol de la route.

» Car, dans le cas contraire, le rais n'étant pas d'aplomb, provoquerait des frottements sur l'essieu en sens inverse aux deux extrémités opposées de chaque fusée, lesquels frottements seraient plus ou moins forts, suivant que le rais serait plus ou moins hors d'aplomb ; une telle construction détériore promptement les roues dans leurs assemblages, et il faut plus d'efforts de traction pour vaincre la résistance occasionée par lesdits frottements.

» Au moyen d'une application sage et raisonnée, en prenant pour point de départ les principes de construction ci-dessus énoncés, l'ouvrier intelligent ne confectionnera que de bonnes voitures parfaitement appropriées à l'usage que l'on voudra en faire. »

Des avantages que procurent les larges jantes pour la traction des voitures.

Tout le monde sait les avantages qui résultent de l'emploi des roues à larges jantes pour la conservation des routes ; mais les opinions se partagent encore sur la question de savoir si ces nouvelles roues ne rendraient pas les voitures plus difficiles à traîner.

Rumford, si zélé pour le bien public et l'industrie, s'est livré pendant plusieurs années à de nombreuses expériences comparatives qui éclaircissent parfaitement la question.

Ce fut avec sa propre voiture, dont le poids total était de 1060 kilogrammes, y compris les trois hommes qu'elle renfermait (lequel poids fut constamment le même dans toutes les circonstances), que Rumford fit ses expériences ; il y mit successivement des roues de trois largeurs différentes, en ayant soin de suppléer par des poids à celles qui était trop légères, afin que la voiture fût également pesante.

Il fut parfaitement démontré alors que le tirage, en toute circonstance, était beaucoup moindre avec des roues à larges jantes qu'avec des roues à jantes étroites.

PREMIÈRE EXPÉRIENCE.

La première expérience fut faite avec des roues dont les jantes avaient 5 centimètres de largeur.

Le cheval allant au pas.

Sur le pavé, la traction variait de 24 à 30 kil.
Sur la terre,   —   de 45 à 52 kil.
Sur un terrain sablonneux,   de 60 à 70 kil.

Le cheval allant au trot avec la même largeur de jantes de roues.

Sur le pavé, la traction variait de 46 à 60 kil.
Sur la terre,   —   de 54 à 60 kil.
Sur un terrain sablonneux,   de 75 à 80 kil.

DEUXIÈME EXPÉRIENCE.

Elle se fit avec des roues dont les jantes avaient 7 centimètres de largeur.

Le cheval allant au pas.

Sur le pavé, la traction variait de 22 à 24 kil.
Sur la terre,   —   de 46 à 46 kil.
Sur un terrain sablonneux,   de 50 à 60 kil.

Le cheval allant au trot avec les mêmes roues.

Sur le pavé, la traction était de 42 à 47 kil.
Sur la terre,   —   de 41 à 50 kil.
Sur un terrain sablonneux,   de 60 à 75 kil.

TROISIÈME EXPÉRIENCE.

Elle se fit avec des roues dont les jantes avaient 12 centimètres de largeur.

Le cheval allant au pas.

Sur le pavé, la traction était de 21 à 22 kil.
Sur la terre,   —   de 38 à 42 kil.
Sur un terrain sablonneux,   de 46 à 50 kil.

Le cheval allant au trot avec les mêmes roues.

Sur le pavé, la traction était de 37 à 42 kil.
Sur la terre,   —   de 41 à 44 kil.
Sur un terrain sablonneux,   de 50 à 55 kil.

Le résultat de ces expériences prouve évidemment que la différence du tirage au profit des roues larges est d'environ 176 sur le pavé, 175 sur la terre dure et 174 sur le sable.

Il est malheureux que le rapport ne spécifie pas si la voiture était suspendue sur ressorts, mais je pense qu'elle ne devait pas l'être, surtout si je considère le résultat obtenu lorsque le cheval allait au trot.

Dans le calcul des machines en mouvement, on sait que les vitesses sont proportionnelles aux forces motrices ; que pour produire une vitesse double, il faut doubler cette force.

Les expériences précédemment indiquées font voir qu'il en est de même lorsqu'une voiture n'est pas suspendue sur ressorts et qu'elle roule sur une route pavée ; car le tirage au pas, qui n'est que de 20 kilogrammes est de 40 kilog. quand les chevaux vont au trot, ce qui est à peu de chose près le double de la vitesse de la première allure.

Mais un fait très-remarquable, qui résulte aussi des expériences précédentes, c'est que le tirage sur des chemins unis de terre ou de sable demeure sensiblement le même, quelle que soit la vitesse des chevaux.

Cela est dû sans doute à ce que les roues de la voiture ne rencontrant aucun obstacle, rien ne vient détruire, ni retarder le mouvement acquis par le premier effort des chevaux, tandis que sur un chemin pavé ou cahotant, une voiture non suspendue traînée rapidement éprouve des chocs et de fortes secousses qui absorbent une certaine quantité de la force de traction des animaux, force qu'il faut renouveler sans cesse pour continuer de rouler avec la même vitesse.

On peut donc conclure qu'il faut moins de force pour tirer une voiture suspendue sur ressorts et à charge égale que lorsqu'elle ne l'est pas et que les ressorts facilitent la traction en ce sens que le cahot enlevant à la voiture une partie de la vitesse acquise, il faut que le cheval fasse continuellement de nouveaux efforts, non-seulement pour vaincre la force d'inertie, mais encore, comme tous ces chocs dérangent la direction de la ligne de tirage et que le cheval reçoit plus ou moins de fortes contusions en tous sens, elles sont plus ou moins violentes, suivant que la ligne du centre de gravité et la ligne de traction sont plus ou moins ondulées par la réaction que produisent ces chocs, et il en résulte que le cheval fatigue dans les mêmes proportions.

Lorsqu'une voiture n'est pas suspendue, tous les chocs tendent à détruire la force de cohésion des assemblages qui composent la voiture, et par cela même ils provoquent des réparations presque continuelles.

Voici comment les ressorts facilitent la traction :

Si l'on a placé des ressorts entre l'essieu ou axe et la partie des brancards de la voiture où est réparti le chargement, l'on voit, lorsqu'une partie du terrain produit un choc ou cahot, qu'une partie de la force d'inertie qui avait été vaincue par le mouvement de translation, vient s'accumuler dans les ressorts et les comprime sur l'essieu, presqu'aussitôt les ressorts réagissent et rendent à la traction une partie de la force qui les avait comprimés, et transmettent le reste à l'essieu qui le renvoie au sol par le moyeu de la roue.

Cette dernière partie de la force est perdue en plus ou moins grande quantité, suivant la vitesse avec laquelle la réaction s'est faite au moyen de la vitesse de traction acquise par la voiture.

Des expériences ont été faites à ce sujet par Edgeworth, et il en résulte que : 1° Les ressorts contribuent à diminuer le tirage et que leur avantage s'accroît avec la vitesse du véhicule, c'est-à-dire que si une voiture suspendue parcourt 8 kilomètres par heure, cet avantage est dans la proportion de quatre chevaux à trois; ou que trois chevaux peuvent traîner autant de charge que quatre chevaux qui seraient attelés sur la même voiture, mais qui ne marcheraient qu'au pas; 2º l'avantage est de moitié si les chevaux parcouraient 16 kilomètres à l'heure ou 4 lieues de poste.

On peut attribuer cet avantage à ce que la force d'inertie une fois vaincue n'offre plus de résistance, et que plus la voiture roule avec vitesse, moins il faut de puissance de traction pour la maintenir dans son degré de vitesse, mais aussi plus il faut d'effort pour acquérir une vitesse supérieure.

En effet, lorsque l'on remarque des chevaux qui démarrent ou mettent en mouvement une voiture qui est lourdement chargée, on voit qu'ils sont obligés, pour vaincre la force d'inertie de la voiture, de faire de vigoureux efforts, qui sont bien supérieurs à ceux qui sont nécessaires une fois que la voiture est mise en mouvement.

Et que lorsqu'on veut l'arrêter quand elle est en mouvement, il faut un effort très-grand pour vaincre et anéantir l'impulsion donnée par la force du tirage ou traction. Dans l'un et l'autre cas, c'est l'action ou la réaction de la force d'inertie qu'il faut vaincre; et c'est une erreur que de croire qu'il faut moins de force pour arrêter le mouvement acquis que pour le produire.

Il faut aussi remarquer que l'effort que le cheval exerce dans la traction, varie :

1º Suivant la composition et la construction du sol de la route;

2º Suivant son état d'entretien et l'état de l'atmosphère, car lorsqu'il pleut depuis quelque temps, les routes de terre et les routes en empierrement offrent beaucoup plus de résistance au tirage, de même lorsqu'il y a du brouillard la superficie des pavés se trouve couverte d'une boue grasse et glissante qui gêne beaucoup à l'effort de traction que peuvent produire les chevaux, et il en résulte que lorsque les routes sont sèches les chevaux peuvent traîner une plus lourde charge.

Il est généralement reconnu que l'on ne peut pas raisonnablement espérer qu'un seul cheval de taille moyenne puisse transporter avec une charrette non suspendue, et marchant au pas, sur un parcours de 18 à 20 kilomètres, plus de 1200 kilogrammes, tout équipage compris, sur une route entièrement construite en empierrement et en bon état ordinaire d'entretien ;

Et plus de 1500 kilogrammes sur une chaussée construite en pavé, et encore faut-il que les pentes qui se trouvent dans le parcours de la route ne dépassent pas 4 à 5 centimètres par mètre ;

Attendu que si un corps est tiré sur un plan horizontal d'un niveau parfait, il ne faut que la force nécessaire pour vaincre la résistance du frottement occasionée par la charge.

Mais que si un corps est tiré sur un plan vertical, il se trouve porté par la force qui le soulève, et que, dans ce cas, la force nécesssaire pour le tirer est égale au fardeau.

Enfin, que si un corps est traîné sur un plan incliné, il en résulte que la force nécessaire pour l'élever sera relative à l'inclinaison du plan, de sorte que si la force de traction agit parallèlement au plan, la longueur de la pente sera au fardeau comme la hauteur du plan est à la force ; et plus l'angle sera ouvert, plus grande en sera la hauteur.

Voici un exemple.

Quelle est la force nécessaire pour faire mouvoir un poids de 100 kilogrammes (200 livres) sur un plan incliné de 1 mètre (3 pieds) de longueur sur 5 centimètres (2 pouces) de hauteur, abstraction faite de la force de traction sur une ligne horizontale et nécessaire pour vaincre le frottement.

Voici la règle qu'on emploie :

On dit 100 : 5 :: 20 : 1

ou 100 est à 5 comme 20 est à 1, ou il faut un vingtième de force de plus pour vaincre la résistance produite par la pente.

Donc un cheval qui ne transporte que 1200 kilogrammes sur une ligne horizontale fait un effort capable de transporter 1260 kilogrammes sur le même chemin lorsque ce chemin se transforme en une pente de 5 centimètres par mètre, et il est évident que cet effort du vingtième ou 60 kilogrammes est le seul que l'on puisse raisonnablement espérer du cheval pour qu'il ne ralentisse pas sensiblement son allure.

Il faut aussi remarquer que la moyenne de l'effort de traction que fait chaque cheval varie, suivant la composition de l'attelage.

Il résulte des expériences faites, que, non-seulement la traction varie suivant l'influence du temps sur l'état d'entretien de la route à parcourir, mais il est reconnu aussi que plus le nombre des chevaux augmente, plus le poids moyen diminue, ce que l'on doit attribuer à ce que les chevaux ne faisant qu'un effort alternatif sur les traits, et non continu comme on pourrait le croire, il en résulte une perte de la force de traction qui augmente comme le nombre de chevaux.

Ainsi, sur une chaussée d'empierrement dite ferrée, dans un parfait état de construction, et dont les matériaux sont bien amalgamés entre eux, la moyenne de la force de traction d'un seul cheval de roulage, sans y comprendre la voiture, peut être estimée ainsi, suivant les mois de l'année,

Savoir :

Janvier	825 kilog.
Février . . . . '	790
Mars	760
Avril	937
Mai . . . . . . à	900

Juin	950
Juillet	930
Août	975
Septembre	1017
Octobre	950
Novembre	813
Décembre	800

On comprend que toutes ces données sont très-sujettes à variation, suivant que l'atmosphère est plus ou moins humide, que la route est plus ou moins dense et résiste plus ou moins à la pression produite par le poids du véhicule.

Je crois que voici les résultats approximatifs que l'on peut espérer voir se réaliser par les épreuves que l'on pourrait faire, et suivant le nombre des chevaux qui composerait l'attelage allant au pas et avec une voiture à deux roues qui ne serait pas suspendue.

On estime que la moyenne de l'effort de traction, le poids de la voiture compris, est approximativement de :

Composition des attelages.	Poids total. kil.	Poids par chaque cheval. kil.
1 seul cheval. . . .	1450	Un seul. 1450
2 chevaux	2800	— . 1400
3 —	4020	— . 1340
4 —	5080	— . 1270
5 —	5950	— . 1190
6 —	6600	— . 1100
7 —	7000	— . 1000
8 —	7120	— . 890

L'on voit, par ce tableau, que l'effort de traction par cheval diminue à mesure que le nombre des chevaux augmente; mais ce travail n'est qu'approximatif, et lorsque l'on voudra connaître l'effort réel que font les chevaux, il faudra connaître :

1° Les rapports qui existent entre les frottements des moyeux sur leurs axes ou fusées d'essieu, et le chargement du véhicule;

2° Comment les lois qui régissent l'équilibre du chargement sur les roues ont été appliquées;

3° Quels rapports existent entre la charge et la traction, suivant les diverses allures des chevaux;

4° Quels rapports existent entre la charge et les diverses natures de routes.

Je vais citer quelques expériences faites à ce sujet par Rumfort, et que je trouve dans le Traité élémentaire de mécanique industrielle, par M. Stéphane Flachat, ingénieur civil.

Rumfort avait employé, pour cette expérience, une de ses voitures.

Les roues de derrière avaient 1^m62 de hauteur, et celles de devant avaient 1^m06 de diamètre.

La largeur des jantes était de 7 centimètres; la charge, répartie sur chaque roue, était de 500 kilog.

La vitesse était celle du cheval allant au pas. L'expérience a été faite entre Paris et Versailles (il est malheureux que l'on n'ait pas mentionné si la voiture était suspendue; mais je crois qu'elle ne l'était pas).

Sur le pavé, entre Sèvres et Passy, le tirage variait entre . . . . 28 à 30 kil.

Le rapport du frottement et de la traction à la charge était donc de 1718.

Sur une partie sablonneuse, le tirage variait de 56   66

Le rapport du frottement et du tirage à la charge, était donc de 1712 à 178.

Sur une partie de la route très-sablonneuse, le tirage variait de. 99   100

Le rapport du frottement à la charge était donc de 1/5.

Sur les sables les plus meubles du bois de Boulogne, le tirage était de. 125

Le rapport de la traction à la charge était donc de 1/4.

Sur une chaussée d'empierrement, entre Saint-Cloud et Versailles, le tirage était de . 40   42

Le rapport de la traction à la charge était donc de 1/13.

Sur des cailloux nouvellement posés sur la route, le tirage était de 130   140

Le rapport de la traction à la charge était donc de 1/4 à 1/3.

Il résulte de ces expériences que l'effort pour opérer la traction est moindre sur une route pavée, en bon état d'entretien, lorsque le cheval va au pas, que sur une chaussée en empierrement, dite ferrée, dont les matériaux sont bien amalgamés et en bon état d'entretien.

Mais que c'est le contraire qui a lieu lorsque l'on accélère la marche du cheval, et que l'on se sert de voitures suspendues.

Du centre de gravité.

« On trouvera peut-être étrange, dit Roubo, que j'exige des menuisiers en carrosse, et généralement de tous les ouvriers qui travaillent à l'équipage, des connaissances auxquelles la plupart n'ont jamais pensé, et dont ils ignorent jusqu'au nom : connaissances qui leur semblent de peu d'utilité, puisque sans elles ils ne laissent point que de bien suspendre les voitures. Mais s'il leur fallait suspendre une voiture à une certaine hauteur fixe sans qu'elle reculât en avant ou en arrière, ni qu'elle penchât en aucune façon, ils seraient très-embarrassés ; parce que, non-seulement, ils sont privés des connaissances nécessaires pour le bien faire, mais qu'en outre ils font ce qui est de leur partie sans s'inquiéter si le travail des autres ouvriers s'accorde avec le leur. Ainsi, le dessinateur compose une voiture sans se mettre en peine du poids de la caisse, de la distance de ses points de suspension, de la hauteur, de la forme, de la force et de l'élasticité des ressorts : ainsi, le serrurier fabrique les ressorts sans savoir seulement à quelle voiture on les placera : ainsi, le charron fait le train, et le menuisier-carrossier, la caisse sans prendre plus de soin : de sorte que, lorsque chacun d'eux a confectionné son ouvrage, on suspend la voiture le mieux qu'il se peut, et on la met en équilibre en rallongeant ou raccourcissant les couroies qui la supportent, manœuvre qui la fait avancer ou reculer selon qu'il en est besoin, de manière que la réussite de tout l'ouvrage n'est souvent due qu'à l'habitude ou au hasard ; ce qui n'arriverait pas si les ouvriers prenaient des connaissances, du moins élémentaires, des sciences nécessaires à leur état, lesquelles souvent leur épargneraient bien de la peine et du temps, dont la perte, quoique très-grande pour tous les hommes en général, l'est encore plus pour ceux qui sont obligés de vivre de leur travail. »

Il est démontré que lorsque les corps pesants cessent d'être suspendus, ils tombent selon leur direction naturelle : cette direction n'est autre chose qu'une ligne perpendiculaire, par laquelle passe le centre de gravité d'un corps. Unique dans chaque corps, le centre de gravité est le point de réunion de toutes les parties qui le composent, lesquelles, en faisant effort les unes contre les autres, se contrebalancent de manière qu'elles tournent toutes autour de ce centre, et se maintiennent dans un équilibre parfait.

Le centre de gravité est donc le point intérieur qui, s'il était soutenu, laisserait le corps immobile comme s'il ne pesait pas. En suspendant le corps en repos par un fil qu'on

imagine prolongé dans l'intérieur, le centre de gravité est situé sur cette direction. Une seconde épreuve semblable, faite
en prenant un autre point de suspension, donnerait une seconde ligne, passant par le centre, lequel est déterminé par
l'intersection de ces deux lignes droites. Ce moyen mécanique
est suffisant dans les arts pour trouver la situation de ce
point, lorsqu'il est nécessaire de la connaître.

Ainsi qu'on le voit dans une sphère, le centre de gravité
d'un corps est aussi le centre de grandeur de ce corps, puisqu'en la posant sur une surface parfaitement plane et horizontale, elle demeure immobile, pourvu qu'elle soit dans toutes ses parties d'une parfaite densité. Les principes de la
mécanique démontrent encore qu'il faut, pour qu'un corps
soit parfaitement en équilibre, que la puissance qui le soutient passe par la ligne de direction de son centre de gravité,
soit qu'elle parte de ce centre, ou qu'elle soit placée au-dessus : elle ne peut jamais être en dessous, parce qu'en vertu
des lois de la pesanteur, le centre de gravité s'efforcerait de
descendre en contre-bas du point de suspension. Quand
deux puissances tendent à soutenir un corps en équilibre, il
faut que leurs lignes de direction viennent se rencontrer au
même point sur la ligne de direction du centre de gravité
du corps qu'elles soutiennent ; d'où il résulte que lorsque la
base d'un corps est de niveau, et par conséquent perpendiculaire à sa ligne de direction de gravité ; qu'il est soutenu par
cette base ou toute autre ligne horizontale au-dessus de la
base, les directions des deux puissances qui soutiennent ce
corps doivent être toutes deux perpendiculaires, et par conséquent parallèles à la ligne de direction de pesanteur. Ou
bien encore, si la direction de ces puissances est inclinée,
leur inclinaison doit être égale et doit former un angle semblable de chaque côté de la perpendiculaire ou de la ligne de
niveau, ce qui revient au même point. Si, au contraire, ce
corps n'était pas soutenu par une ligne parallèle à l'horizon,

la direction des deux puissances qui le soutiennent, ne pourrait être d'une égale inclinaison, mais alors elle doit être disposée de telle sorte que leur direction forme les côtés d'un parallélogramme, dont les angles passeront par la ligne de direction de la pesanteur, ou ce qui est la même chose, par la perpendiculaire abaissée du centre de gravité.

La démonstration de ces principes par les lois de la pesanteur et du mouvement serait facile, mais complètement étrangère au sujet de ce Manuel et par conséquent superflue; nous la passerons donc sous silence.

Du centre de gravité des voitures et de la répartition de leur chargement sur les deux axes ou essieux des voitures à quatre roues, et de ses relations avec la ligne de tirage.

Le centre de gravité d'une voiture, soit à deux roues, soit à quatre roues, est le point où toutes les parties dont elle se compose viennent s'équilibrer les unes par les autres, de manière que si l'on attachait une corde à ce point, on pourrait tenir la voiture suspendue de manière à ce qu'elle soit parfaitement d'aplomb, puisque toutes les parties dont elle se compose viendraient se faire mutuellement contre-poids les unes aux autres.

Il est de règle générale que plus le centre de gravité d'une voiture est rapproché du sol, plus elle a de stabilité, et moins elle est susceptible de verser.

Et par contre, lorsque, dans la construction d'une voiture, le centre de gravité est élevé, plus il faut lui donner de base ou voie entre les roues du même essieu.

Maintenant, si l'on considère le poids dont se compose le centre de gravité distribué sur les deux axes ou essieux de la voiture, et que ce poids se trouve réparti de manière à ce qu'il n'y ait que le tiers de la charge totale qui vienne s'appuyer sur l'avant-train, et les deux autres tiers sur l'essieu de derrière, lorsque la route est parfaitement horizontale, il en résultera que lorsque la voiture descendra une pente, le mouvement de chasse produit par la vibration des chocs, ainsi que par le déplacement de la ligne d'équilibre produit par le changement de degré de la pente suivant la ligne d'horizon, équilibrera, sur les deux essieux, le poids qui était réparti en plus grande quantité sur l'essieu de derrière, et par suite, le poids se trouvera réparti également sur les quatre points d'appui ou roues en contact avec le sol, et comme les résistances produites par la pression de la charge sur les fusées d'essieu augmentent moins par la pression que par la quantité de surface en contact, il en résultera que la puissance de traction sera absorbée en plus grande quantité, et que les chevaux auront moins de mal à retenir la voiture dans les descentes.

Le contraire aurait lieu si la route parcourait une rampe ascensionnelle : car dans ce cas, comme la presque totalité du poids se porterait sur l'essieu de derrière, la voiture se trouverait transformée en quelque sorte en une voiture à deux roues, ce qui diminuerait la résistance et faciliterait le tirage des chevaux.

Pour obtenir l'avantage de cette répartition de charge, il faut donc, autant que possible, que toutes les pièces montantes employées dans la construction des caisses soient posées suivant une ligne verticale inclinée vers la partie de derrière de la caisse, autant que possible au-delà du centre de gravité, de manière à y porter la majeure partie de cette charge.

Mais cette répartition du poids du centre de gravité ne peut s'appliquer que dans certains cas, et dans les voitures dont les caisses, pour en faciliter le chargement, s'ouvrent, soit par derrière, soit par devant.

Car, lorsque les portières s'ouvrent sur les côtés entre les deux roues, comme dans la calèche à double suspension (*fig. 4, Pl. 7.* cette répartition de la charge se trouve subordonnée premièrement à la distance exigée pour le passage des voyageurs et le développement des portières, et secondement par la place exigée pour le passage des roues de l'avant-train sous la caisse, lequel passage de roues se trouve lui-même subordonné à la largeur de la voie comprise entre les deux extrémités des jantes prises dans la partie supérieure de la circonférence des roues. On peut consulter, du reste, les considérations sur les mesures d'un grand train.

CHAPITRE VII.

THÉORIE DE LA CONSTRUCTION DES ROUES ET PRINCIPES GÉNÉRAUX POUR FAIRE LES ROUES DE VOITURES.

Théorie de la construction des roues. — Hauteur des roues. — Ecuanteur des roues. — Largeur des jantes. — Rupture des roues. — Du moyeu. — Des rais. — Des jantes. — De la main-d'œuvre des rais. — Des moyeux. — De l'enrayage. — Des jantes. — Roues sur selle. — Perçage des jantes. — Montage des jantes. — Boîtage des roues.

THÉORIE DE LA CONSTRUCTION DES ROUES.

Il y a deux sortes de voitures : 1° celles qui sont destinées à transporter les fardeaux; 2° celles qui servent seulement à transporter les hommes. La première espèce de voitures est de la plus haute antiquité, puisqu'elles sont aussi anciennes que le commerce, qui doit lui-même son origine aux premières sociétés. Le charron fait entièrement les unes, et en grande partie les autres, puisque tout ce qui tient à la rotation et au support des voitures lui est confié. Les organes de rotation sont nommées *roues :* les parties que soutiennent les roues, *essieux;* ce sont des axes horizontaux qui portent toute la charge d'une voiture. Ils soutiennent le corps de la voiture et la partie nécessaire à l'attelage des animaux. Cette dernière se nomme *timon, limon,* ou *limonière.*

L'usage des roues de voitures remonte à une époque très-ancienne; car les traîneaux, ou voitures privées de roues, ne conviennent qu'aux pays septentrionaux. Le principal usage des roues provient de leur pouvoir à diminuer les frottements qu'exerce le tirage. Cet important résultat est obtenu par le changement du mouvement *frottant* d'un traîneau en mouvement de rotation d'un cylindre. Ainsi, les roues furent probablement d'abord des rouleaux. Si leur application au déplacement d'une pièce de charpente, ou d'un pesant fardeau, fut accidentel, ou si ce fut l'œuvre de quelque ancien artisan, il est aujourd'hui fort peu important de le déterminer.

Perfectionner ce genre de machine et l'amener à la forme de roues supportant un fardeau sur un axe ou essieu, exigeait un très-grand degré d'industrie. Elles doivent avoir d'abord été massives, et l'essieu doit avoir été originairement fait de bois. Ce qui le prouve, c'est que les voitures très-grossières portent encore en France des essieux de semblable matière, et qu'avant les perfectionnements apportés depuis quelques années à l'art du charron, ce genre d'essieu était assez commun. L'essieu était probablement fixé dans les roues et décrivait un mouvement circulaire sous le brancard, ou la caisse de la voiture, comme il est d'usage à présent pour les chars irlandais. L'emploi des goujons, des essieux en fer, ne peut avoir été connu dans le premier état de la civilisation, et la séparation des roues et de l'essieu fut par conséquent de date plus ancienne. Néanmoins, dans les histoires authentiques de la plus haute antiquité, les chariots sont mentionnés comme servant à la guerre, aux courses, au transport des fardeaux.

Dans le vingt-unième chapitre de la Genèse, il est parlé du char de Pharaon et des voitures à fardeaux. Les chariots de guerre du roi d'Egypte sont distinctement décrits comme ayant les roues séparées de l'essieu. Du temps d'Homère, le char de guerre était déjà porté à une grande perfection, et se trouve minutieusement décrit dans cet auteur.

Les anciens Scythes, errants dans les campagnes sans habitation fixe, se servaient de voitures qui non-seulement étaient destinées à les transporter d'un endroit à un autre, ainsi que leurs effets, mais qui encore leur tenaient lieu de tentes et d'habitations.

Les chariots de guerre de presque tous les peuples étaient armés de faulx et autres instruments tranchants placés à l'extrémité dès timons, aux rais, aux jantes des roues, ainsi qu'à l'extrémité des essieux.

Lorsque les voitures roulaient sur des roues régulières, les avantages mécaniques des roues hautes et basses furent de peu de conséquence, la sûreté du conducteur était le principal objet ; ainsi, la hauteur des roues était déterminée par la commodité du guerrier placé dans le char. Leur hauteur était telle qu'elles lui permissent de monter et de descendre facilement, quoique chargé de son armure. En conséquence, nous trouvons sur toutes les anciennes pierres, et sur les monuments, dont nous ayons connaissance, que, dès l'antiquité la plus reculée, l'ancien chariot de guerre a les roues basses. La partie de devant du chariot est haute, afin de protéger le guerrier ; la partie de derrière est basse et ouverte pour lui permettre de monter et de descendre aisément. Le guerrier se tenait debout dans son char.

Le timon était attaché au joug qui reposait sur les garrots des chevaux, sans aucun harnais, hors un collier placé autour du cou de l'animal, et deux courroies pour retenir le collier. Un chariot d'airain, de semblable construction, a été déterré à Rome, au commencement du dix-neuvième siècle.

Comme les guerriers employaient généralement plus de chevaux qu'il ne fallait pour leur poids et celui du char qui les portait, il n'y a aucune nécessité de rechercher dans la meilleure forme et grandeur des roues, ni d'aucune exactitude dans les moyens par lesquels les chevaux étaient attelés à la voiture. Nous ne lisons nulle part qu'aucune voiture ait été conduite par un seul cheval. Deux chevaux étaient habituellement employés. Dans l'Iliade, les chariots d'Achille et d'autres guerriers paraissent avoir été attelés de deux chevaux ; mais dans quelques anciennes pierres gravées, on voit que les chariots étaient conduits par quatre, six et même huit che-

vaux. Sur une belle pierre gravée en l'honneur d'un vain-
queur aux jeux olympiques, le chariot est traîné par douze
chevaux de front. Aucun noble cocher des jours moder-
nes n'entreprendrait une aussi dangereuse conduite.

Nous ne trouvons point de traité sur la théorie des roues,
ni quelques observations pratiques sur les voitures, avant le
commencement du dernier siècle. M. Camus, dans son *Traité
sur les forces mouvantes;* M. Lesage et M. Couplet, dans leurs
mémoires présentés à l'Académie française, en 1717 et 1733,
ont donné d'excellentes observations, et apporté d'exactes
expériences sur les voitures ainsi que sur les roues. L'ouvrage
du premier a été transporté dans le *Cours de philosophie expé-
rimentale* de Desaguliers. Dans les *Lectures d'Helsman sur la
philosophie naturelle,* on trouve encore de strictes démonstrations sur les proportions des hautes et basses roues, ainsi
que dans les *Transactions philosophiques.* Bourne, auteur anglais, qui a inventé une jetée en fer, et qui construisait de
très-grandes voitures, a composé, il y a 50 ans, un ouvrage
sur les caractères des roues. Nous devons aussi à Jacob, son
compatriote, un traité lucide et plein d'utilité sur cette matière, publié il y a 40 ans. M. Austice, également anglais, a
écrit avec succès sur la théorie des roues et sur leur application aux voitures. Enfin, en 1813, M. *Lowel Edgeworth* a
publié en Angleterre un ouvrage sur la construction des
roues et des voitures de roulage. Cet ouvrage a été communiqué à la *Société d'encouragement pour l'industrie nationale,* à
Paris, par M. le comte de Saint-Réal. Le bulletin de janvier 1814 (arts mécaniques) de cette société contient un extrait intéressant et fort développé du *Repertory of arts and
manufactures* (Répertoire des arts et manufactures, cahier de
février 1813), sur le livre de M. Edgeworth, qui se recommande aux lecteurs par l'approbation de cette impartiale et
savante Société. A cette époque, le comité de la chambre des
communes à Londres avait rassemblé un très-précieux recueil

d'informations sur la théorie des roues et de leur application aux voitures, et l'ouvrage de M. Edgeworth est accompagné des différents rapports qui ont été faits à la chambre anglaise sur ce sujet.

Nous allons faire connaître aux lecteurs l'importante notice insérée dans le CXVe No du bulletin de la Société d'encouragement. Ainsi que cette Société, nous passerons sous silence ce que l'auteur dit des grandes routes, de leur établissement et de leur réparation, ainsi que des moyens d'en augmenter la durée. La Société fait cette suppression, parce que nous avons sur cette matière des connaissances théoriques et pratiques très-étendues; et nous, parce que cette matière est tout-à-fait étrangère au *Manuel du Charron*.

Théorie des roues, selon M. Edgeworth.

Le chapitre II traite des roues, de leur théorie, de leur construction, des meilleures méthodes de l'appliquer à la pratique. Il traite aussi de la ligne de tirage des voitures, dont nous parlerons ci-après.

• D'après les expériences de M. Edgeworth, comme d'après celles de MM. Camus, Lelarge et Couplet, il résulte que les grandes roues doivent être employées de préférence aux petites dans les mauvaises routes, excepté là où les ornières forment des trous qui permettent aux petites roues d'y pénétrer, et de remonter sur un plan incliné, tandis que les grandes, en ne portant que sur les bords de ces trous, éprouveront des obstacles qui augmentent la difficulté du tirage.

Les dimensions d'une roue devront être bornées; car, quoique sa puissance mécanique, en franchissant un obstacle donné, s'accroisse lorsqu'on augmente son diamètre, cet accroissement n'est cependant pas en raison directe de ce diamètre, mais en raison de son carré. En effet, lorsqu'il s'agit de faire surmonter à une roue un obstacle avec une puissance donnée , on pourrait croire qu'en diminuant cette puissance de moitié, et en doublant le diamètre de la roue, on obtiendrait les mêmes effets ; c'est une erreur : car, dans ce cas, il faudrait employer une roue quatre fois plus grande, ce qui, dans beaucoup de circonstances, est décidément impraticable. Il suit de ce raisonnement qu'il n'y a aucun avantage à espérer en donnant aux roues des dimensions qui dépassent certaines limites.

Hauteur des roues.

M. Edgeworth a fait à ce sujet des expériences qui prouvent que la pratique vient ici à l'appui de la théorie. Il en résulte qu'une roue de 183 mill. (7 pouces) de diamètre, chargée d'un poids de 9 kil. (20 livres) (*avoir du poids*) exige 3 kil. 63 gram. (8 livres) de force pour franchir un obstacle d'un quart de pouce, tandis qu'il suffit d'une force de 2 kilog. (4 livres) pour obtenir le même effet avec une roue de 758 mil. (28 pouces) de diamètre.

Ces expériences, en démontrant l'impossibilité d'augmenter les dimensions des roues au-delà de certaines limites, prouvent en même temps l'erreur de ceux qui ne veulent leur donner que 65 centimètres (2 pieds) de haut, et qui prétendent qu'il y a plus d'avantage à les employer dans les routes montueuses que les grandes routes unies. Adoptant entièrement ces principes, le *The Coach-Maker's, and Wheel-Wrigth's, complete guide*, cite l'expérience de M. Edgeworth. (pages 148-149), et ajoute : « Pendant que ces considérations démontrent les empêchements de l'accroissement des roues de voitures communes, beaucoup au-delà de leur diamètre usuel, elles démontrent en même temps la fausseté de vues de ceux qui pensant faire une application forcée de la puissance des muscles d'un cheval, indépendamment de son poids, ont conclu que les roues de 65 cent. (2 pieds) de haut sont **préférables** à celles d'un plus grand diamètre. De là, l'erreur qui a induit plusieurs personnes à penser que les roues basses étaient meilleures pour monter les collines que les roues hautes. Il a été assuré que le centre de gravité d'une haute roue tombait derrière le point sur lequel se soutient la roue, et tendait à l'entraîner en bas. Dans son *Traité sur les roues de voitures,* M. Jacob est tombé dans cette méprise, et nous le remarquons, parce qu'en un livre qui, à tout autre égard, a beaucoup de mérite, une doctrine erronée peut séduire un très-grand nombre de lecteurs. De l'inspection de son propre dessin, il résulte simplement que si le centre de gravité de la plus grande roue projette derrière le point de support, deux fois autant que le centre de gravité de la petite roue, projette au-delà de ses bases, il est déjà supporté par une puissance appliquée au bout d'un levier deux fois aussi long. »

On trouve dans les *Transactions philosophiques* quelques expériences sur les avantages des grandes roues pour toutes espèces de voitures ; en voici les résultats : 1° les roues de 5 pieds 2/3 de pouce de haut, c'est-à-dire de moitié plus petites que celles employées ordinairement dans les chariots, ont tiré un poids de 50 livres 1/2 (*avoir du poids*) sur un plan incliné, avec une puissance moindre de 6 onces, que deux des mêmes roues employées avec deux plus petites, dont la hauteur n'était que de 4 pieds 2/3 de pouces de haut.

2° Que toute voiture est tirée avec plus de facilité dans les chemins raboteux, lorsque les roues de devant sont aussi hautes que celles de derrière, et que le timon est placé sous l'essieu.

3° Qu'il en est de même dans les chemins d'une terre grasse ou dans les chemins sablonneux.

4° Que les grandes roues ne font pas des ornières si profondes que les petites.

5° Que celles-ci sont meilleures lorsqu'il faut tourner dans un petit espace.

En général, on ne doit donner aux roues des voitures légères et des carrosses que 1^m,462 à 1^m,787 (4 pieds 6 pouces à 5 pieds), et 2 mètres (6 pieds) à celles des voitures de roulage, ces dernières étant préférables dans les routes dont les ornières sont très-profondes; mais, sur les bonnes routes, le principal avantage résulte de la diminution du frottement sur les essieux : ce frottement dans une voiture ordinaire tirée par deux chevaux est égal au sixième de la force moyenne employée.

Roues antérieures et postérieures d'un chariot.

Dans les voitures à quatre roues, dit le *Guide complet du carrossier et du charron* (*the Coach Maker's*), les avant-roues sont d'un plus petit diamètre que les roues de derrière, parce qu'on évite ainsi le coupage des soupentes en cas d'un brusque détour, mais d'ailleurs la voiture peut aller aisément lorsque les avant-roues sont aussi hautes que celles de derrière, et, selon cet auteur, les plus hautes sont les meilleures, parce qu'elles pénètrent moins dans les plus petites profondeurs des routes, et peuvent être facilement tirées hors de ces profondeurs ou trous. Mais les charretiers et les cochers apportent une autre raison pour faire les avant-roues beaucoup plus basses que les arrière-roues : ils disent qu'alors les arrière-roues aident à l'impulsion de celles de devant, ce qui est trop invraisemblable pour être réfuté.

Il est des surfaces circulaires sur lesquelles les petites roues doivent tourner aussi beaucoup plus souvent que les grandes, selon que leur circonférence est plus petite. Par conséquent, lorsque la voiture est également chargée sur les deux axes ou essieux, l'essieu de derrière doit beaucoup plus supporter les frottements, et par cette raison s'user beaucoup plus vite que l'essieu de devant, ce qui a lieu selon que les roues postérieures sont plus grandes que les roues antérieures. Mais le

grand inconvénient est, que les charretiers persistent généralement contre les démonstrations les plus évidentes, à mettre la plus lourde partie des fardeaux sur l'axe antérieur
d'un chariot, alors, non-seulement les plus grands frottements
s'opèrent sur la partie la moins forte de la voiture, mais encore les avant-roues creusent plus profondément le terrain
que les roues postérieures. Quoique les précédentes soient
plus petites, elles sont bien plus difficiles à tirer hors d'un
trou, ou à traîner sur un obstacle, en supposant les poids
égaux et les axes semblables. Pour la difficulté, avec poids
égaux, elle sera, comme la profondeur du trou, ou bien la
hauteur de l'obstacle est à la moitié du diamètre de la roue.
Ainsi (*fig.* 1, *Pl.* 1), si nous supposons la petite roue D d'un
chariot AB tombant dans un trou de la profondeur E F,
qui est égale au demi-diamètre de la roue, et si nous supposons le chariot tiré horizontalement, il est évident que le
point F de l'avant-roue sera tiré directement contre le haut
du trou, et que par conséquent toute la puissance des chevaux
et de l'homme ne sera pas capable de la tirer en dehors, à
moins que le terrain n'aide en arrière. Si, au contraire, l'ar-
rière-roue G tombe dans un semblable trou, elle n'enfonce
pas aussi profondément à proportion de son demi-diamètre,
et par conséquent le point G de cette plus grande roue ne
sera pas tiré directement, mais obliquement contre le rebord
du trou, qui sera de cette manière facilement surmonté.
Ajoutez à cela que, comme une petite roue tombera souvent
au fond d'un trou, dans lequel une grande roue formera d'a-
bord un très-petit chemin, les avant-roues doivent nécessairement être chargées d'un poids beaucoup plus léger que les
grandes. Alors, la plus lourde partie d'un fardeau se trouve
moins cahotée par haut et par bas, et les chevaux tirent ainsi
beaucoup plus aisément.

Ecuanteur des roues.

Les roues écuées sont celles dont les rais ne sont pas plantés dans un plan perpendiculaire à l'axe du moyeu, mais suivant une direction en dehors qui varie entre 10 et 14°, en raison inverse du diamètre des roues ; de sorte que chaque rais se trouve être l'arrête d'une pyramide, dont le sommet est placé sur l'axe de l'essieu, et dont la base est le contour même de la roue. Ces roues écuées, disons-nous, ont beaucoup plus de force que si elles étaient droites : car, pour leur faire changer de forme, il faudrait que les raies et les jantes s'allongeassent ou se raccourcissent en même temps, tandis que si la roue était droite, le moindre pliement des rais ou des jantes suffirait pour cela. Il en résulte aussi que, combinée avec la direction plongeante de la fusée de l'essieu, le rais inférieur, qui supporte toute la charge, se trouve dans une position verticale, en supposant toutefois que la roue pose sur un plan horizontal. Cette disposition que l'on nomme *écuanteur de la roue*, et que l'on désigne aussi quelquefois par les expressions d'*écu de la roue*, *roue en cône*, *conique*, *roue en écu*, offre surtout de l'avantage sur une route dont les bas-côtés sont inclinés, parce que c'est principalement en ce cas que la charge tend à faire déboîter les rais. Lorsque ceux-ci sont montés obliquement dans le moyeu, comme nous venons de l'expliquer ci-dessus, ils présentent une plus grande résistance à la pression latérale de la voiture, dont on pourra aussi aussi augmenter la largeur.

Largeur des jantes de roues.

Il est reconnu que les roues à jantes étroites détériorent considérablement les routes. En Angleterre, pour remédier à cet inconvénient, on leur a donné d'abord 244 millimètres

(9 pouces) de large, puis 433 millimètres (16 pouces); et on a construit l'avant-train (la partie antérieure de la voiture) de manière qu'il forme une voie inégale avec l'arrière-train (arrière-partie de la voiture), afin de produire par là l'effet d'un rouleau. Mais ces voitures furent chargées de fardeaux énormes, ce qui ne tarda pas à endommager les routes. Les rouliers avaient déplacé l'inconvénient. En général, plus les jantes sont larges, et mieux les routes sont conservées : cependant on doit en limiter les dimensions, et ne pas laisser à l'arbitraire des rouliers la faculté de les augmenter hors de toute proportion, dans la vue d'éluder les dispositions de la loi.

M. Edgeworth propose de donner aux jantes 162 millimètres (6 pouces) de large seulement, et de charger les roues de deux milliers chacune, tant pour les voitures publiques que pour celles de roulage : il observe qu'il résulterait de cette disposition de grands avantages pour la conservation des routes. Les essieux seront droits et de 162 millimètres (6 pouces) plus longs que les essieux ordinaires. La partie engagée dans le moyeu sera parfaitement cylindrique. Les rais auront l'épaisseur de ceux maintenant en usage, mais ils devront être plus larges, afin d'offrir plus de solidité.

Les bandes des roues seront faites d'une seule pièce en fonte de fer; on arrondira leurs bords, et on les fixera sur les jantes par des boulons à écrou, ou par des clous à tête conique et rivés, noyés dans l'épaisseur du fer. Ces bandes, quoique peu épaisses, sont de plus longue durée que celles en fer forgé.

M. Edgeworth conseille d'abandonner le système des jantes très-larges. Il suffit, suivant lui, de borner le nombre des chevaux à quatre pour une voiture à quatre roues de 162 millimètres (6 pouces) de jante chargée de 8 milliers. Si l'on veut épargner un second charretier, on peut attacher derrière cette voiture, et au moyen d'un crochet, une charrette à deux roues, on obtiendra ainsi une voiture à 6 roues pour laquelle il faudra alors 6 chevaux. On évite par là le double inconvénient de peser les voitures, et d'être exposé à ce que les charretiers prennent plus de marchandises qu'ils ne peuvent en charger. Pour éclaircir autant que possible cette question, nous allons donner un extrait fort succinct d'un rapport fait en 1813 par M. *Tarbé, inspecteur général des ponts et chaussées, sur la police du roulage en France.* « La destruction des routes est occasionée par les voitures qui les fréquentent, et particulièrement par l'impression des jantes des roues, et par les chocs qui déplacent les matériaux, ou les broient ; car lorsqu'un corps en mouvement rencontre un obstacle, il fait un effort pour le déranger ou le détruire. En ne considérant que l'action du tirage, on reconnaît facilement que si le chemin était bien dressé et horizontal, si les jantes des roues étaient parfaitement cylindriques et bien cintrées, si le moyeu n'exerçait aucun frottement sur l'axe, si la puissance était toujours dirigée parallèlement à la route, il faudrait une très-faible force pour traîner une lourde charge. Mais si l'on considère la résistance du terrain contre le poids, on reconnaît aussi que le mouvement circulaire de la roue provient de cette résistance qui détruit le mouvement en ligne droite que devrait avoir le point de la jante qui touche le sol, et qui fait décrire à cette jante, sur la route, une ligne droite égale à sa circonférence. C'est pourquoi la circonférence d'une grande roue mesure, en roulant, plus de chemin que la circonférence d'une petite roue : par cette raison elle tourne moins vite, et elle fait moins de tours pour parcourir un espace donné. A vitesse égale du corps qui roule ou de la roue, l'effet combiné de la pression ou du frottement est d'autant plus considérable que le poids est plus lourd.

» La construction de la voiture doit encore influer sur la dégradation des routes, car les chocs d'une voiture, dont les roues tournent avec justesse sur leurs essieux, diffèrent beaucoup de ceux d'une voiture en mauvais état, et dont l'essieu, dans ce cas, prépare des chocs particuliers qui doivent nécessairement influer sur ceux des jantes. Les ressorts et les soupentes doivent produire de nouvelles combinaisons.

» Le mauvais état des routes de France, dégradées pendant la révolution de 1789 par les transports d'artillerie, et par des voitures dont les chargements étaient beaucoup trop considérables, nécessitait une réforme. On reconnut qu'il était indispensable d'augmenter la largeur des jantes de roues; et par le décret du 23 juin 1806, on détermina le poids des voitures, et on obligea les rouliers à se servir de jantes larges. On a admis, pour les chariots à quatre roues, les quatre largeurs de jantes de 11, 14, 17 et 22 centimètres. Ce décret produisit les plus heureux effets. Le système des roues à larges jantes est si favorable pour la conservation des routes, et pour celle des voitures de roulage et des objets de transport, qu'on aurait aujourd'hui plus de peine à faire revenir les voituriers à l'usage des jantes étroites, que l'on en a éprouvé pour leur faire abandonner. »

Ce fut à cette époque que le directeur général des ponts et chaussées chargea une commission d'étudier l'ensemble du système, dans l'intérêt combiné de la voie publique, du service militaire, et des opérations commerciales.

« La commission pense qu'on peut ajouter ou intercaler, s'il est nécessaire, de nouveaux termes au tarif des jantes admises jusqu'à ce jour, et qu'il convient d'étendre l'usage des voitures à voies inégales, quoiqu'elles ne soient réellement avantageuses que pour le comblement des ornières des chaussées de gravelage ou d'empierrement. Des jantes de 25 centimètres de large lui paraissent suffisantes pour diminuer le nombre et la profondeur des rouages. De plus grandes largeurs de jantes, avec des augmentations proportionnelles, deviennent sans objet pour le comblement des ornières, et il en résulterait, à raison des poids, une plus grande détérioration des routes qui n'ont qu'un degré de solidité résultant de leur construction première. Vainement on proposerait de faire porter des chargements excessifs sur des jantes très-larges ; celles-ci, au lieu de broyer les matériaux de la route à une grande profondeur, les écrasent sur une plus grande surface ; et définitivement le cube broyé est à peu près le même, lorsque la jante ne repose que sur quelques points résistants. Quant aux chaussées pavées, on sait très-bien qu'elles profitent moins des larges jantes que les empierrements.

» Quelques personnes pensent que les voitures dégradent les routes, en raison de leur plus grande vitesse ; de là, elles ont conclu qu'à égale largeur de jantes, il fallait diminuer le poids des voitures dites accélérées, et à plus forte raison celui des voitures conduites au grand trot. La loi du 29 floréal an x n'avait eu aucun égard aux différences de vitesse : celle de juin 1806, au contraire, accorde aux messageries, pour leurs plus larges jantes, 100 kilogrammes de plus qu'au roulage. »

La commission a rédigé un nouveau projet de tarif, tout en proposant d'ajourner son adoption pendant quelques années, afin de pouvoir constater les résultats de la loi de 1806, lorsque les voitures seront habituellement pesées, et que leurs chargements seront moins considérables : lorsqu'enfin la paix aura fait cesser les dégradations multipliées des routes. Le conseil général des ponts et chaussées a pensé comme la commission ; il a reconnu l'utilité d'un changement dans le système de police du roulage, en ce qui concerne les chargements et non l'usage des larges jantes, qu'il importe essentiellement de maintenir.

La commission avait joint à son rapport 7 tableaux comparatifs qui font connaître les progressions des divers tarifs adoptés ou projetés jusqu'en 1813, tant en France qu'en Angleterre. Le premier représente l'ancien tarif d'Angleterre, qui n'admettait que trois largeurs de jantes, de 6, 9 et 16 pouces : le deuxième, le tarif actuel de France : le troisième ;

le tarif d'Angleterre, tel qu'il a été rectifié en 1813. Les largeurs des jantes sont actuellement de 8, 16 et 25 centimètres (3, 6 et 9 pouces), et de 13 et 20 centimètres (4 pouces et demi et 7 pouces et demi) pour les jantes de deux largeurs différentes, appliquées au même chariot. Le quatrième indique le tarif proposé par la commission pour les messageries, le maximum de largeur de jantes est fixé à 17 centimètres, avec défense d'atteler plus de cinq chevaux, qui ne peuvent traîner habituellement au trot plus de 5,000 kilogrammes. Le tableau N° 5 indique les modifications qui pourront être apportées à la proposition précédente.

Résumons cet important chapitre : 1o Les roues de voitures sont de la plus haute antiquité; 2o elles ont été perfectionnées successivement; 3o indications des ouvrages spéciaux sur les voitures et sur les roues; 4o importance du diamètre des roues; 5o influence de leur écuanteur; 6° système des larges jantes.

Nous croyons devoir dire, sur l'ouvrage de M. Edgeworth, qui nous a fourni une très-grande partie de ce premier chapitre, ce qu'en dit le Bulletin de la *Société d'encouragement* en terminant sa notice : « Quoique cet ouvrage soit rempli de vues neuves et importantes, de faits et d'observations utiles, d'expériences répétées avec soin, nous ne garantissons cependant ni l'authencité des uns, ni l'exactitude des autres. »

Nous allons achever ce que nous avions à dire sur ce sujet de *la théorie*, par les expériences justement estimées de M. Couplet.

De la rupture des roues, d'après les expériences de COUPLET.

Les roues des voitures, en se cassant, se plient ordinairement en dessous. Nous allons examiner pourquoi cette rupture se fait de cette manière. Soit une roue quelconque, dont le centre est en A, par lequel passe l'essieu (*fig.* 2, *Pl.* I).

Selon la construction commune à toutes les roues, ce centre A est le sommet d'un cône droit dont la base est formée
par un plan circulaire, terminé par la bande qui recouvre
les jantes, et dans la surface duquel cône passent tous les
rais qui s'écartent en dehors dans la figure conique. Dans cet
état, chaque rais venant à son tour chercher son appui sur
le sol que la roue parcourt, il se trouverait incliné sur lui
dans la direction A G, qui n'est point la plus avantageuse
qu'elle puisse avoir.

Mais pour y remédier, c'est-à-dire, pour que chaque rais se
trouve vertical sur le sol, comme A B, l'on fait l'essieu coudé,
c'est-à-dire qu'on lui donne du devers, terme employé dans
la profession de charron, dans la longueur du moyeu seulement, de manière que ce cambre rachète *l'écuanteur* de la
roue ; c'est-à-dire, cette saillie que les rayons de la roue ont
en dehors, suivant la construction de la roue, en sorte que,
par ce mécanisme, le rais A B se trouve vertical sur le sol où
il doit avoir son appui, qui est la direction la plus avantageuse pour qu'il résiste plus facilement à sa charge.

Mais si l'essieu est trop aisé dans son moyeu, la roue va-
cillera continuellement, et le rais qui rencontrera le sol au
lieu de s'y trouver vertical selon A B, s'y trouvera incliné,
ou suivant A C, ou suivant A G.

Il est évident que plus cette inclinaison du rais A B, transformée en celui A C, sera considérable, plus le rais sera facile à rompre, et qu'il se rompra de ce côté là.

Car si de l'extrémité C du rais incliné A C, l'on élève la
verticale C E, et que du centre A de la roue qui est le point
de rencontre de tous les rais, on mène l'horizontale A E perpendiculaire sur cette verticale C E ; alors la verticale C E ex-
primant la charge que la roue A reçoit, l'horizontale A E ou
son égale B C exprimera le levier que cette même charge
emploie pour rompre le rais A C, d'où il résultera un moment
statique de A E multiplié par E C, qui fera effort suivant la

direction E C, pour rompre A C. Donc la roue doit se rompre en-dessous de la charrette : si au contraire les rais étaient dans les directions inclinées A G, A F dans les deux roues de la charrette, ses rais se contre-butteraient et ne pourraient point casser, à moins qu'il n'arrivât un cas extraordinaire.

Donc, lorsqu'une roue casse, ce doit être plus ordinairement lorsque le rais de l'une est perpendiculaire comme A H sur le sol, dans le temps que le rais de l'autre roue est incliné comme A C, parce qu'alors, la charge que supporte la roue, emploiera le levier A E pour rompre le rais A C, avec d'autant plus de facilité que l'essieu A A présente dans cet état un plan incliné A A, sur lequel le centre de gravité de la charge entière de la charrette, se trouvera d'autant plus porté sur le rais A C, que son inclinaison sera grande, surtout si le sol est encore incliné de ce côté là, et dans la rupture du rais A C, le rayon A H se transformera en celui A F en contre-buttant.

L'on voit qu'attendu l'assemblage des jantes à tenons et à mortaises, et les bandes de fer qui les retiennent dans la forme circulaire qu'elles doivent avoir, le rais A C ne cassera point que les autres rais ne cèdent, ni même que quelque jante ne se détruise, soit en s'éclatant ou se fendant, soit en rompant leur tenon, et en même temps que quelque bande ne se détache absolument, puisque toutes les parties quelconques de la roue tendent ensemble à leur conservation mutuelle, et qu'une partie ne peut pas se détruire que la roue ne change de forme, et ne sorte de la surface d'un cône droit, dans laquelle tous les rais sont placés : d'où l'on voit que cette forme conique est avantageuse, et que par conséquent la force et le grand nombre de rais sont également nécessaires, pour qu'avec leurs jantes bien assemblées et bandées, et leur moyeu renforcé, conserver à la roue sa forme et sa résistance, et que surtout aux charrettes qui sont destinées à voiturer de lourds fardeaux, l'on ne peut faire les moyeux ni trop gros ni trop longs, puisque, sans se trouver trop affaiblis, ils pourront recevoir autant de mortaises que l'on voudra mettre de rais, qui se trouveront d'autant moins saillants, et par conséquent d'autant plus renforcés que le moyeu sera gros, outre que ce n'est point par l'affaiblissement que ces mortaises causent au moyeu, que la roue périt, puisque, surtout quand le moyeu est long, on peut l'armer des bandes de fer nommées *frettes*, autant et si fort que l'on voudra, de sorte que si la roue périt, c'est plutôt par les jantes qui, étant mortaisées tout à travers pour recevoir les tenons des rais, se fendent et s'éclatent.

Quoique les jantes n'aient pas besoin d'une épaisseur considérable, cependant il leur en faut donner une d'autant plus grande que les tenons des rais seront plus forts.

Il faut encore faire attention à ce que les jantes soient faites de courbes naturelles, ajoute Couplet, qui alors ne connaissait pas l'ingénieux procédé de la courbure des bois.

L'écuanteur des roues porte avec lui plusieurs avantages.

1o Les roues, ayant cette forme de section conique, roulent avec plus de vitesse, et ont l'avantage, par leur direction, de jeter leurs éclaboussures plutôt en dehors que du côté de la caisse.

2o Cette forme de roue permet, par sa saillie en dehors, que la caisse soit renflée vers le siége, ce qui donne à ces voitures une commodité très-considérable.

3o Cette même forme de roue permet à la caisse de la voiture (chaise ou carrosse) les mouvements indispensables qu'elle a sur les côtés par ses oscillations occasionées tant par ses suspensions ordinaires que par les inégalités des chemins, sans pour cela rencontrer la roue qui, dans sa partie supérieure, déverse en dehors, pour l'éviter et lui donner le champ nécessaire à ses balancements, dans le temps même que le rais inférieur, qui sert de point d'appui, se trouve vertical au sol qu'elle parcourt, et cela au moyen du cambré que l'on donne à la partie de l'essieu qui occupe le moyeu.

4° Cette roue de forme conique est, selon le mécanisme employé dans sa construction, beaucoup plus solide, c'est-à-dire, beaucoup moins facile à rompre que si elle était d'une figure plane (qui est celle de toutes la plus facile à plier), parce que ses rais sont tous autant de ressorts occupés mutuellement à la conservation de cette figure conique qu'on lui a donnée, et à laquelle on l'a assujettie, tant par l'union des jantes en forme circulaire, que par la bande qui renferme et contient le total dans sa première forme : ce qui n'arrive point dans la figure plane, où une partie peut céder sans que l'autre s'y oppose, au lieu que dans la figure conique lorsqu'un rais est forcé tous les autres sont forcés à la fois, puisqu'une partie quelconque de cette roue conique ne peut changer de place que toutes les autres n'en soient pour ainsi dire averties et ne s'y opposent, puisqu'il se trouve entr'elles une parfaite adhésion et une mutuelle correspondance pour conserver cette forme conique. Cela confirme nos précédentes observations. Il est vrai que cette écuanteur, c'est-à-dire, cette saillie en dehors demanderait à ces roues une plus grande voie que si elles étaient planes ; mais cette saillie se trouve rachetée par le moyeu qui est incliné sur le sol, de la même quantité que ce même écuanteur cherche à s'en écarter ; en sorte que tout considéré, il me semble que cette forme est la plus avantageuse possible des roues, surtout appliquées aux carrosses, et qu'il convient de conserver aux moyeux le plus de grosseur et de longueur qu'il se peut, sans que cela devienne disgracieux.

Du Moyeu.

Les moyeux, *fig.* 23 et 24, *pl.* I, se font ordinairement en bois d'orme tortillard, et dans quelques contrées de la France, en

hêtre et en orme franc ; il ne faut pas que le bois soit trop
sec, car une demi-dessiccation est avantageuse lorsque l'on
fait les mortaises et que l'on enraye les rais, et sert à les consolider davantage par la pression que le bois exerce en finis-
sant de se sécher.

Dans le cas où l'on emploierait du bois d'orme tortillard sec
pour faire des moyeux, je conseillerais au charron qui s'en
servirait, de les mettre tremper dans l'eau bouillante pendant
au moins un bon quart-d'heure avant de les enrayer.

Par ce moyen il serait en mesure de faire forcer davantage les pattes des bois sur la hauteur, sans craindre de faire
éclater les mailles des mortaises des moyeux.

De la grosseur des Moyeux.

Elle varie à peu de chose près, entre le 6ᵐᵉ et 7ᵐᵉ du diamètre de la roue.

Pour une paire de roues de derrière de calèche dont le
diamètre total, toute finie, est de 1 mètre 35 centimètres
(4 pieds 2 pouces), le diamètre des moyeux, ou le 7ᵐᵉ du diamètre de la roue, est de 19 centimètres (7 pouces), c'est la
mesure la plus usitée pour les boîtes ordinaires ; mais pour
les boîtes patentes, c'est le 6ᵐᵉ du diamètre ou 22 centimètres
(8 pouces), parce que l'entaille pour la place de la boîte dans
l'intérieur du moyeu étant beaucoup plus grande, elle l'af-
faiblirait trop si le moyeu n'était pas plus fort que celui des
boîtes ordinaires.

Dans les travaux du gros charronnage, l'on prend ordinairement le 5ᵐᵉ du diamètre de la roue, ce qui la consolide
beaucoup, puisque plus le moyeu est fort, plus la longueur de
la patte du rais se trouve augmentée, ce qui permet de la
tenir plus épaisse et augmente d'autant la force de cohésion
de l'assemblage.

De la longueur des Moyeux.

Dans la carrosserie, l'on met à peu près autant de longueur qu'il a de diamètre, et dans le gros charronnage, l'on met un quart en plus de la longueur du diamètre.

Il est entendu que toutes ces mesures ne sont qu'approximatives et qu'elles se trouvent subordonnées à la disposition des travaux que l'on fait.

Ainsi, par exemple, dans le gros charronnage, une paire de moyeux pour des roues à un cheval pour un haquet doivent avoir les moyeux plus longs qu'une paire de roues de même force pour une charrette, puisque le corps de la charrette est beaucoup plus large que le corps du haquet, etc.

Des Rais.

Les rais, *fig.* 27, 28, 29 et 30, *Pl.* 1, se font ordinairement en bois de chêne et d'acacia bien sec, à fibres (ou couches annuelles) parallèles et très-serrées, sans aucune espèce de nœuds.

L'on ne saurait trop faire attention au choix du bois pour fabriquer de bons rais, il faut que le bois de chêne soit jeune, n'ayant naturellement que très-peu d'aubier et une écorce très-mince, qu'à l'état très-sec il soit très-lourd et très-coriace, et que les couches annuelles se détachent très-difficilement les unes des autres.

L'on peut employer le bois d'acacia un peu moins sec que le bois de chêne, attendu qu'il diminue moins de volume en se séchant. L'on donne la préférence à ces deux essences de bois pour faire des rais, sur les autres, tels que le frêne et autres : 1º parce que posés verticalement pour former les rayons de la roue, il sont plus raides et moins sujets à se courber ; 2º parce qu'ils sont moins exposés à s'échauffer dans les broches ou tenons qui sont assemblés dans les jantes, lesquelles jantes étant toujours en contact avec l'humidité du sol, sont toujours humides et finissent par faire pourrir les broches des rais.

Dans la carrosserie l'on donne la préférence au bois d'acacia sur le bois de chêne, parce qu'on a reconnu qu'il est plus facile à planer et qu'il se polit beaucoup mieux, et qu'étant moins poreux que le chêne, il offre moins d'aspérités pour faire une belle peinture.

Des Jantes.

Les jantes, *fig.* 31, *Pl.* 1, se font ordinairement en bois d'orme franc, en bois d'orme tortillard, en bois de frêne.

Dans le midi de la France on les façonne quelquefois en bois de hêtre.

Dans le gros charronnage l'on emploie l'orme tortillard de préférence à l'orme franc, attendu qu'il est généralement plus dur, et dans la carrosserie l'on se sert de préférence de l'orme franc, attendu qu'il se polit mieux.

Le charron-carrossier qui veut faire de bons travaux doit s'attacher à choisir de bon orme franc et blanc, dit orme femelle, attendu que les couches annuelles sont plus serrées, et que les fibres ont plus de liant et sont plus dures tout à la fois, et enfin moins susceptibles de s'échauffer que l'orme rouge qui est généralement plus gras, plus cassant, et dont les couches annuelles sont plus épaisses ainsi que l'écorce, et d'ailleurs plus susceptibles de se gâter à l'humidité.

Il faut que le bois que l'on emploie pour faire des jantes, soit dans un état de siccité presque complet, et si l'on avait pu le faire sécher lentement à la fumée de la forge, il n'en serait que meilleur, parce que la partie grasse de la fumée pénétrant dans les pores du bois, le rend beaucoup plus dur et moins susceptible de s'échauffer à l'humidité.

Toutes les roues de derrière se font généralement à quatorze rais, et les roues de devant à douze rais.

MAIN-D'OEUVRE.

Rais.

Le charron qui veut faire une paire de roues commence ordinairement :

1º Par choisir une garniture de rais, qui se compose communément de vingt-huit rais pour les deux roues; il est d'habitude d'en prendre deux en plus pour remplacer ceux qui auraient quelques défauts cachés et qui pourraient se découvrir en les planant.

2º L'on scie tous les rais à la longueur convenable pour la hauteur de la roue, en ayant la précaution de les laisser trois centimètres (1 pouce) plus longs chacun pour pouvoir les rafraîchir, lorsqu'ils ont été enrayés dans le moyeu.

3º On les dresse tous à la varlope ou à la plane, sur une face.

4º L'on trace une ligne droite longitudinale sur le milieu du rais, ligne qui doit passer sur le milieu de la patte et le milieu de la broche du rais; elle sert à guider pour faire la patte bien d'aplomb et bien au milieu du rais, et de plus, à guider la vue lorsque l'on étire les rais et que l'on décollete le carré qui se trouve en bas du rais au ras de la patte, et qui forme épaulement sur le moyeu. La hauteur du carré a ordinairement en longueur la 7ᵉ partie visible de la longueur du rais comprise entre le moyeu et la jante, sans y comprendre ni la patte ni la broche.

5º L'on fait tous les épaulements des pattes à la scie de travers, en ayant soin de ne jamais entailler sur l'épaisseur de la patte, et en faisant son trait de scie de manière à ce qu'en tirant une ligne verticale dessus, le rais se trouve hors d'aplomb de la quantité que l'on veut donner pour écuanteur à la roue, qui est à peu près de 3 centimètres (1 pouce) pour des roues de derrière de carrosse de 1 mètre 35 centimètres (4 pieds 3 pouces) de hauteur. Il faut, lorsque les rais sont entrelacés sur le moyen, avoir la précaution de donner un peu plus d'écuage au rais de derrière, et un peu moins au rais de devant, afin que lorsque la roue se trouve enrayée et réglée par le temple, ils se trouvent tous de niveau au même diamètre, et que les épaulements portent tous très-bien sur le moyeu.

6° L'on fait la patte des rais soit à l'essette sur l'évidoire, soit à la scie à refendre sur l'établi, ce qui est beaucoup plus commode et beaucoup plus régulier.

Pour ce qui est de l'épaisseur et de la longueur de la patte, elle varie suivant la grosseur du moyeu ; il faut seulement avoir la précaution qu'il reste toujours 3 millimètres (1 ligne) de distance entre l'extrémité des carrés des rais qui portent sur la partie extérieure du moyeu, et 4 millimètres (2 lignes) d'épaisseur de bois entre les deux pattes des rais dans le centre du moyeu, de manière à ce que les dites pattes ne se buttent pas, car elles seraient susceptibles de dérayer si elles se buttaient. Il faut aussi avoir soin que les pattes des rais soient de 5 à 6 millimètres (2 à 3 lignes) plus courtes que la distance comprise entre la boîte et la partie extérieure du moyeu, car, dans le cas contraire, la patte du rais buttant sur la boîte, elle serait forcée de dérayer par la pression du choc qu'elle éprouverait sur la boîte, et qui serait communiqué à celle-ci par le rais qui porterait sur le sol.

7° L'on décolte les carrés, c'est-à-dire qu'on leur donne cette forme triangulaire allongée qui porte sur le moyeu, (lorsque les rais sont enrayés).

8° Lorsque les rais sont empattés, on les étire à la plane (terme de l'état), c'est-à-dire qu'on leur donne la forme méplate ronde qu'ils ont sur les côtés, angulaire par devant, et la forme convexe qu'ils ont par derrière. Lorsque les rais sont finis à la plane, on les gratte avec un grattoir en acier, c'est-à-dire que l'on fait disparaître les aspérités que l'on a faites avec la plane, de manière à ce qu'au toucher l'on n'en sente plus aucune.

Moyeu.

1° Lorsque l'on veut faire une paire de moyeux, l'on prend un morceau de bois d'orme tortillard en grume de la grosseur convenable, l'on scie les deux moyeux à la longueur qu'on les veut pour les fusées d'essieu.

2° On les ébauche, c'est-à-dire que l'on retire avec une cognée ce qui est de trop sur les deux extrémités, en ayant la précaution de mettre le diamètre de devant un sixième plus petit que celui de derrière.

3° On les met l'un après l'autre sur le tour, pour leur donner à peu près la forme d'une olive, ayant les deux extrémités plates, et lorsque l'on a tourné son moyeu au diamètre que l'on veut, on fait la place de la frette de derrière, puis ensuite celle de la frette de devant.

4° L'on mesure la largeur de ses pattes de rais, et l'on en prend la moitié que l'on pointe sur le milieu de son moyeu, l'on fait deux autres traits de la largeur des pattes, de manière que le milieu de celles-ci corresponde exactement avec le milieu du moyeu, pris dans le sens de sa longueur, et en déduisant toutefois un douzième de la largeur des pattes, c'est ce qui détermine le forçage des rais dans le moyeu.

5° L'on tourne la partie de derrière en forme de cône tronqué.

6° L'on *décolle* le moyeu de 3 millimètres (1 ligne) dans sa partie de devant, à partir de 2 centimètres (10 lignes) du premier trait de la patte des rais, et l'on fait des moulures, toujours en déduisant le diamètre, jusqu'à ce que l'on arrive au niveau et à ras de l'emplacement de la frette.

Avant que de descendre les moyeux du tour, on a la précaution de tracer sur les faces plates de devant et de derrière plusieurs traits circulaires qui servent de guides pour percer le moyeu, pour recevoir la boîte de l'essieu.

7° L'on place le moyeu sur le *moyoir*, et on le compasse en 14 points, qui servent à marquer la pláce perpendiculaire des rais.

8° On perce les mortaises avec une tarière proportionnée à l'épaisseur des pattes des rais, en ayant toutefois la précaution de diminuer un sixième de l'épaisseur de ces pattes. (C'est ce qui détermine le forçage du rais dans le moyeu dans ce sens.) Il faut avoir soin aussi, en perçant les mortaises dans le moyeu, de les bien forcer verticalement, de manière que la mortaise de dessus corresponde avec la mortaise de dessous, en conservant toutefois la pente qui doit être réservée pour l'écuanteur des rais, car, dans le cas contraire, l'épaulement du rais ne porterait pas sur le moyeu, et la roue ne serait pas solide.

9° L'on équarrit les mortaises avec la gouge carrée, et on démonte son moyeu de dessus le moyoir pour le cordonner et pouvoir l'enrayer.

Enrayage.

1° On pique les rais de deux en deux mortaises, c'est-à-dire qu'on les enfonce à peu près jusqu'à la moitié de la patte, de manière à ce qu'il reste toujours une mortaise de libre entre deux rais piqués, et lorsque les sept premiers rais sont piqués de la sorte, suivant leur écuanteur, l'on pique les sept autres alternativement, en ayant la précaution de les mettre toujours suivant l'écuanteur qui leur convient.

2° L'on perce un trou de tarière au travers du moyeu, suivant la direction de la fusée d'essieu; ce trou a pour but, d'une part, de faciliter le passage de l'air qui se trouve renfermé dans le moyeu par la pose successive des rais, et qui finit par être comprimé lorsque les rais se trouvent à fond, et qui, à l'autre extrémité, sert à recevoir la vis de pression qui maintient le temple sur le devant du moyeu. Le temple sert à régler l'écuanteur que l'on désire donner aux rais de la roue.

3° L'on prend un trusquin et l'on trace sur les rais une ligne parallèle au temple, à partir de la hauteur du diamètre intérieur des jantes et jusqu'à l'extrémité supérieure des rais, (cette ligne sert à régler les broches de ces rais suivant la ligne verticale qui coupe la ligne de l'écuage au ras du diamètre intérieur de la jante).

4° L'on plane son *hérisson* (expression technique), c'est-à-dire que l'on finit l'extrémité supérieure des rais légèrement en pointe ou de forme conique, vu en face, et c'est ce qui détermine le forçage de la broche dans la jante.

Jantes.

1° L'on doit commencer par choisir le bois convenable, soit en grume, soit en plateau; dans le gros charronnage l'on donne autant que possible la préférence aux bois cintrés, d'épaisseur convenable pour être refendus en deux parties seulement. Dans la carrosserie, l'on doit s'attacher à choisir tout ce qu'il y a de gros bois et de bien sain, et de qualité convenable; on doit le faire refendre en plateau d'épaisseur convenable, ayant la précaution de débiter un dixième plus épais que l'on ne doit l'employer lorsqu'il sera sec. L'on comprendra facilement que le carrossier a de l'avantage à prendre du gros bois, puisque lorsqu'il est réduit en plateau, et qu'on y présente la *jumérante* (ou patron) dessus, on fait toujours rentrer la partie convexe de la première jante dans la partie concave de la deuxième, et ainsi de suite tant que le plateau est large; par ce moyen l'on gagne au moins un tiers du prix du bois.

2° Lorsque les jantes sont tracées, on les débite (on les sépare les unes des autres) au moyen de la scie à chantourner.

3° On les corroie sur la face la plus belle, c'est-à-dire qu'on les dresse suivant leur plan.

4° L'on présente la jumérante dessus pour s'assurer si elles sont bien justes, et dans ce cas, on les met parfaitement d'équerre, suivant la partie plane que l'on a corroyée au moyen de la plane sur le dessus ou partie convexe, et lorsqu'il y a trop de bois à retirer dans la partie de dedans (ou concave), on les évide à l'essette, jusqu'au trait que l'on a marqué, et on les finit à la plane.

5° On leur donne un coup de trusquin sur la partie convexe et un autre sur la partie concave, pour tracer juste l'épaisseur qu'elles doivent avoir; on les règle d'épaisseur au moyen de la scie à refendre s'il y a beaucoup de bois à retirer, ou à la plane s'il y en a peu; et lorsque les jantes sont finies de corroyer, elles sont prêtes à mettre sur selle.

Mise d'une roue sur selle.

1° On met le hérisson (c'est le moyeu avec ses rais seulement) sur la selle.

2° L'on pose quatre jantes dessus, trois espacées entre elles de deux rais en deux rais, et la quatrième touchant à l'une d'elles d'un bout; l'on en règle la circonférence au moyen d'une tringle de bois appelée *alilade*, qui se trouve maintenue au centre du moyeu, par un trou dans lequel passe un clou d'épingle qui lui sert d'axe, et doit être fixé au centre du moyeu. L'on marque sur la tringle la moitié du diamètre que l'on veut donner à la roue. Ce diamètre doit partir de l'axe (ou clou d'épingle) jusqu'à la circonférence, en ayant soin toutefois de laisser les *mentons* des jantes (c'est-à-dire leurs extrémités) plus hauts que la circonférence, attendu que ne se trouvant soutenus que par leur propre force, ils fléchissent toujours lorsque l'on pose le cercle, et que dans le cas où on ne les tiendrait pas plus haut, la roue ne serait pas ronde.

3° On partage les mentons des jantes par la moitié de la distance que l'on a entre les deux rais, on fait une marque sur chacun des rais, au bas des jantes que l'on a réglées bien droites et bien d'aplomb, et au ras des dites jantes.

4° On met deux calles de l'épaisseur des jantes et on présente les trois dernières jantes dessus les calles, en ayant soin qu'elles viennent bien se raccorder dessus les mentons des quatre premières jantes, que l'on a placées d'abord, et on les trace au ras des quatre premières, pour pouvoir scier juste de longueur ce qu'il y a de trop long.

5° Lorsque le *tour de jante* est ajusté, l'on marque tous les rais au ras les jantes en dedans, et on les repère sur les rais avec des numéros, c'est-à-dire que l'on marque le numéro 1 sur le milieu de la première jante, et que l'on reporte le dit numéro sur le carré de chacun des deux rais qui doivent s'assembler dedans, et ainsi de suite.

6° L'on marque un trait dessus et au milieu des mentons, pour indiquer la direction des trous des goujons, en ayant soin de ne pas déranger le tour de jante.

7° L'on prend la double *échasse* (espèce de petit réglet de la hauteur que l'on veut faire les épaulements des rais), que l'on met sous les jantes et que l'on trace sur les côtés des rais.

8° L'on trace la largeur des broches des rais, dessous les jantes, par un trait de pierre noire que l'on tire de chaque côté et au ras de la broche de chaque rais, pour marquer la direction de la mortaise, et l'on reporte lesdits traits au moyen de l'équerre à chapeau, sur le dedans et le dehors de la jante à angle droit.

9° On reporte les traits des goujons sur l'intérieur des mentons, et l'on en règle la hauteur au moyen d'un trait que l'on trace horizontalement à la même distance sur chacun des mentons.

10° L'on démonte les jantes de hérisson et on les met sur

le jantier du côté de la partie concave, pour les percer suivant la direction des marques que l'on a faites et au moyen de tarières proportionnées à la grosseur et à l'épaisseur de la broche (*fig.* 32 et 33).

Du perçage des jantes.

1o Lorsque les jantes sont montées sur le jantier, l'on prend un ciseau de la largeur des broches des rais, et au moyen d'un coup légèrement donné dessus le manche, il s'imprime dans le bois. (Cette opération a pour but : 1o de découper les fibres du bois, de manière à ce qu'en les perçant avec la tarière il ne fasse pas d'éclat sur le bord de la mortaise; 2o de régler la largeur de la mortaise.)

2o L'on perce au moyen d'une tarière les jantes, à peu près jusqu'à la moitié de leur hauteur, on les démonte de dessus le jantier pour les retourner, et l'on achève de les percer par le dedans. On les équarrit avec la gouge carrée, en ayant soin que les parois des trous soient bien perpendiculaires et ne forment pas de parties concaves dans l'intérieur de la mortaise; on doit leur donner un dixième de moins que l'épaisseur des broches en dedans et les mettre juste de la largeur de la broche en dehors (c'est ce qui, avec la façon donnée à la broche du rais, qu'on doit avoir faite légèrement conique, et au moyen du coin qu'on introduit dans le milieu de la broche du rais qui doit avoir été fendue à la scie jusqu'à la moitié de la partie formant le tenon dans la jante, lui donne la forme d'un assemblage à queue d'aronde, nécessaire pour empêcher la roue de débrocher, puisque plus le rais foule dans la jante, plus il force au moyen du coin, qui doit avoir été coupé au ras de la circonférence extérieure de la jante).

3o On perce les goujons suivant la direction qui a été tracée lorsqu'on a mis la roue sur selle.

Montage des jantes.

1° Lorsque les jantes sont percées, on les assemble (*fig.* 34) dans les rais telles qu'elles ont été repercées, en ayant soin de ne les faire arriver à fond que progressivement les unes après les autres (c'est-à-dire que vous frappez un coup sur une dans la partie du milieu entre les deux rais, et ensuite vous frappez sur une autre à la suite, en continuant ainsi jusqu'à ce qu'elles soient toutes arrivées à fond).

2° L'on met tous les coins dans les broches des rais et on les enfonce successivement, jusqu'à ce que le *déjour* soit revenu ; l'on fait attention à ce qu'il reste 3 millimètres de jour entre chaque joint (ou un 150° de la totalité de la circonférence de la roue au maximum). Lorsque l'on a mis les jantes à fond avec les coins, c'est ce qui détermine la pression que doit exercer le cercle sur le tour des jantes en se contractant, lorsqu'on le pose à chaud. Plus le bois sera dur et de bonne qualité, moins il faudra de déjour, si la roue est bien faite.

Il est bien entendu qu'en suivant ces renseignements on devra tenir compte de la qualité des matériaux, du poids que les roues devront porter et du soin que l'on apportera dans la main-d'œuvre.

Boîtage des roues.

Les conditions d'un bon boîtage sont : 1° que la boîte porte bien partout; 2° qu'il n'y ait pas de jeu entre les extrémités de la fusée et la longueur du moyeu; 3° et lorsque la boîte est à fond et bien calée, que la roue tourne juste sur son axe (ou fusée d'essieu).

Fabrication mécanique des roues.

Au mois de décembre 1828, MM. Philippe et Montriblond, de Paris, ont pris un brevet d'invention pour une série de machines fort ingénieuses pour fabriquer les roues. Ces machines, aujourd'hui en activité, constituent une industrie spéciale dont nous n'avons pas à nous occuper ici ; seulement, nous indiquerons quelles sont ces diverses machines, en renvoyant, pour plus de détails, au tome 55 des *Brevets d'invention expirés*, page 316, *Pl.* 27 *à* 30, où elles se trouvent décrites et figurées, les personnes qui désireraient en prendre connaissance.

Première machine, pour le percement des trous dans les tronçons à faire les moyeux.

Seconde machine, pour tourner les moyeux sans le secours de l'ouvrier, les outils s'arrêtant d'eux-mêmes quand l'ouvrage est terminé.

Troisième machine, pour diviser les moyeux et percer les trous pour préparer les mortaises.

Quatrième machine, pour faire aux rais les tenons qui entrent dans les moyeux et dans les jantes.

Cinquième machine, pour faire les arasements des empatements.

Sixième machine, pour tourner les rais ovales en conservant le renflement nécessaire pour accompagner le tenon qui entre dans le moyeu.

Septième machine, pour faire les broches lorsque la roue est en hérisson.

Huitième machine, pour chantourner les jantes.

Neuvième machine, pour scier les bouts des jantes d'après le rayon.

Dixième machine, pour percer les trous d'accouplement des jantes.

Onzième machine, pour percer les trous pour faire les mortaises dans les jantes.

Du reste, il existe encore à Paris plusieurs autres établissements où l'on fabrique des roues ou des portions de roues par le moyen des machines, et sur lesquelles nous croyons devoir aussi garder le silence.

CHAPITRE VIII.

DES INSTRUMENTS D'AGRICULTURE ET DES VOITURES DE L'ARTILLERIE ET DU GÉNIE.

Des charrues. — Charrue double dite à tourne-oreille. — Charrue économique perfectionnée. — Araire d'Amérique. — Charrue à neige. — Herse-charrue à 9 lames de Pasquier. — Charrue Odvers. — Herse Bataille. — Voitures de l'artillerie et du génie.

DES CHARRUES.

Tous les charrons indictinctement ne confectionnent pas les charrues, quoique les meilleures que nous ayons en France aient été inventées ou perfectionnées par des maîtres charrons, tels que Guillaume, Plaideux, etc. Mais comme le but de ce Manuel est d'étendre et d'éclairer autant que possible l'art du charronnage, nous croyons devoir traiter avec soin un article aussi important.

L'objet de la charrue étant de diviser, renverser et ameublir la terre, on a cherché, d'après l'expérience et les lois de la mécanique, à donner à son ensemble et à chacune des pièces qui la composent, la forme la plus convenable pour remplir ce but. Les diverses charrues inventées jusqu'à ce jour ne sont pas également propres à labourer dans toutes sortes de terres. Un soc large et tranchant ne saurait convenir dans des terrains rocailleux et remplis de roches; un soc pointu ne ferait qu'un très-mauvais labourage dans des terres dures, argileuses, tenaces et pleines de racines. Tantôt le sillon doit être peu ou très-profond, tantôt la terre doit être peu ou beaucoup renversée. Il faut donc des charrues pour chacune de ces circonstances; c'est sans doute au cultivateur qu'il appartient de choisir celles qui conviennent le mieux à la nature de son sol, mais le charron doit pouvoir compren-

dre ce choix et y répondre. Il doit connaître aussi les binots,
les sillonneuses et autres charrues à deux et même à un plus
grand nombre de socs. Mais comme nous nous proposons de
donner dans ce chapitre la description des quelques charrues
qui sont le type de toutes les autres; comme celles-ci sont en
très-grand nombre, que nous ne pouvons ici ajouter des développements qui occuperaient la presque totalité de l'ouvrage; nous croyons pouvoir, pour de plus amples et de
plus spéciales informations, renvoyer aux ouvrages qui trai-
tent pricipalement cette matière, tels que le *Nouveau Cours
d'Agriculture*, du XIXe siècle (*chez Roret*); l'ouvrage de *Thaer*,
traduit par M. *Mathieu de Dombasle*; le Recueil des instruments d'agriculture, de *Lasterye*, de *Leblanc*.

Nous devons à Arbuthnot, écossais, les premières observations qui ont été faites sur l'action de la charrue dans le travail du labourage. On trouve le résultat de ses expériences et
de ses recherches dans le *Journal de Physique* d'octobre 1774.
Il avait reconnu que le versoir d'une charrue destinée à des
labours profonds, dans des terres fortes, devait, pour oppo-
ser le moins de résistance à ouvrir la terre, présenter, dans
toutes les coupes horizontales, des demi-cycloïdes engendrées
par des cercles de diamètre différent, dont la plus petite
forme le bas et la plus grande le haut : mais il avait con-
seillé de prendre la demi-ellipse pour les versoirs des charrues à labour superficiel comme renversant plus promptement les terres. Arbuthnot avoue que ce n'est point à la
théorie qu'il est redevable de cette découverte, mais bien en
observant la manière avec laquelle le versoir aborde la terre,
comment elle s'y attache ou s'en détache, comment elle
tombe; en remarquant les endroits qui s'usent dans les diverses charrues, ce qui fait connaître les points sur lesquels le
frottement s'exerce le plus.

Depuis cette époque, des hommes d'un mérite supérieur
n'ont pas dédaigné de s'occuper du perfectionnement de la

charrue en Angleterre ; on a vu MM. les duc de Bedfort, les lord Sommerville, les Small, les Coke et autres grands propriétaires et cultivateurs, faire eux-mêmes et provoquer, par des récompenses considérables, les améliorations que réclamait cet instrument. C'est au concours ouvert sur la charrue par la société d'agriculture de Paris, dans les premières années du XIX° siècle, que l'on doit le versoir de M. Jefferson, ancien président des Etats-Unis ; versoir justement considéré comme un des plus parfaits qui existent ; ces recherches, faites simultanément par les hommes les plus capables, dans les pays les plus civilisés du monde, eurent les plus heureux résultats. La *Société d'Encouragement pour l'industrie nationale* ne pouvait rester étrangère à ces recherches importantes, et dès l'année 1806, elle ouvrait un concours pour la meilleure charrue. Elle exigeait, entre autres conditions de succès, « que les » pièces essentielles de cette machine aratoire puissent être » coulées en fer ; qu'elle puisse être appliquée à toutes les » terres au moyen de quelques changements faciles à opérer, » enfin qu'elle approchât des effets de la bêche. » Le charron devra toujours se rappeler ces conditions qui constituent en effet tous les caractères d'une bonne charrue.

Les tentatives de perfectionnements faites en Angleterre à l'occasion de la charrue amenèrent une amélioration essentielle : les pièces principales, comme l'oreille, la semelle, le soc et même le corps de charrue furent faits en fonte de fer coulée. Les cultivateurs purent se procurer des charrues de toutes pièces et des meilleurs modèles, à très-bas prix, chez les fondeurs, comme on achète ici les socs de fer brut. C'est à cette circonstance qu'il faut attribuer l'usage général qu'on fait en Angleterre des charrues de fer. Cet exemple fut promptement suivi par les Etats-Unis d'Amérique. En France, on commence enfin à comprendre qu'ils ont raison ; et l'usage des charrues de fer serait bientôt général, si, comme en Angleterre et en Amérique, le prix du fer et de la fonte moulée descendait à 12 ou 15 fr. les 50 kilog. (100 livres). Cependant, comme l'on a fait et que l'on fera encore beaucoup de charrues en bois, nous pensons devoir être utile aux charrons en donnant minutieusement la description de quatre principales charrues.

Pour que la charrue soit d'un usage avantageux, il faut qu'un seul laboureur puisse la tenir et conduire en même temps l'attelage : qu'elle soit simple, légère et solide; que l'attelage ne soit, s'il est possible, que de deux animaux ; que le soc ait une forme appropriée à la nature du sol, c'est-à-dire tranchant pour les terres compactes, argileuses, remplies de racines, et pointu pour les terres maigres, pierreuses sablonneuses et légères; que le versoir ait la courbure la plus propre à pénétrer et à renverser graduellement la terre; qu'elle nettoie bien le fond de la raie, et range la terre sur le côté; que la charrue obéisse avec beaucoup de facilité au mouvement et à la direction que veut lui faire prendre le laboureur qui la tient ; qu'elle se maintienne en terre et d'aplomb sans effort, ce qui s'obtient par un juste équilibre entre l'action et la réaction de la charrue et des terres coupées et renversées, et en entretenant avec soin le tranchant du soc à sa face inférieure.

Les figures 69 et 70, *Pl.* 2, désignent la charrue à avant-train, à un seul versoir en fonte.

Les figures 71 et 72, charrue sans avant-train, dite *brandilloire*.

Les figures 73 et 74, charrue tourne-oreille, avec ou sans avant-train, dite de France.

Les figures 75 et 76, charrue à buter, à deux versoirs en fonte, mobiles et opposés, avec ou sans avant-train.

Les diverses pièces qui composent une charrue portent les dénominations qui varient de province à province, et qui peuvent aisément induire en erreur. Il est donc utile de s'entendre sur cet objet.

On désigne généralement par *corps de charrue*, la partie qui pénètre dans la terre, la coupe et la renverse successivement par bandes plus ou moins larges, plus ou moins épaisses.

Les parties qui appartiennent au corps de la charrue sont au nombre de cinq, savoir :

1° Le soc A qui varie de forme, suivant l'espèce de charrue à laquelle il est adopté, et la nature de la terre qu'on laboure. En général, il porte une *douille* ou un *talon*, par lequel on le fixe sur le corps de la charrue, à l'aide de clavettes ou de clous à vis. Il est pointu ou de forme triangulaire dans les charrues destinées aux terrains rocailleux, et dans les charrues tourne-oreille et à buter (*fig.* 73 et 75). La *lame* ou *aile* des socs propres aux terres argileuses ou compactes, a la forme d'un triangle rectangle, dont le plus grand côté de l'angle droit suit la direction à gauche du corps de la charrue, et l'hypothénuse s'écartant à droite, à une largeur égale à celle du fond de la raie, pour en détacher horizontalement la bande de terre. Les socs se font en fer, dont la pointe et le tranchant sont aciérés ou en fonte dure. Pour que la charrue ne soit pas dans le cas de sortir de terre, il faut que le tranchant du soc soit toujours exactement dans le plan de la face inférieure. On commence à adopter les socs de fonte pour labourer les terres argileuses, parce qu'ils durent plus longtemps et sont moins chers que les socs de fer.

2° Le versoir ou oreille B, c'est la pièce la plus essentielle d'une charrue. Suivant M. Jefferson, l'oreille ne doit pas être seulement la continuation de la lame du soc en commençant à son arrière-bord, mais encore il faut qu'elle soit sur le même plan. Sa première fonction est de recevoir horizontalement du soc, la motte de terre détachée par celui-ci, et de l'élever et de la renverser graduellement avec le moins d'effort possible. Or, la surface qui produit cet effet est engendrée par une ligne droite ou légèrement arquée, qui se meut le long de deux lignes directrices *a b c d*, *fig.* 76,

77 et 78, formant le bord supérieur et inférieur du versoir : laquelle ligne génératrice partant de l'arrière-bord du soc *e f*, s'avance d'un mouvement uniforme le long de deux directrices, qui lui font changer à chaque instant l'angle qu'elle fait avec le plan horizontal, arrive en *q*, où elle est verticale, et enfin en *b d*, où elle est renversée à 45° environ.

L'expérience a confirmé que cette forme est la plus avantageuse. On sent que plus l'angle sous lequel le soc et l'oreille pénètrent en terre est aigu, moins la charrue doit éprouver de résistance ; mais cette oreille devant s'écarter à droite d'environ 32 centimètres (1 pied), on serait obligé de lui donner une longueur démesurée, si cet angle était par trop aigu. Il en résulterait aussi une grande augmentation de poids et un frottement sur une plus grande surface. L'usage a fait connaître que la longueur de l'oreille ne devait pas dépasser 54 à 65 centimètres (20 à 24 pouces), ce qui donne un angle de 10 à 12 degrés, mesuré avec la ligne de gauche. Quant à la hauteur de l'oreille, on la proportionne à la profondeur du labour : on lui donne ordinairement 24, 27 ou 32 centimètres (9, 10 ou 12 pouces).

On peut aisément tailler une oreille de charrue dans un bloc de bois de grosseur convenable, et d'après le mode de génération de sa surface, que nous avons expliqué. Si le bois était durci par les procédés indiqués dans le chapitre *de la préparation des bois*, l'oreille en serait d'autant meilleure. On commence par équarrir et mettre aux dimensions convenables le morceau de bois ; et après avoir tracé sur deux de ses faces opposées, les lignes directrices d'en bas et d'en haut, on donne, de pouce en pouce, des traits de scie dans la direction transversale, jusqu'à atteindre de part et d'autre ces mêmes directrices, de telle sorte que le fond de chacun de ces traits représente une des positions de la génératrice. Alors, taillant les bois jusqu'à fond de traits, on se trouve avoir un versoir parfait. La face opposée se fait de la même manière, en conservant toutefois une épaisseur convenable.

On a imaginé, pour exécuter ce tracé, une sorte de compas à trois dimensions, formé de règles à coulisse divisées en parties égales, dont une, portée par une tige verticale qui a un mouvement progressif, va déterminer dans l'espace tous les points de la surface courbe, de la même manière que le pratiquent les sculpteurs statuaires. On voit que le travail qu'exige un versoir de charrue, bien fait en bois, ne laisse pas de présenter plusieurs difficultés qui se renouvellent pour chaque. Aussi est-il extrêmement rare d'en trouver, non pas de bien faits, mais même qui aient la moindre forme convenable. C'est pour cela que les versoirs en fonte finiront par être généralement adoptés, ainsi qu'ils le sont déjà en Angleterre et aux Etats-Unis, parce qu'il suffit d'avoir un bon modèle pour les multiplier à l'infini. Déjà, malgré le prix élevé des fontes françaises, nos bons cultivateurs n'en ont plus d'autres. On sait que les araires du Gers, les charrues de la Franche-Comté, n'ont pas de versoir ; seulement les manches qui viennent se fixer à droite et à gauche du sep en tiennent lieu.

3° Le sep C qui, étant prolongé vers le soc, sert à fixer celui-ci, de même que l'oreille, on le fait ou en fonte ou en bois. Nous le supposons ici de cette première matière.

4° La semelle D, placée à gauche et par-dessous le sep, le garantit de l'usure et forme en même temps le côté gauche de la charrue, qui est le prolongement du même côté du soc, en faisant cependant une légère inflexion concave à l'endroit de la jonction de ces deux pièces.

5° Le coutre E, dans lequel nous distinguons la poignée par laquelle il est fixé, et la *lame* ou *partie tranchante*, affûtée en biseau du côté du sillon, ayant sa face de gauche ou de terre un peu éloignée de celle de la charrue.

Les autres pièces qui composent la charrue sont les manches F par lesquels le laboureur tient sa charrue ; celui de gauche descend jusque sur le talon du sep, auquel il est réuni par un boulon. Celui de droite se fixe contre la face intérieure du versoir.

Les charrues de Flandre n'ont que le manche de gauche.

La haie, l'âge ou la flèche G est ordinairement en bois de frêne : il se trouve uni au corps de charrue par l'étançon H et par le manche de gauche, dans lequel il est fortement assemblé à mortaises et tenon. C'est à travers le milieu de l'âge que passe la poignée du coutre ; et à cet effet, on a soin de lui conserver plus de force à cet endroit. D'autres fois, on le fixe au moyen d'une pièce de fonte qui est elle-même fixée contre la haie, avec des boulons, comme on le voit aux charrues que représentent les figures. Le placement du tranchant du coutre, par rapport à la pointe du soc, n'est pas une chose bien déterminée. Les uns le placent en avant, et d'autres en arrière du soc ; il y en a même qui les assemblent, afin de les fortifier l'un par l'autre. Chacune de ces manières a ses avantages et ses inconvénients, que nous ne croyons pas devoir débattre ici Nous dirons seulement que le coutre le plus usité est celui qui précède le soc de quelques pouces.

L'âge, dans les charrues à avant-train, comme celle qu'indiquent les figures 69 et 70, a une position inclinée par rapport au terrain, position qui varie entre 12 et 18°. C'est en allongeant ou en raccourcissant la chaîne, et par conséquent en changeant le point où il appuie sur la sellette de l'avant-train, qu'on fait piquer plus ou moins la charrue, ce que l'on nomme *donner* ou *ôter de l'entrure*. Dans les charrues de Brie et de la Beauce, la haie est relevée à près de 45°. Alors on en fait varier l'entrure, en ajoutant ou en retirant quelques rondelles de fer entre la cheville et le collet de la chaîne ; mais aussi le tirage s'exerçant sur la haie dans une direction qui approche l'angle de 45 degrés, tend-il à la rompre : ce qui oblige à lui donner beaucoup de force, et par conséquent de poids.

Quant aux avant-trains, leur forme varie beaucoup ; leur
fonction n'étant que de régulariser la marche de la charrue,
et n'ayant que très-peu d'effort à soutenir, on doit les faire
très-légers. En général, ils se composent de deux roues égales
ou inégales, dont la hauteur est de 65 à 70 centimètres (24 à
26 pouces) : celles dont le contour est uniquement en fer sont
préférables à celles où il est formé de jantes de bois ; sans
être plus pesantes, elles durent plus longtemps et se chargent
moins de terre.

Ils se composent encore d'un essieu en bois, armé d'équi-
gnons ; d'une sellette fixe ou mobile, sur laquelle pose la haie.
Dans le premier cas, l'entrure se donne en faisant varier la
longueur de la chaîne ; et dans le second, en montant et des-
cendant la sellette le long de deux tiges qui la traversent, et
contre lesquelles on l'arrête à l'aide de chevilles de fer. Cela
complique l'avant-train sans offrir aucun avantage sur le premier moyen, contre lequel on ne peut faire aucune objection
fondée ; car l'éloignement ou le rapprochement de quelques
pouces du corps de la charrue de l'avant-train n'offre point
d'inconvénients (*fig.* 69 et 70). Les deux armons sont préférables aussi à une flèche unique, par la raison qu'étant prolongés en arrière de l'essieu, ils donnent le moyen de fixer le
lissoir L, qui, en appuyant sous la haie, maintient l'avant-
train dans une position horizontale.

La bride d'attelage M donne le moyen de faire varier dans
le sens horizontal son point d'application, de manière à faire
prendre une bande de terre plus ou moins large ; ce qui s'appelle faire *rivotter*. Quand la charrue travaille, cette bride se
tient nécessairement sur la direction de la ligne de résistance
x, y, qui va du soc au poitrail des chevaux. Alors l'avant-
train n'a presque aucun effort à supporter dans le sens
vertical.

On a essayé de faire des avant-trains à une seule roue, afin
de diminuer par là le poids ainsi que la dépense. Mais cette

roue devant être immédiatement sous la haie, ne peut recevoir qu'un très-petit diamètre. Par conséquent, elle sautille,
tombe dans les creux, dans la raie même, et se charge de beaucoup de terre : on y a renoncé. Si l'on mettait une plus grande
roue, il faudrait qu'elle fût placée sur le côté de la haie ; à
l'inconvénient qu'elle aurait de faire verser la charrue, elle
joindrait encore celui de l'empêcher de tourner aisément.

L'utilité de l'avant-train est contestée, et il est à désirer que
cette opinion prévale, car il coûte presque autant que la charrue entière. On sait que les Anglais, les Américains, les Fla-
mands, n'en mettent plus à leurs charrues, et que ces derniers
l'ont remplacé par une espèce de sabot traînant qui supporte
le bout de la haie. Mais les premiers n'y mettent absolument
rien ; c'est le tirage des animaux combiné avec l'effort que
peut faire le laboureur qui tient la charrue, et la maintient
dans sa direction. (Voyez à cet égard *fig.* 71 et 72.) Les Anglais l'appellent *swing-plough,* que l'on traduit par *charrue-
brandilloire.* La haie, placée presque horizontalement, porte à
son extrémité une bride d'attelage qui permet de faire varier
l'entrure et le rivottage aussi bien qu'avec un avant-train. Le
corps de la charrue ne diffère absolument en rien des autres.

La charrue tourne-oreille, que montrent les figures 73 et
74, ne peut pas avoir un versoir ni aussi large, ni courbé
comme les autres. Dans la charrue dite *de France,* c'est tout
simplement une planche triangulaire qu'on place tantôt d'un
côté, et tantôt de l'autre du sep, suivant le côté où il faut renverser la terre. Le coutre se porte en même temps du côté opposé. A cet effet, sa poignée passe dans une mortaise assez
grande pour lui permettre ce mouvement, qu'on lui fait faire
au moyen d'un levier. On sait qu'à l'aide de cette charrue on
laboure en revenant, toujours dans le même sillon, pratique
fort avantageuse dans les terrains en pente.

La charrue à buter, *fig.* 75 et 76, n'est autre chose qu'une
houe à cheval. Son poitrail étant excessivement aigu, on peut

se dispenser d'y mettre un coutre; elle peut être établie dans le système des brandilloires; mais afin d'être plus sûr de sa marche, on lui met une roulette sous le bout de la haie, comme l'indique la figure. Les oreilles courbées, ainsi qu'à l'ordinaire, sont à charnière, ce qui permet de les ouvrir plus ou moins, suivant la largeur du sillon qu'on trace. Cet instrument est employé pour buter le blé de maïs, les pommes de terre, la vigne, etc.; il peut servir aussi à faire des rigoles, des fossés.

Charrue double, dite à tourne-oreille.

En 1813, le sieur Plaideux, maître charron à Rully, département de l'Oise, obtint un brevet de cinq ans pour la charrue double, à oreilles changeantes, dont suit la description.

Les figures 169 et 170, Pl. 3, représentent l'élévation et le plan de cette charrue. — Figure 171. On voit l'élévation de la même charrue dépouillée de son avant-train, oreilles et déversoirs. — Figure 172. Elle montre la charrue simple : les mêmes objets sont indiqués par lettres employées dans la charrue double. *a*, les roues de l'avant-train cerclées en fer; *b*, têtard; *c*, sellette garnie de petits trous avec chevilles, pour élever plus ou moins la haie de devant.—Figure 173. *d*, les haies; *e*, chaîne à vis pour retenir le bout de la haie de devant à l'avant-train; *f*, collier de fer avec vis et écrou, afin de réunir la haie de devant à la sellette : *g*, coutres; *h*, seps; *i*, socs ronds; *j*, déversoirs; *k*, oreilles; *l*, supports des oreilles; *m*, étançons; *n*, tirants en fer; *o*, assemblage propre à arrêter la charrue de derrière, à l'aide des pitons à clef *p*, comme le montre la figure 174.

q, mancherons; *r*, mancherons postiches, que l'on enfile dans les pitons *p* pour qu'ils conduisent seuls la première charrue.— Figure 175. Traîneau pour transporter la charrue.

Charrue économique perfectionnée.

Cette charrue, très-avantageusement connue des cultivateurs, a mérité les éloges de la Société d'encouragement. Son auteur, M. Guillaume, cultivateur-propriétaire à Remouville Ardennes), a obtenu en 1817 un brevet de cinq ans. Le perfectionnement qu'on y remarque consiste principalement dans l'avantage du tirage et dans la construction du versoir, qui sont les deux points les plus essentiels à observer pour la construction d'une bonne charrue.

On voit, *fig.* 176, *Pl.* 3, la charrue simple, en élévation, et, *fig.* 177, l'élévation d'une charrue double : c'est la première à laquelle on a adapté une seconde charrue.

Fig. 178. Train de devant des charrues, représenté en élévation de face. Le tirage se fait suivant la direction A, B, *fig.* 177, et C D, *fig.* 176. Les points A et C représentent les endroits où l'on fixe le trait des chevaux après leurs colliers, de manière que le train de derrière de la charrue est tiré par le train de devant : tirage qui n'a pas lieu en appuyant ni en relevant, comme cela se pratique dans toutes les charrues connues, et comme on le voit par les lignes ponctuées, *fig.* 177.

Les chevaux qui seront employés au tirage de cette charrue, tireront presque une fois aussi haut que dans les charrues ordinaires, et la direction du tirage sera donnée suivant la hauteur des animaux qui seront attelés à la charrue; toute leur force sera employée au tirage, et ils ne se blesseront plus au cou et aux épaules, comme cela arrive ordinairement.

Le train de devant est réuni à celui de derrière par une petite chaîne retenue par chaque bout à une bride : l'une de ces brides est fixée entre les deux broches à la haie, qui est le point principal du tirage, et l'autre après le bout du timon du train de devant; une corde et même une ou deux petites barres de fer pourraient remplacer la petite chaîne.

Le versoir des figures 176 et 177 étant d'un bout jusqu'à l'autre, en forme de coin, entre dans la terre avec beaucoup de facilité.

Le petit *breilly* E, *fig.* 178, fixé par deux boulons sur le support F, est extrêmement avantageux pour maintenir la haie et l'empêcher de vaciller dans la terre. Le cultivateur peut, sans se déplacer, de dedans les mancherons de la charrue, et tout en marchant, serrer ou desserrer les deux boulons du *breilly*, pour maintenir à volonté la charrue dans la terre; il peut même la faire entrer dans la terre, sans se déplacer, à l'aide de deux petites chevilles G qui traversent les épées H, *fig.* 177. Le breilly, qui est ici en bois, peut aussi être en fer ou en corde.

Charrue double de M. Guillaume.

La charrue double, objet de notre étude et d'un brevet de perfectionnement pris en 1810, se compose de deux charrues simples réunies ensemble, à la suite l'une de l'autre, mais dans des plans verticaux différents, comme on le voit *fig.* 179 et 180, *Pl.* 3.

La haie A de la première est droite, et celle de la deuxième B a une courbure telle qu'étant boulonnée contre la face verticale de gauche de la première haie, elle tient la deuxième charrue à une distance de 25 à 30 centimètres (10 à 11 pouces), qui est la largeur ordinaire d'une raie.

On peut faire la haie d'une charrue double, d'une seule et même pièce, comme on le voit *fig.* 181 et 182; mais alors il faut avoir du bois courbé naturellement, parce que du bois qui ne serait pas de fil, bien qu'on lui donnât plus de force qu'à l'ordinaire, serait inévitablement rompu par les chocs auxquels une charrue est exposée. En supposant même une courbure naturelle, on y trouverait peu d'économie; car les trois boulons employés dans la première combinaison, pour réunir les deux haies ou âges, ne valent pas la différence du prix du bois droit au bois courbe.

Le versoir G est à peu près le même que celui de la charrue de Brie; mais il n'a qu'environ la moitié de longueur, c'est-à-dire qu'on ne compte de *a* en *b* que 50 centimètres (18 pouces), et de *a* en *d* 52 centimètres (21 pouces); mais quoique très-court, il ouvre également un sillon de 30 à 32 centimètres (11 à 12 pouces), et pour renverser la terre, on fixe contre le versoir principal, un petit versoir en tôle de fer E, qui fait suite au premier, de manière que le versoir en bois dresse la terre, et que le petit la renverse. Comme le bas du grand versoir éprouve un frottement considérable, et qu'il s'userait très-vite, surtout dans les terres sablonneuses et crayeuses, on le garnit d'une bande de tôle ou de fer battu, et quelquefois ou l'en couvre entièrement. On peut de même le faire tout en fer, en lui donnant la courbure de ceux qu'on fait en bois.

Le soc F est semblable à celui des charrues de Brie. Sa longueur est de 32 à 35 centimètres (12 à 13 pouces), et sa largeur de 24 à 27 centimètres (9 à 10); il est maintenu sur le bout du sep par un guindre H en fer, qu'on serre avec un écrou à oreilles. Le sep n'a que 37 ou 40 centimètres (14 ou 15 pouces) de long, sur 81 millimètres (3 pouces) carrés.

Les mancherons J sont comme à la charrue de Brie : leur hauteur est de 76 centimètres (28 pouces) environ, et leur écartement est de 52 centimètres (20 pouces). Les coutres K sont comme à l'ordinaire. On remarquera que la charrue de devant n'en a point. L'arête antérieure du soc doit être tranchante, pour pouvoir remplir les fonctions du coutre.

La réunion des charrues, avec leurs haies respectives, se fait comme aux charrues simples, avec un étançon et un boulon qui traverse le sep et la haie.

L'avant-train L n'a rien d'extraordinaire; il est fait comme ceux de toutes les charrues, c'est-à-dire, qu'on peut faire prendre plus ou moins de terre, soit en largeur, soit en profondeur, en changeant la sellette M de position, ainsi que les roues sur leurs fusées d'essieux.

D'une charrue double, on peut faire tout de suite une charrue simple, en remplaçant la haie courbe par une haie droite. (Voyez *fig.* 183 *et* 184.)

Fig. 185. Traîneau dont on se sert pour mener les charrues aux champs. L'angle N est placé sur l'avant-train, et les deux bouts O posent par terre.

Fig. 186. Bride en fer qui maintient la haie de la charrue sur la sellette de l'avant-train.

Fig. 187. Vue de face et par derrière de l'avant-train, sans ses roues.

Nous terminerons cette description de la charrue de M. Guillaume, par l'extrait d'un rapport fait en 1807, à la séance publique de la société d'agriculture, par M. *François de Neufchâteau*, sur l'emploi du dynamomètre pour estimer la résistance de diverses charrues soumises à des expériences comparatives.

« Après avoir jugé la qualité du labour, il restait aux commissaires à mesurer la force employée pour le tirage de chacune de ces charrues. On s'est servi pour cela du *dynamomètre*, invention ingénieuse de M. Régnier : on sait que c'est un ressort dont les degrés de tension sont exprimés et indiqués de manière à comparer exactement la force relative des hommes, celle des bêtes de trait, la résistance des machines, et à évaluer ainsi les puissances motrices que l'on veut appliquer. C'est une sorte de romaine pour peser les forces mouvantes.

» Chaque charrue étant enrayée à cinq pouces de profondeur, prenant huit pouces de raie dans un terrain uni et d'égale qualité, les chevaux ont été dételés : le dynamomètre a été attaché successivement au point de tirage de chacune, et les hommes tirant dans la raie et sans secousse, les résultats ont été que chaque charrue dépensait les forces suivantes, savoir :

La charrue de Brie. . . . . . . 390 kilog.

La charrue bêche. 390
Celle de M. Barbé de Luz. . . . 340
Celle de M. Salme de Vassy. . . 295
Celle de M. Guillaume. , . . . 200

» Ainsi la charrue de M. Guillaume exige 190 kilogram. (ou environ 400 livres), de force de moins que celle de Brie, et 95 kilogrammes (ou environ 200 livres) de moins que celle de M. Salme de Vassy, laquelle est une très-bonne charrue à chaîne.

» Cette dernière expérience prouve que plus le point du tirage est rapproché de celui de la résistance, et moins il faut d'emploi de force; c'est de cette base qu'est parti M. Guillaume, pour construire sa charrue, considérée avec raison comme la plus parfaite que nous possédions en France. »

Dans la charrue ordinaire de M. Guillaume, les animaux ne sont point attelés à l'avant-train, mais à un palonnier attaché à la chaîne du tirage : elle a été couronnée par la Société d'encouragement en 1807.

Araire d'Amérique.

M. Barnet, consul des Etats-Unis, ayant envoyé à la Société d'encouragement la charrue araire américaine, les commissaires chargés de l'examiner ont, en 1822, fait faire plusieurs expériences à Villejuif, desquelles il résulte qu'elle convient parfaitement aux défrichements : le gazon d'un champ de trèfle à défricher était, par cette charrue, coupé net et bien retourné : les chevaux n'étaient nullement fatigués. Le sillon que produit l'araire américaine n'avait de largeur que 22 centimètres (9 pouces), tandis que les charrues à avant-train étaient larges de trois décimètres (11 pouces). Cet instrument ne se vend, en Amérique, que 75 francs (ou 14 piastres).

Explication des figures de la charrue araire.

Fig. 188, *Pl.* 3. Elévation de la charrue-araire américaine, vue du côté opposé au versoir.

Fig. 189. Plan de l'araire.

Fig. 190 Elévation du versoir et du soc.

Fig. 191. Vue par derrière du versoir, montrant la courbe qu'il décrit.

Fig. 192. Plan du corps de la charrue.

a, la haie en bois ; *b b*, les mancherons aussi en bois ; *c*, le coutre dont le talon passe à travers une mortaise pratiquée dans la haie, où il est fixé par un coin *d* et par un anneau *e*. *f*, versoir en fonte assujetti par deux boulons, et terminé extérieurement par une seule surface courbe, continue ; *g*, so aussi en fonte fixé par deux boulons sur le versoir ; *h*, sep ou corps de la charrue ; *i*, plate-bande en fer, boulonnée sur la haie, et servant à réunir le versoir avec le sep ; *k*, tringle en fer destinée à consolider la plate-bande et à la réunir avec le talon du corps de la charrue ; *l*, pièce en fer montée sur le bout de la haie et taillée en cremaillère ; elle a pour but de fixer à la hauteur convenable la bride d'attelage. Cette combinaison permet de faire varier le point d'application de la force de traction, soit dans le sens vertical, soit dans le sens horizontal, selon que peut l'exiger la profondeur ou la largeur du labourage : c'est ce que les laboureurs désignent par la faculté de faire plonger ou rivotter la charrue.

Charrue à neige.

Cet instrument, inventé en 1823 par M. Besson de St-Laurent (Jura), est construit de manière à pouvoir déblayer la neige sur 4 mètres (12 pieds) de larges, et moins, si l'on veut, et à la rejeter à droite et à gauche jusqu'à la hauteur de 1 mètre 33 centimètres (4 pieds). Quoique très-lourd, ce chariot peut être traîné par quatre ou cinq chevaux ; il est fait de façon à déblayer la neige en un seul voyage ou en plusieurs : dans ce dernier cas, l'auteur emploie un espèce de cric à pivot, au moyen duquel on soulève l'instrument par son centre de gravité à une hauteur telle, qu'il puisse tourner par-dessus les murs de neige formés des deux côtés du chemin : alors un second et quelquefois un troisième voyage le nettoie parfaitement : on doit l'employer immédiatement après la chute des neiges, avant qu'elles se soient tassées ou durcies.

M. Molard jeune, rapporteur à la Société d'encouragement, de cette charrue, fait observer avec raison, combien les personnes qui ont habité les montagnes en hiver, apprécieront l'importance de cet instrument. Il affirme que toutes les autorités du pays attestent que pendant tout l'hiver de 1824, cette charrue a servi à entretenir libre le chemin qui conduit à Genève à travers le Mont-Jura. L'inventeur a reçu de la société 300 francs à titre d'encouragement.

Description de la Charrue à neige.

Cette charrue ou traîneau est de forme isocèle, semblable à celle des charrues ordinaires, excepté qu'il porte sur deux versoirs au lieu d'un seul. Il repose sur deux patins que l'on élève à volonté, suivant les ondulations du terrain : deux flasques, réunies sur le devant en une pointe armée de fer, et au milieu et sur le derrière par trois traverses à coulisse, s'éloignent et se rapprochent à volonté, à l'aide d'une double manivelle portant deux vis qui tournent en sens contraire dans des écrous ; à l'extérieur et sur le côté des flasques sont fixés des tranchants en fer servant à couper la neige horizontalement : deux autres tranchants, adaptés aux précédents, la coupent dans le sens vertical. Les tranchants ser-

vent encore à élever la neige à la hauteur des ailes mouvantes, disposées aux angles supérieurs des flasques: ces ailes
ont pour objet de renverser la neige de chaque côté de la
route afin de la rendre praticable sur la largeur nécessaire,
enfin deux lames tranchantes sur le devant et de chaque côté
de la pointe, sont destinées à couper la neige horizontalement et verticalement, mais seulement sur la moitié de la
largeur des premiers tranchants: elles sont soutenues par
deux arcs-boutants, au point de réunion desquels s'adapte
une limonière pour le premier cheval ; les traits des autres
chevaux, attachés aux crochets, sont soutenus par des anneaux, fixés aux deux bouts d'une volée montée sur la limonière. Au milieu et entre les flasques, se trouve un gouvernail monté sur un traîneau et muni à son extrémité inférieure, d'une petite roulette qui empêche la pointe de la
charrue de pénétrer dans le sol. Ce gouvernail, qui sert à
diriger la marche du traîneau, selon les sinuosités de la route
à parcourir, porte une vis de rappel, au moyen de laquelle
on peut élever plus ou moins la pointe de la charrue, suivant
la profondeur de la neige à déblayer.

Pour retourner le traîneau, on place sur un point d'appui, une petite grue représentée séparément, et qui soulève
la traverse par des crochets passant dans une pièce de fer:
un palonnier suspendu à une corde et attaché par des crochets aux côtés intérieurs des flasques, reçoit les traits du
cheval destiné à faciliter cette manœuvre. Au milieu du volant est une manivelle qu'on fait agir pour élever le traîneau
à la hauteur convenable : ensuite on le fait pivoter sur lui-
même et on le retourne.

Comme les figures de la charrue à neige seraient en quelque sorte la répétition des figures de charrues précédentes,
nous avons cru superflu de les dessiner. Mais pour éviter que
la confusion se glisse dans la description des parties dont
cette charrue se compose, nous avons pensé qu'il était convenable de les numéroter.

1° Patins sur lesquels glisse le traîneau ; 2° flasques formant le corps du traîneau ; 3° pointe armée de fer qui réunit les deux flasques ; 4° traverses à coulisses qui maintiennent l'écartement des flasques ; 5° manivelle double en fer pour rapprocher ou écarter les flasques ; 6° écrous dans lesquels passent les vis de la manivelle ; 7° lames tranchantes pour couper la neige sur la moitié de la largeur des premières ; 8° arcs-boutants placés sur le devant et recevant à leur réunion une limonière ; 9° crochets pour rattacher les traits des chevaux ; 10° volée ; 11° gouvernail ; 12° roulette placée sous le patin du gouvernail, et vis de rappel pour élever ou baisser le gouvernail ; 13° grue ; 14° pied de la grue ; 15° palonnier ; 16° manivelle de la grue ; 17° pièce de fer percée de deux trous dans lesquels entrent les crochets de la grue ; 18° pignon monté sur l'axe de la manivelle.

19° Roulettes adaptées aux patins ; 20° roue dentée dans laquelle engrène le pignon ; 21° corde à laquelle est suspendu le palonnier ; 22° vis de pression au moyen desquelles on arrête les traverses à coulisse dans leur position respective ; 23° vis en fer faisant corps avec la manivelle, et qui opèrent l'écartement ou le rapprochement des flasques ; 24° lames tranchantes coupant la neige horizontalement ; 25° petite poulie sur laquelle passe la corde ; 26° anneaux de la volée recevant les traits ; 27° traîneau du gouvernail ; 28° crochet de la grue passant dans la pièce de fer.

Herse-charrue à neuf lames et avant-train, ### de M. PASQUIER.

M. Pasquier, qui s'est occupé longtemps de la construction des instruments de diverses espèces employés en agriculture, a été à même d'étudier les inconvénients qu'ils pouvaient présenter, et a dû chercher à les éviter en y rapportant les modifications nécessaires. Ce sont principalement les machimes propres à la culture et au défrichement des terres, qu'il a eu l'occasion de confectionner souvent, et dont il a fait les essais dans différentes localités. C'est donc surtout dans ces machines qu'il a apporté des améliorations importantes, qui lui ont valu les récompenses les plus honorables de plusieurs sociétés ou comices agricoles.

La machine que cet inventeur a plus particulièrement perfectionnée, et qui fait aujourd'hui le sujet de la description que l'on va lire, est connue sous le nom de herse-charrue, comme pouvant non-seulement faire l'office d'une herse ordinaire, mais encore remplacer avec avantage, dans bien des circonstances, les systèmes quelconques de charrues. Ainsi, elle permet d'opérer les binages ou seconds labours, avec beaucoup plus de rapidité qu'à la charrue, et en exigeant une force motrice moins considérable. Elle sert à nettoyer les terres sales, à extraire du sein de la terre tout ce qui peut nuire à la végétation; elle est encore utile pour le défrichement des landes, pour enlever les racines des roseaux dans les étangs, pour couper les terres dures, etc., etc.

Les différentes propriétés auxquelles cette machine est aujourd'hui rendue propre, par les dispositions nouvelles que M. Pasquier y a successivement apportées, seront, nous osons l'espérer, suffisamment comprises par le dessin et la description que nous allons en donner, et feront voir ses avantages sur les divers systèmes de herses qui ont été en usage jusqu'ici.

Description générale de la Herse.

La figure 1re de la planche 14 représente le plan général de toute la machine.

La figure 2 est une section verticale, faite par le milieu de l'appareil, suivant la ligne 1, 2 du plan.

La figure 3 est une vue par bout du côté de l'arrière-train.

Cette machine se compose de deux parties principales et tout-à-fait distinctes, savoir :

1º De l'avant-train, qui consiste dans l'assemblage de deux roues et d'une attèle pour recevoir, au besoin, trois chevaux ;

2º De l'arrière-train, qui comprend aussi deux roues et le châssis de la herse-charrue, armé de neuf dents ou lames ; on peut en construire également à sept ou onze lames.

Nous allons essayer de décrire séparément chacune de ces parties, et de faire voir ensuite les avantages qui résultent de leur disposition entière pour le travail dans la culture.

De l'avant-train. — Dans les herses généralement connues sous le nom de herses-tricycles, l'avant-train ne comprend qu'une seule roue, qui, encore, est très-petite de diamètre, et qui sert seule d'appui au châssis de l'arrière-train ; leur disposition est essentiellement vicieuse, parce qu'elle rend le tirage fatigant et trop considérable. Dans le système de M. Pasquier, l'avant-train se compose, au contraire, de deux roues sensiblement plus grandes de diamètre, et placées sur un même essieu avec les limons ou bras d'attèle. Cette disposition permet, d'une part, de diminuer notablement la résistance, de donner un point d'appui plus solide et plus régulier à l'arrièrre-train, et, d'un autre côté, de tourner avec beaucoup plus de facilité, et dans un espace beaucoup plus restreint.

Ces deux roues, représentées en A sur le dessin, portent aujourd'hui 70 centimètres (2 pieds 2 pouces) de diamètres extérieur : elles sont tout-à-fait construites comme deux roues de voitures ordinaires, cerclées en fer et garnies de leurs boîtes mobiles sur les fusées ; au milieu de leur essieu B, qui est en fer et couvert d'une traverse de bois, est boulonnée une barre verticale en fer forgé C, qui, à sa partie supérieure, est traversée d'une mortaise rectangulaire pour recevoir une clavette, au moyen de laquelle ou maintient à hauteur l'extrémité du col-de-cygne en fonte D.

Les deux limons en bois E viennent s'assembler et se boulonner avec cet essieu et avec la traverse F, à laquelle sont accrochées les trois attèles G, qui sont destinées à recevoir trois chevaux ou trois bœufs, composant toute la puissance suffisante pour les travaux les plus rudes que cet appareil est destiné à faire. La partie supérieure de la barre verticale C se relie, par deux tiges en fer rond et mince a, à la même traverse E, comme le montrent les figures, et elle porte aussi une autre tige recourbée B, qui est destinée principalement à soutenir les cordes ou les rênes des chevaux.

La position de cet avant-train, par rapport à l'arrière-train, ainsi que le diamètre et l'écartement à donner aux roues, ne doivent pas être arbitraires ; car le tirage plus ou moins grand des chevaux en dépend ; c'est pourquoi l'auteur a dû chercher, à cet égard, la disposition la plus convenable, et il est parvenu aux meilleurs résultats, comme l'ont reconnu les divers cultivateurs qui ont adopté cet instrument.

De l'arrière-train. — C'est cette seconde partie de l'appareil surtout qui a exigé le plus d'améliorations. On peut concevoir, en effet, que pour rendre une telle machine applicable aux divers usages de la culture et du défrichement, et surtout dans des localités éloignées, dans des natures de terrain tout-à-fait différentes, il fallait d'autres dispositions que celles adoptées jusqu'à présent. Il fallait d'abord donner aux socs ou aux dents des formes convenables ; il fallait pouvoir les régler avec facilité et sans perte de temps ; il fallait enfin rendre toute la machine solide, et n'exigeant de la part du charretier aucun soin, aucune intelligence.

Ce n'est peut-être pas sans des essais bien longs et répétés, que l'inventeur est successivement arrivé à remplir toutes ces conditions ; et pour de telles machines, on le sait, les expériences ne peuvent être faites simplement à l'atelier ; il faut qu'elles soient faites sur les terrains mêmes, sans quoi on n'arriverait jamais à convaincre le cultivateur qui avant tout, veut voir travailler l'instrument.

Une des pièces principales de l'appareil, c'est le col-de-cygne en fonte D, qui réunit le châssis de l'arrière-train avec l'essieu de devant : cette pièce, à laquelle M. Pasquier donne toute l'épaisseur nécessaire sans crainte de rupture, est disposée comme le montre l'élévation (*fig.* 2), afin de permettre aux premières et grandes roues *a* de passer sous elle très-librement, lorsqu'il est utile de tourner court.

La tête de ce col-de-cygne est traversée par la tige verticale C, boulonnée sur le milieu du premier essieu, sur lequel elle repose, et s'appuie fortement lorsque la machine fonctionne ; elle y est, au contraire, maintenue vers la partie supérieure de la tige, au moyen d'une clavette d'acier, lorsque l'appareil ne doit pas fonctionner et qu'il doit traverser des chemins ou des routes, par exemple, pour passer d'un champ à un autre.

A l'autre extrémité de ce même col-de-cygne est ajusté un écrou à rotule *c*, armé de deux tourillons, qui sont libres dans les deux branches qui le terminent, afin de pouvoir s'incliner à volonté ; cet écrou est traversé, à son centre, par une vis de rappel filetée D, dont la tête porte une manivelle que l'on manœuvre très-facilement à la main.

Mais lorsqu'on tourne la vis, soit dans un sens, soit dans l'autre, elle fait monter ou descendre l'écrou, et par suite elle tend à soulever l'extrémité du col-de-cygne. Pour cela, il faut, de toute nécessité, que la vis soit engagée dans un collet en fer E, qui, sans l'empêcher de tourner librement sur elle-même, la retienne comme attachée à la courte traverse *f*; les deux bouts de celle-ci sont supportés par deux chaises ou équerres courbées *h*, en fonte ou en fer, qui viennent se boulonner sur le grand côté I du châssis de l'arrière-train.

On peut aisément voir cette disposition sur le détail (*fig.* 7), qui représente, au 1/10e d'exécution, la section verticale de cette partie du mécanisme, faite suivant la ligne 3-4 de la figure 1.

Ce mécanisme a pour objet de régler, pendant la marche même de l'appareil, la plus ou moins grande profondeur, ou le plus ou moins d'inclinaison des dents en fer forgé *j*, qui sont destinées à couper la terre et à effectuer le travail de la charrue dans les seconds labours.

On conçoit, en effet, que comme le point d'oscillation du col-de-cygne est en *g* sur le second côté I du châssis de l'arrière-train lorsqu'on fait tourner la vis de rappel pour faire descendre son écrou, on tend à soulever les dents de devant, et réciproquement, on tend à les enfoncer davantage, en faisant tourner la vis dans l'autre sens, pour remonter son écrou.

Les dents en fer *j*, qui doivent opérer le travail, sont, en général, au nombre de neuf, dont cinq adaptées à la traverse de derrière I et les quatre autres à celle de devant I. La forme de ces dents n'est pas idéale, elle doit être déterminée, au contraire, de manière à couper la terre avec facilité, en passant sous la croûte qui en forme la superficie. Il faut qu'elles soient aussi faites avec la plus grande solidité, à cause des résistances quelquefois considérables qu'elles sont susceptibles d'éprouver; elles sont d'ailleurs distribuées de manière qu'elles tracent chacune leur sillon sans qu'aucun se confonde.

On peut disposer le châssis de manière à porter onze dents au lieu de neuf, comme il pourrait n'en avoir que sept.

Ces formes de dents représentées sur les figures 1, 2 et 3, ne servent pas seulement pour effectuer des binages ou seconds labours, mais aussi pour enfouir les parcs et toute espèce de semis.

On peut aussi, au besoin, les remplacer par d'autres dents plus étroites et moins tranchantes, telles que celles repré-

sentées au 1720ᵉ d'exécution sur la figure 4, et qui sont utiles
surtout pour nettoyer les luzernes de tout âge. Elles sont
également employées avec avantage, et peut-être plus convenablement que les premières, pour nettoyer les terres
sales et pour extraire du sein de la terre tout ce qui peut
nuire à la végétation. Elles servent encore à extraire les branches ou racines qui ont été préalablement coupées dans un
bois que l'on a enfoncé.

Enfin, ce système de dents peut, à son tour, être remplacé par des couteaux tout-à-fait tranchants, tels que celui
qui a été aussi dessiné sur la figure 5. Cette substitution peut
toujours se faire avec la plus grande facilité, puisqu'il suffit,
pour enlever les premières dents, de desserrer les écrous qui
les retiennent aux côtés I l' et de mettre à leur place, dans
les mêmes trous, celles que l'on juge convenable, ce qui a
lieu en quelques minutes.

L'objet de ces couteaux tranchants n'est pas sans intérêt
dans un assez grand nombre de cas, surtout dans plusieurs
localités, ainsi, il sont utiles pour opérer le défrichement
des bois et des landes, pour couper dans les bois arrachés
les racines chevelues qui se trouvent entre deux terres; il
sont également nécessaires pour couper dans les étangs, par
exemple, les racines des roseaux avant d'y mettre la charrue;
elles servent encore, avec avantage, à couper les terres dures
par bandes, afin de les préparer à recevoir la charrue.

Toutes ces opérations qui, dans un grand nombre de circonstances, présentent beaucoup de difficulté, et exigent
souvent beaucoup de peine et de main-d'œuvre, peuvent se
faire maintenant à l'aide de cette machine et avec les différents systèmes de lames ou de dents que l'auteur peut y appliquer, sans autant de difficulté que dans les autres herses
en usage, en dépensant moins de force motrice que ces dernières, et en obtenant cependant de meilleurs résultats avec
plus de rapidité.

On peut s'en faire une idée, en sachant que cette herse-charrue peut, en binages, labourer, avec trois chevaux, trois hectares de terre en une journée de dix heures de travail, tandis qu'une charrue ordinaire fait à peine un demi-hectare avec deux ou trois chevaux. Avec les herses tricycles employées jusqu'ici, non-seulement on ne peut obtenir un tel résultat, mais encore elles exigent une puissance bien plus considérable. Ces dernières ont, de plus, cet inconvénient que pour changer un jeu de dents, il faut chasser en même temps le châssis que les portes.

Dans la présente machine, les deux côtés I et I' du châssis qui porte ces dents sont en bois de chêne, traversés par des boulons qui les empêchent de se fendre et leur donnent une plus grande solidité ; ils sont assemblés par leurs extrémités aux côtés latéraux k, qui sont également en chêne.

Sur ces deux derniers côtés sont adaptées les deux roues L de l'arrière-train. Ces deux roues sont en fonte et montées sur des axes tout-à-fait indépendants ; ainsi, elles sont simplement ajustées, libres sur des tourillons en fer très-courts, et fixées à l'extrémité inférieure des crémaillères de fer ou de fonte M, qui sont dentées dans une grande partie de leur longueur.

Avec les dentures de ces crémaillères engrènent les pignons droits à quatre dents k, lesquels sont solidaires sur les axes en fer i, dont les tourillons se meuvent dans les coussinets des chaises de fonte N, qui sont boulonnées sur les deux mêmes côtés latéraux du châssis. Sur ces axes et à l'intérieur de l'appareil sont ajustées des manivelles à l'aide desquelles on fait tourner les pignons à la main et indépendamment l'un de l'autre. Or, il est aisé de comprendre que, suivant le sens dans lequel on fera tourner ces manivelles, tout le châssis portant les dents montera ou descendra ; car, les roues restant, par la charge même de tout l'appareil, constamment appliquées sur le sol, il est évident qu'en tournant comme pour faire monter, les axes des pignons se soulèveront, et avec eux leurs supports et tout le système du châssis, tandis que les crémaillères resteront en place ; et réciproquement, lorsqu'on fera marcher les manivelles en sens contraire, les axes des pignons et tout le châssis descendront.

On peut donc encore, de cette sorte, régler la hauteur des dents au-dessus ou au-dessous du plan tangent à la partie inférieure des dents, lequel n'est autre chose que la surface du sol sur lequel elles roulent, c'est-à-dire qu'on peut faire plonger ces dents plus ou moins, suivant la nature du terrain, comme suivant la nature du travail que l'on veut faire.

Ainsi, soit à l'aide des pignons et des crémaillères, soit à l'aide de la vis de rappel précédente, le charretier qui est chargé de conduire la machine peut toujours la diriger comme il lui convient, et de manière à être en rapport avec le genre de labour qu'il doit effectuer. Il peut, selon le terrain, faire baisser ou lever les dents de devant sensiblement plus que celles de derrière, et souvent il lui suffit pour cela de faire tourner la petite manivelle de la vis d'un ou deux tours. Il peut aussi, au moyen des pignons et des crémaillères, soulever tout l'arrière-train, à une assez grande hauteur pour que les dents de derrière soient élevées au-dessus du sol et qu'elles ne puissent le toucher, soit lorsqu'il veut passer d'un champ à un autre, soit lorsqu'il veut débarrasser les dents d'une masse d'herbes qui se sont engagées autour d'elles.

Mais afin que, dans le travail ou dans le repos, tout le système du châssis des dents reste à la hauteur qui lui a été déterminée, il est utile de placer sur chacun des axes i des disques cannelés L, faisant l'office de roues à rochet et portant autant d'entailles que les petits pignons de dents, afin d'arrêter au point voulu et sans que ces derniers puissent prendre du jeu. On peut aisément voir cette disposition du rochet sur la figure 6, qui représente un disque vu de côté et de face.

Dans l'une des entailles de chacun de ces disques, on fait

descendre une espèce de rochet en fer M, qui se termine par une poignée à sa partie supérieure pour permettre de la manœuvrer à la main. Un ressort, placé derrière ce rochet, dans l'intérieur de la boîte qui le retient contre la chaise en fonte (*fig*. 6), tend toujours à le faire rester dans la position inclinée qu'il occupe sur cette figure, laquelle ne lui permet pas de se dégager du disque denté, quels que soient, d'ailleurs, les chocs ou les secousses que la machine est susceptible d'éprouver.

Quand on veut faire tourner les pignons, il suffit, pour dégager le rochet, de le faire appuyer contre le ressort pour qu'il devienne à peu près vertical, et de le tirer alors de bas en haut dans cette direction.

Le pas de dents des pignons et des crémaillères est de 20 millimètres (9 lignes); on peut donc régler la position du châssis des dents à moins de 2 centimètres (9 lignes) près, ce qui est suffisamment exact pour la pratique. Dans les premières machines construites, M. Pasquier adaptait des manivelles à l'extérieur de l'appareil, c'est-à-dire du côté des roues, au lieu de les placer à l'intérieur, comme il le fait maintenant. Cette dernière disposition est évidemment préférable, parce qu'elle lui permet d'appliquer des roues d'un plus grand diamètre.

L'arrière-train est aussi, dans cette dernière machine, sensiblement plus rapproché de l'avant-train; il en résulte que le tirage des chevaux est moins grand et que les dents approchent plus des parties de certains terrains.

Cette herse-charrue a reçu les approbations des nombreux cultivateurs qui l'ont employée, et son inventeur a reçu le suffrage très-flatteur de la Société royale et centrale d'Agriculture.

Charrue perfectionnée, de J.-M. Oduers.

On trouve dans le *Bulletin du Musée de l'Industrie* publié
à Bruxelles, la description d'une charrue inventée par J.-M.
Oduers, charron à Marlinne, province de Limbourg, et dont
voici l'extrait :

« La charrue, dit le *Bulletin*, est, sans contredit, l'instrument qui occupe le premier rang parmi toutes les machines
agricoles. C'est par elle que l'on obtient cette célérité de labour qui permet aux classes les plus nombreuses de la popu-
lation de se livrer à d'autres travaux, sans avoir à craindre
de manquer des subsistances nécessaires à la vie.

» L'invention de la charrue remonte à la plus haute antiquité, mais le temps et l'expérience ont dû y apporter des
améliorations successives ; et, de nos jours encore, nous voyons
des agronomes distingués s'appliquer à donner à cet outil
toute la perfection dont ils le croient susceptible.

» Toutes les charrues usitées jusqu'à ce jour ne sont pas
également propres à tous les terrains, d'où il résulte que,
quoique les principes qui doivent diriger la construction
d'une charrue soient assez bien connus, on en trouve néanmoins un grand nombre de variétés dans tous les pays.

» La charrue dont nous allons entretenir nos lecteurs est
celle pour laquelle M. J.-M. Oduers a été breveté en Belgique, et dont le modèle se trouve déposé au Musée de l'industrie nationale. Elle appartient à la classe de charrues simples ;
son corps, c'est-à-dire le soc, le coutre et le versoir ne font
qu'une seule pièce ; sa flèche, depuis l'étançon jusqu'à la tête,
étant légèrement courbée, est beaucoup plus courte que celle
de la charrue ordinaire ; la force de traction est appliquée directement au point de plus grande résistance. Elle est munie,
en outre, à l'extrémité de la flèche, d'une roue qui remplace
le pied et que l'on peut monter ou descendre à volonté, ou

retenir fixe au moyen d'une vis de pression. Cette roue a l'avantage sur le pied ordinaire, qu'elle n'entraîne pas après elle le fumier et qu'elle facilite beaucoup la direction de la charrue.

» Les nombreux essais faits par les cultivateurs les plus expérimentés ont prouvé que la charrue de M. Oduers, par sa simplicité, sa légèreté et la supériorité de son travail, surpasse de beaucoup la charrue ordinaire, et qu'elle présente une grande économie dans l'emploi de la force ; car un seul cheval peut être employé là où il en faut deux pour la charrue ordinaire, et qu'à forces égales on peut obtenir avec cette charrue 8 centimètres (3 pouces) de plus en profondeur qu'avec toute autre.

» Cependant, malgré tous ses avantages, elle est encore peu répandue hors de la province du Limbourg, probablement parce qu'on ne s'est pas donné toute la peine nécessaire pour la faire plus généralement connaître et apprécier, ou plutôt par suite de ce préjugé qu'un grand nombre de cultivateurs conservent obstinément, et en vertu duquel chacun d'eux est convaincu que de toutes les charrues possibles la meilleure est celle dont ses pères lui ont transmis l'usage. Il n'est donc pas étonnant que beaucoup d'entre eux s'opposent à l'introduction de toute charrue nouvelle, lors même qu'elle offrirait des avantages incontestables ; mais ce doit être un motif de plus pour que des hommes éclairés cherchent à vaincre, par l'influence de leur position et de leur exemple, des préventions qui sont un obstacle à tout progrès.

» Nous croyons donc qu'il est de notre devoir, dans l'intérêt des cultivateurs, de faire connaître la charrue perfectionnée de M. Oduers, puisqu'elle semble remplir presque toutes les conditions que l'on peut exiger d'un bon instrument de ce genre, et que l'usage peut en être d'autant plus avantageux qu'elle est facile à conduire, et que, sans cesser d'être simple et légère, elle est d'une solidité parfaite.

Légende explicative de la charrue de M. J.-M. ODUERS.

La figure 8, *Pl.* 4, représente la charrue en plan.

La figure 9 est une vue du côté.

La figure 10 est une coupe selon la ligne *o p.*

La figure 11 représente le support de la charrue vu de devant.

La figure 12 est la vue en plan de l'étrier de l'attelage.

Les mêmes lettres désignent les mêmes objets.

A, haie ou flèche en bois, qui porte à une de ses extrémités une pièce *a* également en bois, fixée perpendiculairement et pourvue d'une languette, sur laquelle vient se glisser une autre pièce *b*, munie d'une rainure et portant une roue cerclée *b*, qui est mobile sur son axe assujetti à la même pièce. Cette roue, qui remplace le pied et facilite la direction de la charrue, peut monter et descendre à volonté au moyen de la pièce en bois *b*, laquelle peut être fixée à la hauteur voulue sur la pièce A par la pression de la vis C.

C, mancheron qui sert au laboureur à diriger la charrue.

D, étançon en bois qui réunit le sep à la haie.

E, sep en bois qui vient se loger dans le sabot du soc.

F, tringle en fer forgé qui sert à fortifier l'ensemble des trois pièces : la haie, l'étançon et le sep.

G, support en fer forgé ayant la forme de lettre T renversé. Il est percé, dans la traverse perpendiculaire à sa tige, de sept trous destinés à changer les directions du têtard ou de la bride d'attelage D, et par lesquels ce dernier passe pour déterminer la largeur du sillon; il est muni, en outre, d'une rouette mobile E qui empêche le soc, quand on renverse la charrue pour passer d'un sillon à un autre, de s'appuyer de tout son poids sur la terre. Ce support est tenu fixe dans la haie au moyen d'une goupille *f* et sert à déterminer la profondeur et la largeur des sillons qu'on veut donner au labour.

H, étrier d'attelage, qui donne la faculté de faire varier le point de traction, suivant qu'on veut faire un labour plus ou moins large.

I, bride pour soutenir la tringle *h* et la chaîne *i* dans la position convenable.

K, soc en fer forgé qui porte lui-même le coutre *k*; il monte sans interruption dans sa courbure, qui se confond ainsi avec celle du versoir. Son côté gauche suit la ligne directe du tirage, tandis que le côté droit présente un tranchant oblique, dont la fonction est de détacher du fond du sillon la portion de terre que le versoir vient ensuite renverser.

L, versoir qui est assujetti au soc au moyen de deux charnières *l l* et d'un cliquet M, et dont la surface courbe se confond avec celle du soc.

Herse-Bataille.

Le charron construit aussi la plupart des autres machines agricoles usuelles, telles que cultivateurs, houes à cheval, extirpateurs, scarificateurs, herses, rouleaux, traîneaux, etc.; mais il ne nous est pas possible d'entrer ici dans les détails de la construction de ces appareils qui d'ailleurs ne présentent pas pour la plupart de difficultés de construction. Nous nous bornerons donc, avant de terminer ce chapitre, à présenter comme exemple la description d'un instrument très-répandu et très-efficace, connu aujourd'hui sous le nom de son inventeur, M. Bataille, à Paris.

Description de la Herse.

Cette herse, sorte de scarificateur, représentée dans les figures 165 et 166, *Pl.* 3, se compose de deux parties distinctes; le train de devant est de forme triangulaire, supporté par trois roues : celle de devant pivote sur elle-même et facilite les conversions.

La propriété de cet avant-train est de transmettre directement la force au point de résistance sans aucune perte absorbante de pression et de suspension.

La séparation des deux trains et leur réunion à l'aide d'un boulon seulement permettent d'adapter successivement au train de devant, et selon les besoins de la culture, le bineur, l'extirpateur, le rayonneur, le couteau, le rateau et le réparateur vicinal.

Nomenclature des pièces qui composent la herse.

A, avant-train ;

B, Roue de derrière ;

C, Roue de devant ;

D, Chappe de la roue de devant ;

E, plaque d'assemblage de la partie angulaire du devant de l'avant-train, laquelle plaque forme une douille qui est percée verticalement pour recevoir la cheville ouvrière de la chappe de la roue de devant ;

F, plaques d'assemblages destinées à réunir la volée d'une part et la chappe de la roue de devant, d'autre part, avec la douille de la plaque d'angle ;

G, chappes d'assemblage pour réunir les petits palonniers avec la volée au grand palonnier ;

H, arc-boutant qui sert à maintenir la volée au grand palonnier d'aplomb suivant la ligne de tirage ;

I, petit palonnier ;

J, volée ou grand palonnier ;

K, tringle à embase d'un bout qui traverse la plaque d'angle et portant un T dans la partie supérieure pour servir de support aux cordeaux ou guides pour conduire les animaux qui sont attachés à la herse;

L, petites crémaillères volantes posées sur l'avant-train où passe le grand boulon qui réunit la herse à l'avant-train;

M, crémaillères de derrière, au moyen desquelles on fixe l'entrure par le moyen de petites fiches de fer qui sont attachées par des chaînettes;

N, traverse de bois formant assemblage dans la partie antérieure de l'avant-train, laquelle forme saillie pour recevoir la traverse de la herse, lorsqu'elle est relevée, pour aller de la ferme aux champs;

O, traverse de derrière de la herse;

P, dents de devant de la herse;

Q, dents de derrière de la herse;

R, mancheron de la herse.

DES VOITURES D'ARTILLERIE ET DU GÉNIE.

C'est le charron qui construit les affûts des pièces de canon, des mortiers et des obus, ainsi que toutes les autres voitures en usage dans l'artillerie et dans l'administration de la guerre.

Un affût est une voiture sur laquelle on place une bouche à feu et destinée à la faire voyager et à la mettre en batterie.

La construction des différents affûts et voitures de guerre se fait le plus souvent dans les ateliers d'artillerie au moyen de gabarits ou modèles taillés avec la plus exacte précision et d'après des procédés mécaniques ingénieux. On s'efforce de donner à ces affûts la résistance nécessaire pour transporter au loin, et dans les chemins les plus difficiles, les pièces d'artillerie en même temps qu'on cherche à leur donner la plus grande légèreté, afin de les faire agir dans le moins de temps possible de la manière la plus efficace.

On conçoit aisément que pour la facilité du service toutes

les voitures d'artillerie d'un même modèle doivent avoir le
même poids et des dimensions identiques jusque dans leurs
moindres parties.

Dans l'ancien système, généralement abandonné aujour-
d'hui, un affût se composait d'un avant-train, dans lequel en-
traient un corps d'essieu, une sellette, deux armons, une
sassoire, un timon, une volée de derrière, une volée debout
de timons, quatre paloniers et deux petites roues, et d'un train
formé de deux flasques légèrement cintrées, assemblées par
trois entretoises, d'un coin de mire et de deux grandes roues.

Le nouveau système emprunté aux Anglais paraît bien préférable à l'ancien, tant pour la commodité que pour la célérité. Les affûts du système anglais consistent en deux trains
réunis montés sur quatre roues d'une grandeur égale. L'avant-
train se compose d'un corps d'essieu, de deux armons qui
embrassent le timon, d'un coffre placé par-dessus contenant
de 14 à 32 coups, et de deux grandes roues. Malgré l'élévation de ses roues, cet avant-train tourne avec facilité et se
manœuvre avec beaucoup de célérité. Le train n'est pas moins
simple. Ce sont deux demi-flasques dans lesquelles est encas-
tré l'essieu et assemblées sur une pièce de bois qu'on appelle
flèche. L'extrémité supérieure de la crosse de cette flèche porte
un anneau qu'on agrafe dans un crochet en fer, qui est fixé
derrière le corps d'essieu de chaque avant-train. L'anneau
remplace l'entretoise de lunette des anciens affûts, et le crochet la cheville ouvrière.

On conçoit aisément la simplicité de ce mode de transport,
il n'y a qu'un seul essieu, une seule espèce de roues, un seul
avant-train pour toutes les voitures. Les ferrures en sont légères
et peu nombreuses, et rien n'est plus facile que de mettre avec
rapidité les pièces en batterie.

Dans les affûts de campagne on doit veiller à la manière dont
on place les encastrures d'essieu et des tourillons, parce qu'il
est nécessaire que la crosse de la flèche ne pèse ni trop ni trop

peu sur terre. Elle doit porter suffisamment pour que le ca-
nonier pointeur puisse la manœuvrer avec facilité, et que
par son frottement elle diminue le recul et assure le pointage.

La grandeur et les dimensions des affûts varient suivant les
calibres des pièces. En France une batterie de campagne de 8
se compose de quatre canons de 8, et de deux obusiers de 24.
Celle de 12, de quatre canons de 12 avec 2 obusiers de 6
pouces, et dans l'une comme dans l'autre deux affûts de rechange.

Les affûts de siège ou de place sont montés sur deux roues
et portent à l'extrémité des flasques une roulette en bois dur.
Ils sont posés sur un châssis mobile dont les côtés correspondent aux roues et sur une troisième pièce de bois creusée en
goutière dans laquelle la roulette peut se mouvoir en avant
ou en arrière.

Les affûts de côté ont la même forme que les précédents,
mais au lieu de roues ils sont portés sur des rouleaux, dont la
circonférence est percée de trous destinés à poser des leviers
qui font mouvoir l'affût sur un châssis en bois.

Les mortiers de 8 pouces ont leurs flasques en bois,
mais celles des mortiers de 10 et 12 pouces sont fréquemment en fer fondu et assemblées par des entretoises en bois
et des boulons à écrous qui les traversent.

Les *caissons à munitions* et *de parc*, du nouveau système
français, se composent d'un avant-train semblable à celui des
affûts et d'un arrière-train à flèche; l'avant-train porte deux
petits coffrets ou caisses contenant chacun seize coups, et disposés de manière à transporter six canoniers, les deux autres
montant sur les coffres de la pièce, et une limonière qui au
moyen d'un changement facile permet d'atteler les chevaux
en file ou de front. L'arrière-train à flèche qui s'accroche à
l'avant-train, comme les affûts, porte deux coffrets ou caisses
doubles chacun de ceux de l'avant-train. Ces caissons offrent
l'avantage de se décomposer au besoin, de telle sorte qu'il est

possible de les retourner de la tête à la queue dans les chemins les plus étroits, en séparant les trains, et d'emmener, dans les cas pressés, les avant-trains, les coffres et les munitions.

Les coffres d'avant-trains et les caissons contiennent les chargements suivants :

NOMBRE DE COUPS CONTENUS	CANONS				OBUSIERS			
	de 8.		de 4.		de 24.		de 6 pouc.	
	à boulets.	à balles.	à boulets.	à balles.	obus.	à balles.	obus.	à balles.
Dans le coffre d'avant-train.	28	4	21	2	20	2	12	2
Dans le 1er caisson . . .	84	12	65	6	60	6	40	4

A nos batteries de 8, on joint toujours huit caissons de 8, quatre caissons d'obusiers de 24, six caissons de cartouches d'infanterie, deux chariots de batterie et deux forges ; dans la batterie de 12, il y a de même deux forges et deux chariots de batterie, mais il y a douze caissons de douze et six caissons d'obusiers de 6 pouces.

On fait encore usage, tant dans l'artillerie et le génie que dans l'administration militaire, d'un grand nombre d'autres voitures dont nous donnerons une idée succincte.

La *charrette à bras* n'offre rien de particulier ; la *charrette à munitions* se compose de deux limons, une hausse, six épars de fond, seize épars montants, quarante-deux roulons, deux ridelles, deux trésailles, quatre burettes, quatre ranchers et deux roues.

Le *tombereau* en usage dans les arsenaux pour le transport

des terres à deux brancards, une hausse, quatre épars de fond, huit épars montants, deux ridelles, trois planches dont une de fond et une de chaque côté, deux hayons, une flèche, un essieu, deux roues.

Dans les *chariots à canons*, on remarque deux armons, une sellette, une sassoire, un lisoir, un limon, deux volées, quatre paloniers, deux essieux, deux empauons, une sellette de derrière, une flèche, deux brancards, quatre taquets, deux semelles et quatre roues.

Les *chariots à outils* sont différents, car il entre dans leur construction deux brancards, un lisoir, une entretoise, quatre épars de fond, une hausse, quatorze épars montants, 48 roulons, deux ridelles, deux hayons, quatre burettes et deux roues.

Les *haquets à bateaux* ont deux armons, une sellette de devant, une sellette de derrière, une sassoire, deux empanons, une fourchette, un lisoir, un support de devant, deux entretoises de support et de lisoir, une flèche, un taquet de flèche, deux essieux en bois, un timon, deux volées, deux roues de devant et deux roues de derrière.

On donne le nom de *fourgons* ou *chariots à munitions* à des des voitures qui servent au transport des vivres et des bagages, etc., qui se composent de deux brancards, deux échantignoles de derrière, six épars de fond, une hausse, un lisoir, un essieu porte-roue et son support de deux roues, et du corps du caisson, sorte de coffre en planches surmonté d'un couvercle en demi-cylindre recouvert d'une toile peinte ou cirée. Les fourgons ont un avant-train, dans la construction duquel entre une sellette, un corps d'essieu en bois, deux armons, une sassoire, un timon ou une flèche, deux volées et deux roues.

Dans la *forge de campagne* on remarque deux brancards, trois entretoises, un lien d'entretoise de derrure, un épars, un lisoir, une caisse à charbon, deux coffres d'outils à forge-

Charron-Carrossier. Tome I.   21

ron et à serrurier, un soufflet, un seau et deux roues de der‑
rière.

     Les bois les plus employés dans l'artillerie, sont : l'orme pour
les flasques et les roues ; le chêne dont on fait également des
flasques, des bras de limonière, des plates-formes, etc. ; le
charme dont on tire de bons essieux, des flèches et des timons ;
puis le frêne, le noyer, le cormier, l'alisier, le châtaignier, etc.,
et enfin le sapin dont on fait des plates-formes, et le peuplier
et autres bois blancs qui entrent dans la construction du
corps des caissons et fourgons.

CHAPITRE IX.

DE LA CONSTRUCTION DES VOITURES.

Renseignements sur les voitures à deux roues du gros charronnage, telles que la charrette, la guimbarde, le tombereau, le haquet et le fardier. — Voiture de Fusz. — Mesures servant de base à la construction des caisses de voiture destinées à transporter les voyageurs. — Manière de tracer les trains des voitures suspendues montées sur deux roues, et les renseignements sur la voie des mêmes voitures. — Considérations générales sur les mesures pour tracer un grand train, et une description sur la composition des voitures à double train, suivi des renseignements nécessaires pour tracer le passage des roues de devant les voitures à double train.

DES VOITURES A DEUX ROUES.

1° *Du gros Charronnage.*

Nous comprenons sous cette dénomination, toutes les voitures à deux roues et à un seul train, généralement employées aux transports des gros fardeaux, telles que les charrettes, les guimbardes, les tombereaux, les haquets, les fardiers, etc.

De la Charrette.

La figure 35, *Pl.* 1, montre l'élévation de l'arrière d'une charrette; la figure 36, qui représente le profil sur la longueur, et la figure 37, le plan de la charrette, où l'on voit deux ranchers en bois.

Tout le monde sait qu'une charrette est une voiture à deux roues qui sert à transporter par terre, et par le moyen d'animaux, toutes sortes de fardeaux, et dans quelles circonstances elle doit être employée de préférence aux voitures à quatre roues, principalement sur les routes pavées, unies et bien entretenues, ayant peu de montées, parce que, dans ce cas, le cheval de limon n'en éprouve pas une grande fatigue, quand le chargement est parfaitement en équilibre sur l'essieu; mais quels sont ses avantages :

1° La charrette est moins lourde, moins coûteuse que le chariot; elle tourne plus aisément; le tirage en est moindre, par la raison que les roues sont généralement plus grandes que les roues des chariots, et il y a moins de surfaces de frottement, puisqu'il n'y a que deux fusées, au lieu de quatre;

2° On convient généralement, qu'en se servant des charrettes, on fait plus de travail avec beaucoup moins de dépenses de traction.

Quant à ses inconvénients, ou peut les résumer dans les propositions suivantes:

1° Généralement, les chevaux de limon ne durent pas longtemps et coûtent plus cher qu'un cheval de cheville;

2° L'usage de la charrette est plus désavantageux à charge égale, dans un terrain sablonneux, que le chariot, attendu que la charge n'était supportée sur le sol que sur deux points au lieu de quatre, avec lesquels le chariot se trouve en contact avec le sol au moyen de ses quatre roues, elle enfonce davantage dans le sol et aborde l'extrémité de l'ornière par un angle plus obtus, ce qui occasionne plus de dépenses de traction ou tirage.

3° L'usage de la charrette est très-désavantageux dans les mauvais chemins, parce que, n'ayant qu'un seul cheval dans les limons, les sinuosités des ornières qui existent sur le parcours de la route, déterminent un mouvement d'oscillation qui fait éprouver au cheval de limon les réactions des chocs, ce qui, souvent, détruit sa santé et le fatigue beaucoup, ainsi que le reste de l'attelage.

De plus, comme le poids du chargement n'est supporté que par deux roues, si l'une tombe dans un trou de l'ornière, la plus grande partie de la charge se porte de ce côté, par suite du déplacement du centre de gravité, ce qui fait que l'attelage a beaucoup plus de peine à vaincre l'obstacle, que si la charge était supportée par un chariot à quatre roues.

4° Dans une route accidentée par de fortes pentes, comme il n'y a qu'un cheval pour maintenir les limons dans la direction de la route, il en résulte qu'il est trop chargé dans les descentes, ou soulevé dans les montées. Dans le premier cas, s'il fait un faux pas, le trop de charge qu'il a sur le dos le précipite quelquefois à terre, et il n'est malheureusement pas rare de voir les chevaux de limon se fracturer un membre en tombant, ce qui n'arriverait pas si les chevaux étaient attelés à un chariot à quatre roues, puisque l'on pourrait, sans inconvénients, enrayer une ou deux roues de l'arrière-train, et que, dans ce cas, les chevaux n'ont que leur corps à supporter.

A la rigueur, toutes ces considérations peuvent paraître étrangères à l'état du charronnage. Mais, comme ce Manuel a été entrepris dans le but d'empêcher le charron de travailler avec routine; comme il doit lui fournir le moyen d'éclairer, en cas de besoin, ses pratiques sur l'usage des voitures qu'elles lui commandent; comme surtout cet ouvrage tend à porter le charron à raisonner et à perfectionner ses produits, il devient indispensable de lui faire connaître, à l'égard de chaque objet, les calculs de la théorie et les conseils de la pratique.

La charrette se compose: 1° de deux *limons* prolongés de manière à servir de *limonière* à un cheval par une de leurs extrémités et de bâtis au corps de la charrette de l'autre. Elle varie de longueur suivant l'usage que l'on en veut faire, ainsi que de force, suivant le poids des fardeaux que l'on veut transporter; les limons sont les deux maîtres-brins de la charrette dont ils forment à la fois les supports du fond et des côtés; 2° ces limons sont joints ensemble à la distance des $2^m,10$ (6 pieds 4 pouces) de l'extrémité de la limonière, par une *traverse* dont la longueur, qui forme l'écartement qu'ils doivent avoir entre eux, est limitée à la largeur que l'on veut donner au fond de la voiture ; 3° de quatre ou six *épars*, ce sont des morceaux de bois plats de 3 centimètres (15 lignes) d'épaisseur sur 8 à 10 centimètres (3 à 4 pouces) de largeur, et d'à peu près 1ᵐ50 (4 pieds 6 pouces) de longueur; 4° d'un *lisoir*, morceaux de bois de la même épaisseur et largeur que les bouts de derrière des limons, lesquels viennent s'assembler à tenons dans deux mortaises qui y sont percées à autant d'écartement que l'on veut donner de largeur au corps de la charrette; les deux extrémités du lisoir sont prolongées en dehors des deux mortaises, de manière à ce qu'il y ait autant de longueur qu'il y a de hauteur, et les bouts sont ordinairement arrondis par un demi-cercle convexe.

La partie de devant des limons, ou limonière, et qui va en diminuant vers l'extrémité des limons, est arrondie circulairement ; quelquefois on remarque, à peu de distance des extrémités, un trou rond qui est destiné à recevoir une *cheville* en bois qui sert pour atteler le cheval à la voiture; quelquefois aussi ce sont des chaînes en fer d'à-peu-près 1ᵐ50 (4 pieds 6 pouces) de longueur, lesquelles sont fixées d'un bout sous les limons à autant de distance de l'extrémité de la limonière qu'elles ont de longueur et maintenues en place par un piton à pointe ou à vis, et l'autre extrémité de la *chaîne* vient se fixer dans les crochets du billot du collier du cheval. Cette dernière méthode a l'avantage de faciliter les mouvements que font les épaules du cheval, et d'amortir la réaction des chocs causés par les changements continuels de direction ou les oscillations de la ligne de tirage.

La partie des limons qui forme le corps de la charrette est équarrie et percée de 16 en 16 centimètres (6 en 6 pouces) de mortaises pour recevoir les barrettes ou *roulons* des *ridelles*, dont nous expliquerons plus bas l'emploi.

Sur les épars qui forment l'écartement de la voiture, sont posées des planches en bois tendre de 3 centimètres (15 lignes)

à peu près d'épaisseur, et dont les extrémités viennent affleurer les dessus de la traverse de devant d'une part, et le dessus du lisoir de derrière d'autre part. Le fond de la charrette
ainsi planchéié se nomme, en terme d'état, l'*enfonçure*.

Les deux parois latérales de la charrette sont formées de
plusieurs objets; ce sont : 1° les *roulons* ou *barrettes* en bois
qui s'assemblent, par leurs extrémités inférieures, dans la
mortaise pratiquée sur le dessus des limons et qui passent
au travers des ridelles; 2° les *ridelles*, espèces de petits limons
superposés entre eux, suivant la hauteur totale des parois
latérales de la charrette; elles sont percées de distance en
distance dans le milieu de leur épaisseur, et à la même
distance que les limons, de mortaises ou de trous dans lesquels
s'enchassent les roulons ou barrettes; et enfin une ridelle termine aussi, par le haut, la hauteur des parois latérales de la
charrette.

De chaque côté extérieur des parois latérales de la charrette (appelées vulgairement les *ridelles*, du nom des pièces
qui les composent), il existe ordinairement deux ou quatre
ranchers, morceaux de bois méplats, plus larges par le bas, et
dont la longueur est limitée à la hauteur totale des parois
latérales ou ridelles, y compris la hauteur des limons; on les
assujettit sur la partie extérieure des limons par deux tiges
de fer formant fourche à l'extrémité d'une plate-bande en
fer qui a de longueur la largeur, moins 4 centimètres (18 lignes), du fond de la charrette. Dans les deux tiges ci-dessus,
formant la fourche, vient s'assembler une ferrure en forme
de T, et percée à chacune de ses extrémités de la partie supérieure d'un trou destiné au passage des tiges ou fourches de la
bande de rancher, de manière à former une plaque avec
laquelle on comprime le rancher contre le limon de la voiture. Dans son extrémité inférieure, ladite plaque est aussi
percée d'un autre trou destiné à recevoir la tige du roulon
qui traverse le limon et le rancher dans son extrémité inférieure.

Quelquefois les bandes de ranchers sont remplacées par des traverses en bois dont les deux bouts sont percés chacun d'une mortaise destinée à recevoir le rancher.

Dans les charrettes bien conditionnées, les parties latérales, appelées vulgairement les ridelles, sont confectionnées séparément du corps de la voiture ; dans ce cas, elles ont chacune une *barre de ridelle* en plus, destinée à recevoir les mortaises dans lesquelles s'assemble l'extrémité inférieure des barrettes ou des roulons ; on évite, par ce moyen, de percer des mortaises sur le dessus des limons, ce qui les affame toujours et en diminue nécessairement leur force, et l'on assemble les ridelles au corps de la charrette par des boulons dont les tiges traversent les limons et la barre inférieure des ridelles.

Beaucoup de grosses charrettes, principalement celles des rouliers, portent, sur l'arrière partie de leur limon, des *anneaux* de fer placés à égale distance, de 15 en 15 centimètres (5 en 5 pouces) à peu près, et destinés à recevoir les *chaînes* ou *cables* avec lesquels on maintient le chargement de la voiture.

Il faut aussi deux *échantignoles* qui se fixent sous les limons auxquels ils servent d'arcs-boutants et dans lesquels on fixe l'essieu au moyen d'une entaille que l'on pratique dans chacun d'eux.

Quelques charrettes sont fermées par devant par un *hayon* qui vient généralement à la hauteur des deuxièmes ridelles ; dans ce cas, la *trésaille* qui en forme la partie supérieure, décrit une courbe concave vers la partie du milieu pour faciliter l'entrée de la voiture.

Quelques charrettes ont aussi un *treuil* fixé entre l'arrière partie des limons et destiné à serrer le cable qui maintient le chargement dans la direction de la longueur des limons.

Enfin, pour compléter l'équipement de la charrette, il faut encore un *essieu* monté sur ses deux roues, le tout proportionné, sous le rapport de la force, aux poids des fardeaux qu'ils doivent supporter.

Mais, comme je traite de la fabrication des essieux et des roues dans des chapitres distincts, je prie le lecteur de se reporter aux chapitres de ce Manuel qui concernent ces pièces.

De la Guimbarde.

Fig. 38, *Pl.* 1. Cornes de devant et de derrière; *fig.* 39, profil sur la longueur d'une guimbarde pourvue de ses cornes, et *fig.* 40, plan de la même guimbarde à deux roues.

La guimbarde est une sorte de charrette beaucoup plus longue que la précédente. Je dirai peu de chose de sa construction, qui est à peu près la même que celle de la charrette; seulement, les guimbardes sont généralement pourvues de *cornes*, espèces de montants en bois placés en avant et en arrière du corps de la guimbarde de chaque côté de la voiture, et réunis deux à deux dans le sens de la largeur de le voiture par deux traverses assemblées à tenons dans les mortaises des cornes. Elles sont destinées à retenir les objets composés d'éléments légers que l'on transporte, comme la paille, le foin, le chiffon et autres.

Du Tombereau.

Fig. 41 à 44, *Pl.* 1. Profils du tombereau. C'est une espèce de charrette planchéiée intérieurement tout autour de ses parois qui sont réunies entre elles et forment une sorte de boîte rectangulaire.

Le *hayon* de derrière (*fig.* 42), vu en élévation, et qui forme l'extrémité de la partie postérieure; il est mobile et est maintenu en place au moyen de deux *taquets* dans le bas, et d'une chaîne qui passe derrière la partie supérieure formée par la *trésaille*.

La *limonière* (*fig.* 43), plan du tombereau, est ajustée mobile sur les *membrures basses* ou *limon* du tombereau. A, *a*, membrures basses du limon sur lesquelles sont projetées les membrures hautes ou ridelles; C, un des côtés de la limonière; E, *e*, en est la *clef*; F, *f*, les *boîtes* de la clef.

G, grand *boulon* qui réunit la limonière au corps du tombereau et sert d'axe pour lui faire faire la bascule.

Il est nécessaire que le fond du tombereau soit le plus court possible, attendu que, lorsqu'on lui fait faire la bascule, il faut que le plan incliné qu'il décrit en tombant soit le plus près possible de la ligne verticale, ce qui en facilite le déchargement.

Les tombereaux servent à transporter les objets qui sont extrêmement divisés, tels que les terres, les boues, le sable, les décombres et la chaux.

Du Haquet.

Cette voiture, qui a été représentée dans les figures 50, 51 et 52, *Pl.* 1, est habituellement employée au transport des liquides. Elle est composée sur le principe de la combinaison du treuil et du plan incliné.

Comme le tombereau, les *menoires* E (on appelle ainsi les morceaux de bois qui composent la limonière), sont mobiles et indépendants des *poulains* ou *limons* A, B, dans lesquels les *épars* X, X (*fig.* 51) sont emmortaisés.

Les *boîtes* C (*fig.* 50) servent de coussinets pour le *treuil* ou *moulinet* M, dans lequel les *barres* ou *bras* sont assemblés et passent au travers pour servir de levier et le faire tourner.

On voit aussi (*fig* 50) les *échantignoles* G H, dans lesquels la place de l'essieu est entaillée et qui sont maintenus en place sous les poulains A, B, par des *étriers* en fer N.

La figure 52 est la coupe transversale des deux poulains où l'on distingue les plans inclinés de leurs faces supérieures.

On voit encore (*fig.* 51) les *tasseaux d'échantignoles* ou *flotte*, T, V, destinés à empêcher les roues de se rapprocher du poulain.

Comme presque toutes les voitures, les haquets ne sont sujets à aucunes mesures fixes, si ce n'est que les menoires doivent avoir au moins 2 mètres (6 pieds) de long à partir de leurs extrémités du devant jusqu'à la place du moulinet, et en plus la longueur que l'on destine pour assembler les menoires après les poulains, au moyen du boulon *y* et du sommier P qui doit être en fer, et former un T à chaque extrémité.

L'invention de cette voiture est due au savant Pascal ; c'est un véhicule des plus simples et très-commode pour le transport de pesants fardeaux qui font peu de volume, tels que les liquides, les pierres de taille, les bois, etc.

Les figures 47, 48 et 49 représentent un fardier ou un haquet à claire-voie, sortes de charrettes sans ridelles et qui reçoivent la charge par-dessus, pour le transport sur les routes: A, B, l'un des deux limons ; D, échantignole ; E, E, épars ; F, F, *f, f*, barrettes clouées sur les épars.

Du Fardier.

Les figures 45 et 46, *Pl.* 1, représentent le profil d'un fardier; c'est une espèce de charrette sans ridelles et d'une longueur proportionnée aux morceaux de bois de charpente que l'on transporte.

Les *échantignoles* qui sont mobiles et à *languettes* peuvent se déplacer et couler dans les *feuillures* qui sont pratiquées dessous les limons, en sorte que, suivant la longueur des pièces de bois, l'essieu peut être placé le plus près possible du centre de gravité des pièces de bois, ce qui est indispensable pour que le limonier ne soit ni trop chargé ni trop soulevé.

A, B est le *limon* gauche du fardier : au bas du *levier* D est le *rouleau* sur lequel passe la *chaîne* qui suspend les poutres; D T V est la corde ou *vingtaine*; S, T, la poutre chargée.

La figure 46 représente le plan du même fardier, les mêmes lettres y indiquent les mêmes objets : dans la figure 45, G est le rouleau; D, le levier qui passe sur la chaîne et sous le rouleau ; *g, h, k, l, m, n, o, p, q, r,* les épars; *f,* le latteau ou morceau de bois que l'on met par devant sous les limons pour empêcher la charpente S, T de trop les approcher.

L'ouvrier charron compte le nombre d'épars qu'il veut mettre, et il répartit et trace les mortaises sur les limons, de manière à ce que chacune des distances soit égale entre elle, puisque, lorsqu'elles sont percées et gougées (ce qui s'exécute au moyen de tarières de dimensions proportionnées à l'épaisseur des ténons des épars), il les assemble, ce qui se fait en plaçant deux morceaux de bois convenables transversalement à la longueur des limons ; alors, il assemble provisoirement ses épars, et termine solidement son assemblage à grands coups de masse ou de marteau.

Comme cette sorte d'assemblage est commune à presque toutes les charrettes, je crois devoir recommander aux ouvriers charrons de se reporter à ce que j'ai dit de la force de cohésion et de la force absolue des bois. Ils pourront alors faire forer les bois sur le sens voulu et dans les dimensions déterminées pour la plus grande solidité de leurs assemblages.

Dans le gros charronnage, ce sont les ouvriers charrons qui fabriquent eux-mêmes les corps et caisses de voitures, telles que : charrettes, guimbardes, tombereaux, haquets, chariots à deux et à quatre roues, à claire-voie ou planchéiés, brets, etc.

On fabrique encore dans le gros charronnage d'autres espèces de charrettes, telles que les *chars à bœufs*, les *voitures de porteurs d'eau*, etc.

Mais les principes fondamentaux étant les mêmes, et les accessoires n'appartenant pas à l'art du charron, ou n'exigeant aucuns détails particuliers, je crois donc devoir m'abstenir de m'étendre davantage et terminer mon instruction sur les voitures du gros charronnage, par le rapport fait au comité des arts mécaniques de la Société d'encouragement sur une voiture à transporter les fardeaux, par M. Fusz, mécanicien.

« M. Fusz, dit le rapport, a soumis au jugement de la Société une disposition de voiture pour le transport des fardeaux, dans laquelle il s'est proposé :

» 1° D'amortir les chocs et les cahots ;

» 2° De rendre l'effort du tirage, pour un poids donné, moindre que sur les voitures en usage ;

» 3° D'éviter l'accrochement des trains, ainsi que les enchevêtrements des roues ;

» 4° De préserver les limoniers qui s'abattraient d'être accablés par la charge ;

» 5° D'opérer l'enrayage des roues par l'effet seul de l'effort de retenue exercé par le limonier, que la voiture tendrait à pousser en avant, dans les descentes rapides ;

» 6° De faciliter le chargement et le déchargement, et de garantir du versement pendant la marche, par le plus grand abaissement possible du centre de gravité du véhicule et de sa charge ;

» 7° Enfin, de rendre les roues plus solides que ne le produit la méthode usuelle de construction, et de les empêcher de faire, comme on le dit, chapelet.

» M. Fusz a fait l'application de ses idées à des voitures destinées au transport du plâtre cuit et pulvérisé, dans la vue de diminuer le tamisage pendant les trajets, le déchet et l'incommodité publique de la poussière.

» 1° Pour amortir les chocs et les cahots, M. Fusz suspend avec ressorts le caisson qui contient le chargement.

» Il assemble à chaque brancard, aux extrémités des parties qui bordent la longueur du caisson, un arc en fer dont la concavité est tournée en dessous, ce qui figure un solide d'égale résistance assez exactement. Les arcs sont doublés en dessous par une bande de bois de frêne, et le tout porte sur deux ressorts à quadruple pincette, de l'invention de M. Fusz, et dont l'usage et les propriétés ont été cités comme ayant des avantages pour procurer l'égalité dans la douceur du mouvement d'oscillation verticale des voitures.

» Les deux ressorts sont placés symétriquement de chaque côté de l'essieu, et portent sur lui par le moyen d'un support en fer solidement bridé autour et assemblé avec le milieu des arcs des pincettes.

» Chaque brancard et la caisse sont, en outre, suspendus à l'arc et à sa doublure, par quatre tirants obliques en fer, dont deux sont de chaque côté de l'essieu.

» Le caisson de la voiture est donc supporté sur l'essieu, par l'intermédiaire de quatre ressorts de suspension, dont la flexibilité amortit les chocs et les cahots, à l'avantage des chargements transportés.

» 2° La charge se trouvant au-dessous de l'essieu, M. Fusz a pu donner aux roues un plus grand diamètre que celui des roues ordinaires ; par conséquent, entre certaines limites, tirer un plus grand parti de la force motrice des animaux de trait.

» Les roues des rais sont assemblées sur le moyeu à deux rangs assez distants pour que les roues soient douées d'une plus grande résistance, surtout aux efforts qui les sollicitent à faire chapelet, et pour que le moyeu soit moins affamé ; M. Fusz peut donc les rendre plus légères, diminuer ainsi le poids à tirer et la force motrice employée à le transporter.

» Enfin, M. Fusz a réduit à 800 kilogrammes le poids de sa voiture vide, tandis que les véhicules mis en usage pèsent de 2,000 à 2,500 kilogrammes.

» 3° L'accrochement des voitures et l'enchevêtrement des roues sont rendus à peu près impossibles, parce que le moyeu et l'essieu sont plus élevés et ne peuvent être rencontrés par les

moyeux des voitures usuelles, et parce que M. Fusz a ajusté la-
téralement et extérieurement à ses brancards une échautiguole
en plan incliné, dépassant le plan qui contient le cercle extérieur des bandes des roues, et est capable de faire dériver les
roues des voitures qui s'approcheraient trop de la sienne en
venant à sa rencontre.

» 4° Quand une voiture porte une charge élevée tout au-
dessus de l'essieu, si le limonier s'abat, le centre de gravité se
porte en avant et accable le cheval. Dans la disposition de
M. Fusz, le centre de gravité est beaucoup moins déplacé, et
le limonier n'est point exposé, parce que ce déplacement tend
à le soulager.

» 5° L'enrayage des roues s'opère par pression sur les bandages et par l'effort de recul qu'oppose le cheval que la voiture pousse en avant dans les descentes rapides.

» M. Fusz a obtenu de l'Académie des Sciences, en 1837,
une partie du prix Monthyon, pour son système d'enrayage.

» 6° Quand la charge est au-dessous de l'essieu, elle est, dans
la plupart des circonstances, plus facile à amonceler et à enlever que dans les usages habituels du roulage.

» Le versement de la voiture est rendu beaucoup plus difficile, car la verticale du centre de gravité du système peut
très-rarement dépasser le point d'application sur le sol de la
roue du côté du devers.

» 7° Le contreventement du cercle des jantes, par l'assemblage des rais sur le moyeu à deux rangs entrelacés, s'oppose
puissamment à ce que les roues puissent faire chapelet.

» M. Fusz prétend que l'effet de sa suspension maintient les
charges constamment d'aplomb; cela est inexact dans le sens
absolu de son expression : le fond du caisson ne demeure pas
toujours horizontal, ni placé de la même manière par rapport
à l'essieu. Sous les mouvements du système sur des surfaces
inclinées et raboteuses, l'assemblage des ressorts s'incline,
oscille avec l'essieu et subit des effets de torsion qui compen-

sent, jusqu'à un certain point, l'inclinaison qu'il devrait prendre.

« M. Fusz a voulu dire encore, d'une autre manière, qu'il avait moins de déplacement du centre de gravité qu'on n'en a communément.

» Plusieurs membres du comité des arts mécaniques ont pu examiner la voiture chargée de plâtre que M. Fusz a fait, un jour, conduire dans la cour de la société ; l'un des membres, spécialement chargé d'en prendre connaissance et d'en rendre compte, avait été précédemment la visiter à la Petite-Villette, où elle se trouvait déposée. M. Fusz présente des bulletins de pesée d'un pont à bascule, constatant que le poids de sa voiture, à vide, est de 790 kilogrammes, et que, attelée d'un seul cheval, elle a conduit 100 sacs de plâtre et pesait alors 3,790 kilogrammes.

» Il présente encore des certificats de plusieurs négociants et marchands de plâtre, qui déclarent avoir transporté avec un cheval, sur cette voiture, 85 et 100 sacs de plâtre, et que leurs voitures ordinaires n'en transportent pas plus de 55 sacs.

» Au sujet des dispositions adoptées par M. Fusz, on peut faire les remarques suivantes :

» L'emploi des roues à grand diamètre est en usage pour les fardiers et les trique-bales, au moyen desquels se fait le transport des fardeaux suspendus sous les essieux.

» L'emmanchement des rais des roues sur les moyeux à deux rangs ou à entrelacement est connu et pratiqué en plusieurs circonstances.

» L'emploi des roues hautes n'a pas prévalu dans l'usage ordinaire, soit qu'elles exigent en général un poids plus grand, soit que leur durée soit moindre.

» L'assemblage des rais à deux rangs sur le moyeu n'est pas non plus d'un usage fréquent, peut-être par la difficulté de le bien exécuter et par la dépense qu'il peut occasioner.

» La suspension de la charge au-dessous de l'essieu est pratiquée assez souvent pour certains transports d'une nature spéciale ; elle ne peut convenir pour l'arrimage des chargements des matières spécifiquement peu pesantes.

» L'industrie des transports paraît préférer les véhicules qui conviennent à la plus grande partie des chargements ; elle semble estimer la moindre hauteur à laquelle il faut élever ou dont il faut descendre le poids, la sécurité des limoniers, l'assurance contre les verses, moins que la rusticité et la banalité des équipages qu'elle possède.

» Elle objecte d'ailleurs qu'une voiture dont le centre de gravité est bas, est moins roulante que lorsqu'il est élevé.

» Le prix principal et l'entretien des ressorts sont un objet important de dépense.

» C'est ainsi que M. Fusz projette des voitures à plâtre, dans lesquelles il supprimerait les ressorts.

» En examinant attentivement la marche de la voiture à ressorts, on y reconnaît des tremblements verticaux et latéraux très-sensibles, qui autorisent à penser que les dimensions des bois et des fers y sont réduites au-delà de ce que la solidité et la durée pourraient exiger.

» Indépendamment des ressorts, de l'enrayage et des ailes, pour éviter les accrochements, et qui sont des choses propres à M. Fusz, on trouve dans les dispositions de sa voiture des pratiques que l'industrie a plusieurs fois appliquées et dont il a tiré un parti assez ingénieux.

» Les certificats qu'il a recueillis sont importants pour lui ; il est à désirer que son système soit employé d'une manière plus suivie, pour qu'il soit mis à portée d'y ajouter les perfectionnements que l'expérience lui suggérerait, et de recueillir une rémunération pour les travaux auxquels il se consacre avec tant de zèle et de constance.

» D'après ces considérations, le comité des arts mécaniques propose de remercier M. Fusz de sa communication et de faire insérer le présent rapport au bulletin, avec une élévation longitudinale et latérale de la voiture et une légende explicative des figures. »

Explication des figures.

Fig. 1, *Pl.* 12. Elévation latérale de la voiture de M. Fusz, destinée au transport du plâtre.

Fig. 2. Section verticale et transversale.

Fig. 3. Limonière vue en plan.

Fig. 4. Ressort à quadruple pincette, détaché.

Les mêmes lettres désignent les mêmes objets dans toutes les figures.

a, a, arc en fer, doublé d'une bande en bois de frêne.

b, b, points d'attache de cet arc aux brancards *c, c,* de la voiture,

d, d, roues de $2^m,5o$ de diamètre.

e, essieu des roues.

f, f, ressorts à quadruple pincette, réunis par les brides *g, g,* et attachés d'une part à l'arc en fer *a,* et de l'autre à une traverse *h* boulonnée sur l'essieu; ils sont au nombre de quatre, deux de chaque côté de la voiture.

k, k, tirants attachés, par leur extrémité supérieure, à l'arc *a,* et par leur extrémité inférieure aux brancards *c, c.*

l, caisson qui reçoit la charge.

m, m, poulies fixées aux brancards de la limonière et sur lesquelles passe une corde *n* qui s'attache au levier *o,* auquel on réunit un tirant portant un patin *p,* qui s'applique contre la jante de la roue et sert de frein.

r, anneau de la corde *u,* auquel s'attache le reculement du cheval. Lorsque celui-ci se trouve dans une descente, et qu'il est poussé par la voiture, le reculement tire sur la corde, et celle-ci amène le patin *p* contre la jante de la roue qui se trouve ainsi enrayée. Lorsque la voiture est ramenée sur un plan horizontal, elle roule librement, le frein étant alors dégagé.

i, i, chantignoles ou ailes formant plan incliné, attachées à chaque brancard et destinées à éviter les accrochements.

Mesures générales servant de base à la construction des caisses des voitures destinées à transporter les voyageurs.

Comme la forme de toute espèce de caisses des voitures servant à transporter les voyageurs, varie suivant :

1° L'usage auquel on emploie la voiture, soit comme voiture particulière, soit comme voiture publique;

2° Suivant le nombre de voyageurs qu'elle doit transporter;

3° Enfin, suivant la mode et le goût de celui qui la commande;

Toutes ces circonstances réunies sont cause que l'on ne peut pas donner comme modèle, les mesures toutes de convention, des pièces détaillées de chaque espèce de voiture;

Je me trouve donc dans la nécessité de ne mentionner que les mesures générales qui font la base de toute espèce de dessins de voiture, laissant au goût et au talent de l'ouvrier intelligent, le soin de composer le dessin de la voiture qui lui sera commandée, en l'invitant toutefois de se conformer autant que possible aux mesures fondamentales qui lui serviront de base pour le guider, soit :

1° Pour que les voyageurs, quel que soit leur nombre que l'on se propose de loger dans l'intérieur de la voiture, soient bien à leur aise tout le temps que pourra durer le trajet;

2° Pour éviter aux voyageurs tous les accidents qui arrivent par suite de la mauvaise composition d'une voiture;

3° Pour diminuer autant que possible l'effort de traction que doivent exercer les chevaux.

Voici la mesure pour une place de voyageur dans l'intérieur d'une voiture.

SAVOIR :

	Minimum.		Maximum.	
	m.	c.	m.	c.

Pour une caisse de voiture avec impériale en bois.

Hauteur de la caisse, mesurée intérieurement du fond de la cave à l'impériale. 1 45   1 50

Pour une caisse de voiture avec capote.

Hauteur mesurée en dedans du fond de la cave au-dessous du cerceau du milieu. . . 1 50   1 55

Longueur d'une caisse de cabriolet, mesurée horizontalement en dedans, depuis le fond à ras la ceinture ou partie supérieure du dossier, jusqu'au-devant de la caisse (1) . . 1 30   1 40

Hauteur de la parclose, dégarnie de son coussin, prise de la partie supérieure de la traverse jusqu'au fond intérieur de la cave . 0 33   0 43

Longueur pour la place des jambes, à partir du bord de devant de la parclose jusqu'à l'extrémité intérieure de la coquille, ou le bas du devant intérieur de la caisse, si c'est une caisse fermée 0 60   0 70

Largeur d'une caisse à deux places, mesurée intérieurement à la hauteur et sur le bord de la parclose 0 97   1 10

Largeur de la même caisse à la hauteur de la ceinture, mesurée intérieurement 1 05   1 20

Nota. Pour faire une caisse à trois places, il faut 35 centimètres de plus large sur toutes

_____

(1) Cette mesure se prend en tirant une ligne horizontale sur laquelle on projette deux lignes verticales, séparées entre elles de la distance déterminée.

les mesures de devant de parclose, et 20 centimètres sur le derrière. . . . .

Profondeur de parcloses ou banquettes de derrière, dégarnies de leur coussin, à partir du fond de la caisse . . . . o 40 o 50

Profondeur de chaque parclose de devant dégarnie de son coussin . . . . o 35 » »

Profondeur de chacune des banquettes lorsqu'elles sont placées à l'instar des banquettes dites omnibus. . . . . o 35 o 40

Distances réservées entre les deux parcloses lorsque les voyageurs sont placés vis-à-vis l'un de l'autre . . . . o 50 o 55

Distance réservée entre les deux parcloses lorsque les voyageurs sont placés vis-à-vis l'un de l'autre, comme dans les omnibus. . o 70 o 80

Espace réservé à chaque voyageur sur les banquettes, lorsqu'elles sont placées en longueur. o 43 o 50

Mesure des sièges des cochers.

Largeur du siège de cocher pour une seule place . . . . o 50 o 55

Hauteur des accotoirs du siège du cocher dégarni de son coussin . . . . . . o 20 o 25

Longueur pour les jambes, à partir du bord de devant de la parclose jusqu'à l'extrémité de la fausse coquille. . . . . o 60 o 70

Profondeur de la parclose dégarnie de son coussin, et prise dessus . . . . o 35 o 40

Mesure pour une banquette extérieure à trois places, et posée dessus l'impériale.

Longueur, mesurée intérieurement, d'un accotoir à l'autre, et sur le coussin . . . 1 25 1 30

Hauteur totale de la voiture.

Il n'est pas prudent, lorsqu'une voiture est destinée à porter des voyageurs, que son impériale ou sa capote se trouvent élevés à partir du sol de plus de 2 mètres 50 centimètres (7 pieds 8 pouces), lorsque la voie entre les roues est moindre de 1 mètre 60 centimètres (4 pieds 8 pouces).

Car dans le cas où elle serait élevée davantage, l'équilibre du centre de gravité serait très-facile à déplacer, et la voiture serait susceptible de verser.

C'est pourquoi lorsqu'une voiture doit se trouver dans ces conditions, il faut chercher autant que possible à répartir le chargement le plus près possible du sol, pour obvier à cet inconvénient ; car un rouleau de plomb laminé qui pèse un mille, lorsqu'il est chargé sur une charrette, compose une charge peu volumineuse, et une voiture est plus stable avec un tel chargement, que si le chargement était composé de matière plus légère à volume égal, et la même charge en foin ou en plume serait très-élevée et la voiture serait bien plus versable.

Considérations générales sur la manière de tracer un train de cabriolet à deux roues et un grand train.

1° Train de cabriolet à deux roues.

Comme ce sont toujours les mesures de la caisse qui guident pour les mesures du train, je vais donner les renseignements qui peuvent servir de base pour tracer le plan du train.

Mesures pour faire un train de cabriolet, lorsque la caisse est disposée pour être montée à longue soupente, avec des ressorts cintrés en C.

1° Il faut pour qu'elle puisse plonger, que le train soit plus large intérieurement de 20 à 25 centimètres (7 à 9 pouces) que la partie extérieure des bateaux de la caisse. Les brancards du train doivent décrire de chaque côté des bateaux une ligne parallèle à la courbe que forment les dits bateaux, tant en élévation qu'en plan.

2° Il faut en outre que la traverse du haut du dossier de la caisse tombe à plomb de la traverse de derrière du train.

3° Il ne faut pas mettre le lisoir de derrière à moins de 25 centimètres (10 pouces) de distance du milieu de la traverse, au milieu du lisoir, ni à plus de 35 centimètres (13 pouces) de distance.

4° Il ne faut pas moins de 14 centimètres (5 pouces) de distance entre les bouts de bateaux par devant et le derrière du lisoir de devant, ni plus de 25 centimètres (9 pouces).

5° Il ne faut pas que la limonière ait moins de 1 mètre 80 centimètres (5 pieds 6 pouces) de long, ni plus de 2 mètres (6 pieds), y compris l'épaisseur de la traverse de devant.

6° Il faut que les brancards soient cintrés, de manière à ce que la dossière se trouve à 1 mètre 20 centimètres (3 pieds 9 pouces) du niveau du sol, et que dans cette position la traverse de devant et le lisoir de derrière se trouvent de niveau sur une même ligne tirée horizontalement.

7° Il ne faut jamais rabattre les bouts de brancards plus loin que 1 mètre 40 centimètres (4 pieds 4 pouces) à partir du derrière de la traverse de devant.

8° Il faut que les brancards se rapprochent dans la limonière à la place de la dossière, de manière à ce qu'il n'y äit pas moins de 6o centimètres (22 pouces) d'écartement, entre la partie intérieure des deux brancards, ni plus de 66 centimètres (2 pieds).

9° Il faut qu'ils aient 4 centimètres (18 lignes) de plus d'écartement à l'extrémité de la limonière, qu'à la place de la dossière. (Voyez *fig.* 350, 351, *Pl.* 6.)

De la voie des cabriolets.

Quoique la voie entre les roues des cabriolets bourgeois ne soit pas déterminée, les propriétaires desdits cabriolets sont pourtant assujettis de se conformer, pour le maximum de la largeur, à l'ordonnance du 16 juillet 1828, qui fixe le plus grand écartement à 1 mètre 62 centimètres (5 pieds), entre les jantes de la partie des roues posant sur le sol.

La sécurité des voyageurs exige, du reste, que cet écartement ne soit pas moindre de 1 mètre 22 centimètres (3 pieds 9 pouces) pour un cabriolet à deux places.

De même que pour la voie des roues, la hauteur des cabriolets particuliers n'est tenue à aucune mesure fixe. Cependant, dans l'intérêt de la sécurité des voyageurs qui s'en servent, il faut que cette hauteur soit calculée de manière à donner pour base à la voie comprise entre les roues, les deux tiers de la hauteur, et que le centre de gravité de ladite voiture se rapproche le plus près possible de la moitié de cette hauteur.

Il est entendu que toutes les voitures à deux roues qui sont suspendues, se construisent dans les mêmes conditions.

Cependant lorsqu'une voiture sera suspendue sur des ressorts à pincettes ou sur des ressorts à châssis, on lui donnera un peu moins de débattement dans l'intérieur du corps du train. (Voyez *des modèles de tandems*, *fig.* 352, 353, *de tilburys et carricks*, *fig.* 354, *Pl.* 6, *et fig.* 1, 2, 3, *Pl.* 7.)

2° *Les mesures pour tracer un grand train.*

De même que pour un train à deux roues, c'est la caisse qui est la base de toutes les mesures du train.

1° Il faut que la flèche, ou les cols de cygne, décrivent une courbe qui soit, autant que possible, parallèle avec la cave et les extrémités des bateaux de la caisse ; on peut voir pour modèle la calèche à double suspension, *fig. 4, Pl.* 7, copié d'après le n° 85 des dessins de M. Baslez, dessinateur distingué en voitures.

2° Il faut au moins 15 à 20 centimètres (6 à 8 pouces) de distance entre la partie supérieure de la flèche (A) et la partie inférieure de la traverse de devant des bateaux de la caisse, où doit venir finir la cave.

3° Il faut au moins 20 centimètres (8 pouces) de distance du dessus du milieu de la flèche (B) au-dessous du milieu de la cave.

4° Il faut au moins 22 à 25 centimètres (8 à 10 pouces) de distance du dessous du plancher du siège de derrière (C) au-dessus de l'encastrure de l'essieu de derrière.

5° Il faut au moins 6 à 8 centimètres (2 à 3 pouces) de distance entre la partie extrême de la circonférence de la roue aux points D et le point le plus rapproché de la ligne courbe décrite par l'ouverture de la portière.

6° Lorsqu'une caisse de voiture est suspendue par des sous-pentes, sur des ressorts en C, et que le train est suspendu sur des ressorts à pincette, il ne faut pas moins de 20 à 22 centimètres (7 à 8 pouces) de débattement entre les panneaux de côtés de la caisse et la partie intérieure des jantes qui forme la circonférence des roues.

7° La distance comprise entre les deux essieux d'une voiture montée sur un train à flèche droite, peut être moindre que si la même voiture était montée sur un train à flèche et à cols de cygne, et comme il est généralement reconnu que plus les axes ou essieux sont rapprochés du centre de gravité, plus la voiture est roulante, il en résulte qu'il faut moins de force de traction pour la mettre en mouvement, dans le premier cas que dans le second.

Mais aussi, il faut considérer qu'il y a moins de sécurité pour les voyageurs dans le premier cas que dans le deuxième, lorsque, dans le trajet, la voiture doit tourner dans une place étroite ou dans un angle aigu, attendu que l'avant-train ne pouvant faire tout au plus, que le sixième de sa révolution autour de la cheville ouvrière, il en résulte que la circonférence extérieure du cercle de la roue de devant vient butter contre la flèche et tend à la soulever d'une part, et à faire ripper la roue du train de derrière qui se trouve du côté opposé où l'on tourne ; dans cette position, si l'on accélère le mouvement, la voiture peut verser.

Le même accident est moins susceptible de se produire, lorsque la voiture est montée sur une flèche à cols de cygne ; car, puisque les roues de l'avant-train se trouvent libres dans leur révolution autour de la cheville ouvrière, elles ne peuvent donc pas occasioner en aucune façon la chute de la voiture.

8° Lorsque l'on voudra diminuer la longueur comprise entre la cheville ouvrière et la place marquée pour le passage des roues, on peut le faire de plusieurs manières : l'on peut diminuer la largeur de la voie de l'essieu de devant, il en résultera qu'elle sera plus étroite que celle des roues de derrière, et pour parer à ce désagrément, on donne plus de devers aux fusées de l'essieu de derrière qu'aux fusées de l'essieu de devant.

Mais cette manière de raccourcir l'espace compris entre le passage des roues sous la caisse et le milieu de la cheville ouvrière a le désagrément que le devers donné aux fusées d'essieu n'est pas juste suivant l'inclinaison du rais, ce qui dé-

tériore non-seulement la roue, cause beaucoup plus de frottement sur les fusées d'essieu, et diminue d'autant l'effort de
traction (Voir les observations sur la ligne de tirage), mais
encore, tend, par la vibration continuelle causée par le rippe-
ment des boîtes de roues sur les fusées, à détruire la force de
cohésion qui réunit les molécules du fer, dont se composent
les essieux, et souvent en détermine la rupture.

La seconde méthode consiste à avancer la cheville ouvrière
en avant, par le moyen d'une courbe que l'on fait décrire sur
le sens de la longueur à la sellette de l'avant-train. (Voir
Pl. 7, *fig.* 5, les détails de l'avant-train du coupé-chaise.)

Dans ce cas, il faut un double rond à l'avant-train, en forme
de sassoire, pour éviter que la charge du timon ou de la limonière ne fasse pas baisser le bout des armons de l'avant-train,
ce qui produirait un vilain coup-d'œil, et fatiguerait la cheville ouvrière.

Cette méthode est beaucoup plus coûteuse que l'autre,
lorsque l'on construit la voiture, mais l'avantage qu'elle a de
ne pas gêner la force de traction et de ne pas cortribuer à la
destruction de la voiture, balance de beaucoup en faveur de
ce dernier système.

9° Il faut aussi faire attention qu'une voiture suspendue
par des soupentes, sur des ressorts en C, est beaucoup plus
susceptible de verser, que si elle était suspendue sur des ressorts fixes, tels que les ressorts à pincettes; cela vient de ce
que les soupentes en cuir cèdent au mouvement d'oscillation,
et que le centre de gravité de la caisse se rapprochant plus
facilement des roues, est plus susceptible de faire perdre l'é-
quilibre de la voiture, c'est pourquoi on est dans l'habitude
de donner une voie plus large à une voiture que l'on monte
sur des soupentes, que l'on ne la donne ordinairement aux
voitures que l'on monte sur des ressorts fixes.

DES VOITURES A DOUBLE TRAIN.

Toutes les voitures qui roulent sur quatre roues ont deux corps de trains, et par conséquent deux essieux, l'un, le *train de derrière,* est soutenu par les grandes roues, on le nomme aussi l'*arrière-train;* l'autre est l'*avant-train,* et est soutenu par des roues qui sont généralement plus petites, puisqu'il faut qu'elles passent dessous la partie de l'arrière-train qui vient s'assembler avec la partie de devant, ou l'avant-train, au moyen d'une broche de fer appelée *cheville ouvrière.*

Nous mentionnerons d'abord ici le véhicule à double train le plus anciennement connu, c'est-à-dire le chariot; mais comme son corps se construit à peu près comme celui de la charrette, et que ses trains se composent comme ceux des voitures du même genre, les principes généraux que nous allons faire connaître, lui seront par conséquent applicables, aussi bien qu'aux fourgons, camions, etc.

Voici maintenant la nomenclature des principales parties qui composent la construction générale des voitures à quatre roues.

1° La caisse; 2° le train; 3° l'avant-train.

De la Caisse.

C'est la partie de la voiture destinée à contenir le chargement; la forme en varie suivant l'emploi auquel on la destine.

C'est encore la caisse qui donne la base de toutes les mesures du train, puisque les parties dont il se compose, sont susceptibles de varier suivant les différentes formes de la caisse et suivant le mode de suspension que l'on veut employer dans la construction de la voiture que l'on se dispose de fabriquer.

Les ouvriers qui font spécialement la caisse dans la carrosserie, s'appellent menuisiers en voiture.

Du Train.

La composition du train et de l'avant-train varie suivant la forme de la caisse, et suivant son mode de suspension.

Quelquefois ce sont les brancards de la caisse qui servent à réunir l'arrière-train avec l'avant-train, comme dans les chariots, les brets, les américaines, les omnibus, etc. ; ou bien les brancards forment la partie longitudinale et directe du soubassement de la caisse et se prolongent d'un bout à l'autre, alors on opère la suspension, soit par des ressorts droits, soit par des ressorts à pincettes.

Dans quelques voitures, comme les coupés-chaises, les calèches-vourst, les berlines et les américaines-vourst, etc., les brancards sont remplacés par des *bateaux*, qui sont des morceaux de bois d'épaisseur déterminée, et qui décrivent les courbes de la partie basse de la caisse, qu'on réunit ensemble au moyen d'assemblages convenables à la position qu'ils occupent.

Dans ce cas, la suspension s'opère comme à l'article des brancards décrit plus haut ; seulement, les bateaux sont consolidés sur les côtés intérieurs, par une bande de fer d'à peu près 1 centimètre (5 lignes) d'épaisseur sur 6 à 7 centimètres (3 à 4 pouces) de largeur, placée sur le champ et longitudinalement de toute la longueur des bateaux.

Dans d'autres cas, la caisse est indépendante du train, alors l'avant-train et l'arrière-train sont réunis au moyen d'une *flèche*, qui est une pièce de bois d'une courbure horizontale parallèle au cintre extérieur de la cave de la caisse, et qui vient s'assembler sous le milieu de *l'encastrure d'essieu* de derrière et se prolonge ensuite pour s'assembler vers le milieu du *lissoir de derrière* par une de ses extrémités; son autre extrémité s'assemble dans la *sellette* de l'avant-train, elle est destinée à transmettre la force de tirage de l'avant-train au train de derrière. On voit des exemples nombreux de ces voitures à flèches, dans les modèles de la *planche* G.

A cette flèche viennent se joindre vers le milieu de sa longueur, deux morceaux de bois que l'on appelle *apanons*, lesquels se prolongent horizontalement par une ligne qui forme un angle avec la flèche, et se terminent dans le lisoir de derrière à peu près à 15 centimètres (5 pouces) de chaque côté du milieu de la flèche par des tenons que l'on assemble dans des mortaises pratiquées dans ledit lisoir. Ces apanons doivent décrire horizontalement les mêmes courbures horizontales que la flèche, et sont destinés à servir de tirant pour forcer les deux roues de derrière à marcher dans la même direction que la flèche.

Dans quelques voitures, on prolonge la flèche et ses apanons vers l'avant-train, au moyen de deux *cols de cygne* (qui sont deux morceaux de fer tirant leur nom de leur forme, qui a quelque ressemblance avec la courbure du col de cet oiseau.) Cette courbure est destinée à faciliter le passage des roues de devant sous la flèche. Le mode de suspension dans ce cas, est ordinairement des ressorts en C, c'est-à-dire des ressorts qui décrivent une courbe de la forme de cette lettre. (Voyez *fig.* 355, 356, 360, 363, 364, 366, *Pl.* 6.)

De l'avant-train.

L'avant-tain doit toujours être mobile et indépendant de la caisse, quelle que soit la construction de la voiture, et il n'est réuni avec elle ou avec l'arrière-train, que par une *cheville ouvrière* qui lui sert de pivot, et c'est par le changement de direction imprimé aux roues de l'avant-train, que l'on fait décrire aux roues de derrière les courbes de la ligne de direction.

Ce sont des ouvriers charrons qui sont chargés de la confection, suivant les formes convenables, des pièces de bois qui composent le train et l'avant-train.

Manière de tracer le passage des roues de devant sur les voitures à double train.

Pour l'intelligence de ces renseignements, nous avons fait représenter un coupé-chaise, *Pl. 7, fig. 5*, en élévation et plan de terre dans la même figure.

1° Premièrement, on trace une ligne horizontale pour figurer la ligne de terre, n° 1.

2° On élève une ligne verticale parfaitement d'aplomb sur cette ligne horizontale ou ligne de terre. Cette ligne n° 2 sert à placer le point de centre qui représente la cheville ouvrière.

3° On prend la hauteur totale du diamètre des roues de devant qu'on marque par un point sur la ligne n° 2, et à la place où l'on a marqué la hauteur des roues de devant, on tire la ligne horizontale n° 3, parallèle à la ligne de terre. Cette ligne sert à représenter la hauteur de la roue de devant dans toutes les positions.

4° C'est une règle qu'il ne faut pas moins de 15 centimètres (5 pouces) de débattement ou jeu entre la caisse et la ligne n° 3 qui représente la hauteur de la roue, lorsque le train est monté sur des ressorts à pincettes, ni moins de 7 centimètres (3 pouces) de passage du dessus des roues au dessous des cols de cygne, lorsqu'ils sont fixés au moyen de la flèche, sans aucune suspension élastique sur les essieux.

Dans ce cas, il ne faut pas moins de 17 à 20 centimètres (7 à 8 pouces) de débattement entre la partie supérieure des cols de cygne et le dessous de la caisse.

5° L'on porte sur le plan de terre la moitié de la longueur que l'essieu doit avoir au ras du derrière des deux rondelles, et on y ajoute la distance qu'il y a du derrière des rondelles au milieu du rais sur le moyeu, c'est ce qui donne la moitié de la longueur de la voie, prise du milieu de l'essieu au milieu du rais des roues de devant, pour le dessin en élévation.

C'est sur cette longueur qu'on se base pour régler le devers qu'on doit donner aux fusées de l'essieu.

Cependant l'on ne doit pas oublier que le devers que l'on donne aux fusées d'essieu est destiné à ramener l'*écuage* des rais de la roue sur une ligne verticale, de manière qu'il se trouve d'aplomb depuis le sol jusqu'au moyeu; ce procédé évite les frottements en sens inverse sur les fusées de l'essieu et facilite la traction.

On peut consulter à ce sujet l'article 7 des conditions essentielles pour la contruction des voitures.

6° Lorsque l'on a réglé le devers, on prend la moitié de la distance intérieure de la voie, au ras le sol, avec le compas, et, lorsque cette mesure est prise, on met une pointe de compas à l'extrémité inférieure de la ligne n° 2 en élévation, qui représente la cheville ouvrière, et on porte l'autre pointe du compas sur la ligne n° 1, qui représente la ligne de sol que vous marquez d'un point; l'endroit où il se rencontre avec la ligne est la moitié de la voie comprise entre la partie interne des roues de devant, prise au ras du sol.

7° On fait la même opération sur la ligne n° 3, qui représente la hauteur des roues de devant, c'est-à-dire que l'on prend avec le compas la moitié de la distance de la voie comprise entre les deux roues à la partie externe et supérieure de la circonférence. Alors, mettant une pointe de compas à l'extrémité supérieure de la ligne n° 2, qui marque le point de centre de la cheville ouvrière, on porte l'autre pointe sur la ligne n° 3, et le point de rencontre est la moitié de la voie de la partie externe et supérieure de la circonférence des roues de devant. La courbe au pointillé marquée 7 sur le plan de terre indique la totalité du devers. Sur le diamètre 8 de la roue on pose une des pointes du compas au point de centre où on a marqué la place de la cheville ouvrière sur le plan de terre et on ouvre le compas jusqu'à ce que l'autre pointe soit placée en *a* à l'extrémité de la circonférence de la roue, et on fait décrire à cette pointe la courbe 8, dont le rayon est réglé par l'ouverture du compas jusque sur la ligne n° 1, qui représente le sol, et on la prolonge verticalement en élévation, jusqu'à ce qu'elle rencontre la ligne horizontale 7, qui marque la moitié du diamètre de la roue ; le point de rencontre est la place où passera sous la caisse la tangente de la roue, prise au milieu de sa hauteur.

On peut consulter, du reste, sur ce sujet, les considérations générales que nous avons données sur les mesures pour tracer un grand train.

Je crois que l'ouvrier intelligent qui voudra bien se rendre compte des indications contenues dans ce chapitre, et pour peu qu'il ait la connaissance et la pratique du dessin linéaire, sera en mesure de tracer toute espèce de voitures.

CHAPITRE X.

DE LA CONSTRUCTION DES CAISSES DE VOITURES.

Manière de débiter et de corroyer les bois de voitures. — Débit des bois. — corroyage des bois. — De la construction des principales parties des voitures. — Description d'une berline ordinaire. — Manière de faire les calibres d'une berline. — Forme des pieds d'entrée et des portières. — Longueur et forme des pieds corniers. — Pavillons et impériales. — Brancards. — Assemblages des diverses parties. — Tracé des panneaux. — Tracé d'un coupé-chaise.

De la manière de débiter et de corroyer les bois de voitures.

Quand le carrossier a choisi un local convenable, qu'il y a rassemblé les outils nécessaires, et qu'il a fait sa provision de bois dans le temps le plus favorable, ordinairement en juin et juillet, il doit s'occuper de débiter ce bois. S'il a bien entendu ses intérêts, sa provision de l'année précédente a dû être assez abondante pour qu'il puisse faire débiter sa nouvelle provision de bois pendant la morte saison, époque à laquelle les ouvriers n'ayant presque point d'ouvrage, la main-d'œuvre est à infiniment meilleur marché. Le carrossier a d'autant plus de motifs pour agir ainsi que l'automne est également pour lui une saison stérile, puisque c'est le temps où les personnes riches sont en voyage ou à la campagne, et qu'il trouvera ses matériaux tout prêts quand l'ouvrage recommencera à donner, dans l'hiver, pour les voitures fermées, et au printemps pour les voitures ouvertes.

Débit des bois.

Le débit des bois se divise en deux parties : 1° le débit des bâtis de voitures; 2° le débit des bois de panneaux, quelle que soit d'ailleurs l'espèce du bois. Dans l'un et l'autre cas, on débite le bois par tables. Dans le premier cas, ces tables ont 135 millim. (5 pouces) d'épaisseur (*fig.* 57, *Pl.* 5), ou 81 millimètres (3 pouces) (*fig.* 58), ou bien 40 millimètres (1 pouce 1/2) (*fig.* 59). Il y a même des tables épaisses de 27 millimètres (1 pouce) seulement. Les tables destinées à faire des panneaux n'ont que 9 millimètres (4 lignes) d'épaisseur. Toutes ces tables se refendent à la scie. Il va sans dire que les piles de chaque espèce de tables doivent être triées, étiquetées, numérotées, afin que l'on ne puisse jamais être exposé à se tromper, ou à hésiter, à mesurer de nouveau lorsque vient le moment d'employer les tables. Le carrossier qui connaît le prix du temps, et les avantages de l'ordre, doit sentir l'importance de cet avis.

Dans les premières tables, épaisses de 135 millimètres (5 pouces), on prend les battants de brancard que l'on chantourne les uns dans les autres, et que l'on coupe à la longueur convenable, c'est-à-dire qu'en débitant ces tables dans le corps de l'arbre, on doit s'arranger de manière à ce qu'elles se trouvent de telle longueur qu'elles puissent contenir justement plusieurs pièces les unes au bout des autres, ou les unes entre les autres, afin qu'il n'y ait aucune perte, excepté la perte inévitable, qu'occasionnent les fentes et les nœuds du bois.

Rien de plus simple que la manière de prendre les pièces dans ces tables. On en étale une sur l'établi, puis on prend, je suppose, le calibre d'un battant de brancard (*fig.* 60) ou d'un pied d'entrée (*fig.* 61) : on applique ce calibre sur la table en traçant tout autour avec un crayon de craie, ou de charbon. Le premier dessin de ce calibre fait, on enlève le calibre, et on le replace tout auprès pour recommencer un second dessin ; ainsi de suite jusqu'à ce que toute la hauteur de la table soit couverte des figures répétées du calibre. On s'occupe ensuite de le dessiner sur le reste de la longueur de

la table, en s'efforçant de mettre à profit les moindres inter-
valles du bois, comme le montre la figure 62, qui représente
une table entièrement débitée, où le calibre du pied d'entrée (*fig.* 61) est répété par les lignes ponctuées d'après le
mode que nous venons d'expliquer. On agit de même pour
les autres parties; par exemple, pour le calibre d'un battant de brancard (*fig.* 60) et celui d'un pied cornier (*fig.* 63).
Nous croyons devoir nous dispenser d'en montrer les dessins
dans des tables toutes débitées, la figure 62 indiquant suffisamment la manière de dessiner toute espèce de calibres. On
sépare ensuite ces dessins à l'aide de la scie que l'on fait agir
le long des traits.

On ne débite pas indifféremment les calibres dans les tables.

Dans les premières tables et par conséquent les plus épaisses, on prend les battants de pavillon, que l'on chantourne
ainsi que dans les autres, en ayant soin, toutefois, de choisir
pour dessiner les battants de pavillon, les plus belles tables,
ou du moins les parties les moins défectueuses des tables, en
évitant principalement les nœuds vicieux, parce que les battants, ainsi que les traverses de pavillon, sont plus apparents
et plus ornés que les battants de brancard. Outre cela, les
brancards étant beaucoup plus épais que les pavillons, permettent d'y faire passer des défauts de bois qui seraient into-
lérables dans ces derniers. Au reste, on combine les dessins
des calibres d'après l'état des tables. Quelquefois, pour mettre à profit une table très-défectueuse, on est obligé d'y appliquer plusieurs espèces de calibres.

Dans les tables de 81 millimètres (3 pouces) d'épaisseur, ou
secondes tables, on débite les pieds corniers que l'on agence
également les uns dans les autres. Dans les troisièmes tables,
épaisses de 40 millimètres (1 pouce 1/2), le carrossier dessine
les battants de portières, les pieds d'entrée, et autres pièces
de même genre, qu'il débite aussi les unes dans les autres, en
ayant soin, autant qu'il se peut, que le fil du bois suive le

contour des pièces que l'on débite. Il ne faut, à cet égard, qu'un peu d'attention, parce que les fils du bois d'orme forment diverses sinuosités qui coïncident à peu près avec les contours des pièces. Généralement, les tables des bâtis de voitures se débitent dans le bois d'orme ou de hêtre, à moins qu'on ne veuille faire le corps de la voiture en noyer, ou en tout autre bois, ce qui du reste arrive rarement.

Je recommande instamment au carrossier de ne point oublier cette observation relative au fil du bois dans le placement des calibres : car, plus le bois est de fil, moins il est sujet à se tourmenter ; plus il a de force, et plus il offre de facilité à l'ouvrier. Alors le travail se fait avec une solidité, une promptitude que l'on chercherait vainement en opérant sur du bois tranché.

Quant au bois des panneaux, nous savons qu'il est de toute nécessité qu'il soit le plus de fil possible, surtout pour les panneaux dont le cintrage est fort marqué. Il est vrai que le cintrage à la vapeur auquel il faut soumettre les panneaux après les avoir débités, peut prévenir, jusqu'à certain point, les graves inconvénients qui résultent du cintrage ordinaire, quand le bois est trop tranché ou d'une inégale densité ; mais ce bois n'en est pas moins d'un usage désavantageux.

Le bois des caves, ou coffres inférieurs des voitures, doit avoir une épaisseur de 14 à 16 millim. (6 à 7 lignes), qui est celle des voliges ordinaires, quoiqu'on puisse en mettre de plus épais, principalement aux grandes voitures et à celles de campagne. Lorsque, malgré toutes les précautions prises pour économiser le bois, les nœuds d'une table, ou toute autre cause, produisent des rognures plus ou moins grandes, il faut la mettre à l'écart, en les triant et numérotant d'après leurs dimensions. Elles peuvent servir plus tard pour faire des voitures très-petites, par exemple, pour confectionner de petites calèches d'enfant, etc.

Nous reviendrons plus tard sur les formes et les mesures des calibres : quant à présent, nous allons nous occuper du corroyage du bois.

Manière de corroyer le bois des voitures.

Les caisses des voitures étant presque toutes cintrées sur tous les sens, et même irrégulièrement cintrées, il semblerait que le corroyage dût être extrêmement difficile, et demanderait une connaissance très-étendue de l'art du trait. Mais les bois employés aux voitures n'étant pas d'une largeur considérable, les champs et les profils en étant peu saillants, puisque les plus gros bois n'ont pas plus de 27 millimètres (1 pouce) de largeur apparente, et que les champs sont très-étroits, quand toutefois ils ne manquent pas, il s'ensuit que le corroyage est bien plus facile qu'il ne le paraît.

Les carrossiers les plus habiles dans l'art du trait et le dessin linéaire, corroyent le bois d'après les principes de ces arts; mais, quant aux carrossiers qui n'en ont que peu d'habitude, ils feront bien d'agir un peu routinièrement, jusqu'à ce qu'ils soient assurés de leurs opérations. Ils se contenteront donc d'employer leurs calibres, d'après lesquels ils corroyeront le bois, en augmentant plus ou moins l'épaisseur en raison du hors d'équerre qui leur est donné par l'évasement ou renflement de la voiture.

Application du corroyage aux diverses parties d'une berline.

Les battants du brancard se corroyent d'abord droits sur le champ (fig. 64, Pl. 5) a, b, et ce côté se trouve par conséquent être l'intérieur de la voiture, on les met ensuite d'équerre, toujours de ce même côté, on les dégauchit du côté du creux, puis on les met d'épaisseur vers le bouge, comme le moutrent les figures 64 et 66. Quelquefois on commence par les dégauchir et par les mettre d'épaisseur avant de les poser d'équerre, ce qui est indifférent.

Les battants ainsi disposés, on les met de largeur de *c* à *d*, parallèles intérieurement sur tout l'espace droit qu'occupe la portière : on les diminue ensuite des deux bouts de *c* en *e* et de *d* en *f*, de ce que la voiture a de renflement, en sorte que le panneau de côté forme un angle avec la portière. On a soin de faire suivre au champ extérieur du battant, l'inclinaison donnée par le cintre du côté de la voiture, supposé qu'il y en ait, ce qui fait que ce champ extérieur n'est plus d'équerre avec le dessus, ou pour mieux dire, avec le plat du battant; voici de quelle manière :

Le *brancard*, autrement dit *bateau*, sert de fond et de support à toute la caisse d'une berline ; cette partie est arrondie ou cintrée, de manière à rendre la voiture plus large à la ceinture qu'au brancard ; et le renflement de la voiture est plus fort à la première qu'à la dernière : il suit de là, que non-seulement les battants du brancard ne peuvent pas être d'équerre avec leurs faces creuses ou bombées, puisqu'il faut que leurs faces extérieures suivent le cintre de la voiture; mais encore que leur inclinaison ne peut être la même dans toute la longueur, ce qui fait que ces faces deviennent gauches en raison des différents cintres de la voiture, telles que l'indiquent les figures 65 et 67 qui représentent les coupes du battant de brancard, l'une prise sur la ligne *a*, *b*, et l'autre sur la ligne *c*, *d* (*fig.* 66) dont l'inclinaison donnée par les courbes A B et C D (*fig.* 65 et 67) est différente à raison du plus ou moins de cintre de ces mêmes courbes.

Il est très-nécessaire de faire attention à la pente de la face des battants de brancard, afin qu'ils suivent exactement les contours de la voiture, lorsqu'ils sont assemblés, et en outre, afin que leurs profils reviennent avec ceux des pieds corniers et des autres pièces qui doivent s'y assembler, comme on le voit *fig.* 68, où le parallélogramme *g, h, i, l,* qui représente la saillie de la moulure d'équerre avec la ligne *u x,* ne se rencontre plus avec les lignes *t m* et *n l.* Ces lignes dessinent la saillie du profil pris parallèlement à l'inclinaison donnée par le cintre de la voiture.

Quand la face du battant est ainsi inclinée, il faut remarquer si le profil est en saillie des deux côtés, parce qu'alors on doit le remonter jusqu'à ce que le fond de sa saillie rencontre le dessous de la pièce, ainsi que le parallélogramme *g, o, p, q;* et si, au contraire, le profil de la saillie n'est qu'en dedans, on se borne à l'incliner en dedans sans le faire remonter, comme le montre le parallélogramme *t r s l,* duquel le triangle *t g l* se trouve supprimé par la ligne *g l,* qui est le dessous de la pièce.

En parlant de la manière de faire les calibres, nous donnerons le mode à suivre pour obtenir l'inclinaison et le gauche des battants de brancard. Les traverses de brancard, ou *traverses de renflement,* se corroyant droites et d'équerre à l'ordinaire, il serait bien cependant qu'elles fussent hors d'équerre, en raison du cintre du brancard. Quant aux traverses des bouts, on les corroie droites sur tous les sens. Leurs équerres sont dirigées par les cintres intérieurs et extérieurs de la voiture.

On corroye, comme les brancards, les battants et les *traverses de pavillon* (partie supérieure de la voiture). Lorsqu'on faisait les pavillons bombés, on disposait les battants et les traverses de cette partie, de telle sorte qu'ils fussent plus épais en largeur pour suivre le bombage du pavillon. A cet effet, la figure 69 montre dans le parallélogramme *a b c d,* la coupe du battant du pavillon placé selon sa pente, laquelle en augmente l'épaisseur et la largeur, comme l'indique le parallélogramme *e f g h.* Mais maintenant qu'il est d'usage de ne point ou presque point cintrer les pavillons, on corroye carrément les pièces, c'est-à-dire d'équerre avec leurs champs.

Cependant il faut encore dire quelques mots sur les précautions qu'entraînent les pavillons bombés, puisque certaines voitures de faitaisie les exigent en tout ou en partie. Quoique la largeur du battant de pavillon se trouve augmentée par son inclinaison, ce ne sera qu'autant qu'on voudra la faire suivre à son profil, ce qui n'est point d'un bon effet : ainsi, d'après le nu de la voiture, représenté par la ligne *i l,* on fera très-bien de mettre le profil de niveau, comme il est indiqué par le parallélogramme *i m n o,* opération qui n'augmente pas la largeur de la pièce, et qui relève le profil qu'on doit toujours avoir de niveau, l'inclinaison des faces supérieures de la voiture n'étant pas assez considérable pour se faire sentir dans la largeur du profil du pavillon.

Les *pieds corniers* se corroyent d'abord du côté du creux, comme les figures 70 et 71, en ayant soin, lorsqu'on les dégauchit, de remonter le calibre à raison de l'inclinaison intérieure du pied, ainsi que l'indiquent les lignes *a b c d e f* (*fig.* 71 et 72). Lorsque les pieds corniers sont ainsi préparés, on les met d'épaisseur du côté du bouge qui est le parement : cela fait, on marque l'arrasement du haut, du bas, et du dessus des traverses du milieu de la berline, traverses que l'on nomme d'*accotoirs,* ou mieux d'*ailerons ;* on trace ensuite le haut du battant en ligne droite, et le bas à l'aide d'un calibre pliant, que l'on applique dans le creux du battant que l'on chantourne après cela : on prend garde de les mettre d'équerre horizontalement, selon que l'indiquent les lignes *o o* (*fig.* 70, 71 et 72).

Le dedans du pied cornier se met à peu près de largeur, surtout lorsqu'il n'est pas visible, et qu'il ne reçoit point de glace, ce qui arrive aux diligences à l'anglaise, et autres voitures dont le pied cornier sert de pied d'entrée, lequel alors deviendrait d'égale largeur tout de son long. Ce n'est pas cependant qu'il faille que les pieds corniers soient d'une égale largeur pour recevoir les moulures ; mais cette largeur est

seulement apparente par-devant, ce qui se fait par le moyen
d'un ravalement, ainsi que par les côtés. Ces ravalements
ont lieu afin de faire paraître les pieds corniers moins larges;
en les exécutant, on laisse de la force au dedans du battant,
et du derrière de la rainure.

Le hors d'équerre des pieds corniers en change la largeur,
parce que si on les met en dedans, comme le montre la figure
75, cette manœuvre repousse le ravalement : si, au contraire
(*fig.* 76), ce hors d'équerre se met en dehors, il augmente la
largeur du pied cornier.

Ainsi que l'on doit se le rappeler, les équerres du bas des
pieds ne sont point semblables ; aussi, faut-il y faire attention
en les marquant toutes les unes sur les autres, afin de reconnaître ce qu'il faut augmenter ou diminuer de bois, comme
on le voit *fig.* 77. Cette observation est importante pour
avoir au juste l'arrasement des panneaux, qui sont moins
longs parce que les bois sont plus hors d'équerre, ce qui est
facile à concevoir, la ligne *a b* étant plus courte que *c d*, et
cette dernière ligne l'étant aussi plus que *e f*, ce qui, consé-
quemment, change la longueur des panneaux dont ces lignes
représentent le devant prolongé au travers du pied cornier.
Assez communément, les pieds corniers ne sont pas cintrés
sur le côté, mais ils forment un angle au point des traverses
d'ailerons.

Les *battants des portières* et les *pieds d'entrée* se corroyent
droits sur le champ : sur la face, ils sont cintrés depuis l'accotoir jusqu'en bas, le reste de la hauteur devant être droit
pour recevoir les glaces. Quant à l'intérieur, ces battants sont
corroyés droits tant du haut que du bas, jusqu'à l'appui, où ils
forment un angle plus ou moins grand, selon que le cintre
extérieur est plus ou moins considérable.

Comme les *portières* sont droites sur le plat, leurs battants
doivent être d'équerre sur tous les sens. Il n'en est pas de
même des pieds d'entrée, qui doivent être d'équerre avec la

portière, en dedans de l'ouverture de cette dernière, et suivre en parement l'inclinaison du renflement de la voiture. Lorsque ce renflement est inégal, la surface cintrée de ses pieds est non-seulement hors d'équerre avec le côté de l'ouverture de la portière, mais encore gauche sur la longueur.

Les battants des portières des diligences à l'anglaise offrent l'application de ce cas : leurs faces ne doivent pas être d'équerre avec leurs champs, mais au contraire suivre le renflement de la partie inférieure de la caisse : ce renflement n'étant pas égal d'un bout à l'autre du battant, en rend par conséquent la surface gauche. On met le dedans du battant d'équerre avec cette surface, à partir de la saillie de la moulure, ce qui augmente la largeur du battant, dont le parement présente un angle obtus avec son champ extérieur. Voyez un pied cornier de devant une diligence à l'anglaise, *fig.* 73, avec son évasement et son gauche, et ne commençant qu'à hauteur d'appui. Voyez aussi un battant de portière de la même voiture, avec son hors d'équerre et son gauche, *fig.* 74.

Comme ces battants sont en saillie sur le nu de la voiture, dont leurs faces doivent suivre l'inclinaison, on commence par tracer leur forme au nu du fond de leur saillie : puis on augmente celle-ci, qui diminue à mesure que le hors d'équerre s'accroît. La figure 78 montre cette différence de saillie par les lignes g, h, i, l, m, n, qui sont abaissées des angles du parallélogramme représentant cette saillie sur ses diverses inclinaisons.

Le champ des pieds d'entrée du côté du panneau doit être d'équerre avec sa surface extérieure, du moins de toute la saillie des moulures, car ces pieds étant fort étroits, perdraient une partie de la force qui leur reste si on les mettait d'équerre de toute leur épaisseur.

Les *traverses de haut* et celles d'*accotoir*, tant des portières que du corps de la caisse, sont droites sur le plat, parce que les premières reçoivent les glaces, et les autres les faux panneaux des custodes ou côtés de la voiture. Ces traverses doivent être toutes droites et le plus étroites qu'il est possible, du moins en apparence, puisque pour conserver la force des assemblages, on les fait de largeur convenable, et qu'on y pratique un ravalement du derrière de la rainure, et à la largeur qu'on juge à propos.

Les traverses du haut de la caisse ont au moins 34 millimètres (15 lignes) de largeur; savoir : 16 millimètres (7 lignes) pour la refuite de la glace, 10 millimètres (4 lignes) pour la portée de cette glace, et autant dans le pavillon.

Les frises sont cintrées sur le champ, ainsi que le pavillon, et sont très-étroites, toute leur force consistant dans leur épaisseur, qui est ordinairement de 41 millimètres (18 lignes).

J'ai choisi pour exemples, dans l'indication du corroyage des bois, les parties qui composent une berline, parce que ces applications se retrouvent dans presque toutes les autres voitures, soit en tout, soit en partie. Ainsi, tout en paraissant nous attacher à des indications spéciales, nous ne sommes point sorti des généralités.

De la construction des principales parties des voitures.

Lorsque le carrossier a mis ordre à toutes les dispositions générales qu'exige son état, il doit songer à se procurer de bons modèles et des calibres exacts. Les figures que nous donnerons en indiquant les différentes façons de voitures nouvelles satisferont ce premier besoin ; des conseils étendus sur la manière de déterminer la forme des voitures et d'en faire les calibres répondront à cette seconde nécessité.

On sent qu'il est impossible que nous étendions ces conseils à toutes les voitures en usage : immenses seraient les détails, et fatigantes aussi seraient les répétitions. Pour éviter ce double inconvénient, et donner cependant des indications suffisantes, nous allons appliquer à la construction des berlines toutes les indications différentes concernant l'exécution des calibres. Déjà ces voitures nous ont fourni nos différents exemples, et le lecteur doit commencer à se familiariser avec elles. Le motif qui nous a décidé à les choisir jusqu'ici pour modèle, nous engage à le faire encore; ce motif le voici :

Une berline est la plus compliquée, la plus usuelle des voitures; et malgré les apparences, toutes les autres ne sont que ses dérivés plus ou moins directs. Puisque c'est à une berline que vont se rapporter nos longues explications, il convient d'en détailler soigneusement les différentes parties.

Description d'une berline ordinaire.

Les berlines, ainsi nommées de Berlin, capitale de la Prusse, où l'on croit qu'elles ont été inventées, sont composées au premier coup-d'œil de quatre côtés *a a* (*fig.* 79, *Pl.* 5) semblables, avec panneaux par le bas : maintenant les côtés sont pleins par le haut, mais autrefois ils étaient garnis de glaces enchassées dans de faux panneaux, ou de châssis propres à les recevoir. Cette disposition ne se remarque plus qu'à quelques autres carrosses anciens et magnifiques. Les glaces sont maintenant au nombre de deux, une de chaque côté de la voiture, et forment le haut de chaque portière, dont un panneau forme le bas. Le fond est composé d'un brancard (*fig.* 80) et le dessus d'une impériale (*fig.* 81) qui couronne tout l'ouvrage et le rend solide en recevant le pourtour de la caisse qui s'y trouve embreuvé.

La figure 82 montre : 1° le devant avec panneau par le bas, et glace mobile ou à coulisse par le haut ; 2_0 le derrière avec panneau par le bas et par le haut, ou bien un faux panneau plein ou un châssis. Ainsi les berlines sont composées de six principales parties. Celles-ci à leur tour sont formées d'autres parties de détail que nous allons décrire.

Les deux battants II, les deux traverses de renflement LL,

les deux traverses des bouts M M, et les trappes ou plafonds N N, qui remplissent le vide du brancard, et forment le fond de la voiture, telles sont les parties indiquées par la figure 80.

Les faces antérieures et postérieures sont chacune composées de deux battants d'angle on pieds corniers Q Q, qui leur sont communs avec les côtés de traverses d'en haut TT : ces faces comptent aussi deux traverses de ceinture ou de milieu S, lesquelles sont disposées pour recevoir les panneaux D pardessous, et par-dessus pour recevoir la glace, si elles sont pardevant. Si, au contraire, elles sont par derrière, elles recoivent un panneau semblable à celui de dessous, ou bien un faux panneau qui se recouvre de cuir comme Y, *fig.* 84, ou bien seulement un châssis E, *fig.* 82, destiné au même usage. Il n'y a point de traverse d'en bas d'aucun côté, parce qu'au devant et au derrière les traverses de brancards en tiennent lieu, et qu'aux parties latérales ce sont les battants de ces derniers brancards.

Les côtés sont aussi composés de deux battants, dont l'un est le pied cornier Q du devant ou du derrière de la voiture, et l'autre battant R, *fig.* 79, ou *pied d'entrée*, sur lequel vient battre la portière, ou sur lequel elle est ferrée. Au-dessus de celle-ci, une traverse V, nommée *frise*, est assemblée dans le haut des pieds d'entrée, dont elle entretient la distance et auxquels elle affleure pour servir de battement à la portière.

Il y a ensuite aux côtés des traverses supérieures TT, comme aux devants et aux derrières : il y a ensuite les traverses d'*accotoirs* ou accoudoirs, appelés *traverses d'ailerons*, quand les custodes ou panneaux de dessus sont pleins. Au-dessus de ces traverses, on assemblait autrefois des montants, nommés *montants de crosse*, à raison de leur forme courbée : ils servaient à enchasser la glace qui remplaçait le panneau plein *a a*, *fig.* 79. Lorsqu'il n'y avait point de glace, on la remplaçait par un faux panneau que l'on recouvrait de cuir, et ces montants servaient à le séparer du panneau apparent, nommé *panneau de custode.* Cette opération longue et compliquée avait le désagrément de produire une saillie sur le côté de la berline; maintenant on l'évite en substituant à cet appareil un simple panneau qui remplit entièrement le côté de la voiture.

Au-dessous de la traverse d'accotoir se trouve un panneau apparent qui y entre à rainure et à languette, comme les panneaux de ce genre : il entre aussi dans le pied cornier le pied d'entrée, et dans le battant de brancard qui sert de traverse au côté.

Chaque portière est composée de deux battants et de trois traverses, savoir : une par le haut, une par le bas et une au centre ; ces deux dernières traverses sont rainées par-dessous pour recevoir le panneau, celle du haut est disposée pour recevoir la glace.

L'impériale ou pavillon (*fig.* 81) est composé de deux battants O O et de deux traverses PP, assemblées à tenons et à mortaises, ils forment l'assemblage nommé le *châssis de l'impériale,* selon que sont disposées les courbes remplissant le vide de ce châssis.

On ne nomme point indifféremment cette partie supérieure de la voiture, *impériale* ou *pavillon.* On lui donne cette première dénomination quand le vide est rempli par plusieurs courbes perpendiculaires au milieu de ce châssis et parallèles entre elles, comme *gg, fig.* 81. Lorsque, au contraire, ces courbes tendent toutes à une ovale placée au centre du châssis, et dans laquelle elles s'assemblent, il reçoit le nom de *pavillon.* L'extérieur de l'un et de l'autre est recouvert de planches minces de 5 mill. (2 lignes) d'épaisseur au plus, qui s'attachent avec des pointes et sur le châssis et sur les courbes. Il faut que ces planches offrent une surface parfaitement unie, afin que le cuir que l'on tend dessus ne fasse aucune ride et ne se puisse couper.

Passons à la description de l'intérieur de la caisse. Il s'y

trouve : 1º des barres *o o* (*fig.* 83 et 84) qui portent les panneaux et les empêchent de se tourmenter, parce qu'ils sont
fortement arrêtés ensemble à l'aide d'un nerf battu et de la
toile que l'on colle sur les barres *o o*; 2º les mêmes figures
montrent d'autres barres *l l* qui remplissent le même objet et
qui, en outre, servent aux selliers à attacher la toile appelée
de *matelassure,* ce qu'ils ne pourraient faire sur le panneau,
sans s'exposer à le faire fendre, à raison de son peu d'épaisseur ; 3º on voit encore dans les figurss précédentes en *h h* les
coulisseaux qui servent à faciliter le mouvement des glaces et
des faux panneaux, ainsi qu'à les retenir en place. Dessus ces
coulisseaux et sur leurs nus sont placés les panneaux de doublure *ii,* dont l'usage est de recouvrir les coulisseaux et de
prévenir le bris des glaces lorsqu'elles sont placées. Outre
cela, ces panneaux ont pour but d'appuyer les siéges et les
tasseaux qui les portent ; ils présentent enfin un point d'appui au sellier pour attacher ses étoffes et ses garnitures.

L'intérieur d'une berline présente deux siéges, l'un sur le
derrière et l'autre sur le devant. Ces siéges *m m* sont immo-
biles, à moins d'une disposition particulière. Alors le dessus
du premier se lève et se trouve placé dans un bâtis, tandis
que l'autre reste en place et n'a un devant *n* qu'à la moitié
de sa hauteur, au lieu que l'autre monte jusqu'en haut.

Il y a des berlines de campagne, au-dessous desquelles on
pratique une caisse ou cave GG (*fig.* 82, 83 et 84). Cette cave
est de toute la grandeur intérieure du brancard. On y fouille
par l'intérieur de la voiture, en faisant ouvrir les deux parties du milieu du plafond du brancard. Mais cette cave devient de plus en plus rare, surtout pour les berlines de luxe,
parce qu'elle produit un mauvais effet, à moins d'être extrêmement petite, et alors elle ne peut être d'un grand service.

Manière de faire les calibres d'une berline.

Maintenant que nous connaissons bien en détail toutes les parties d'une berline, nous allons indiquer les moyens à employer pour en faire les calibres ou patrons. D'abord, avant de s'en occuper, il faut examiner quel sera l'usage de cette berline, quel nombre de personnes elle devra contenir ; il faut aussi considérer l'âge, le rang, les goûts des gens auxquels on la destine, car il va sans dire que toutes les différences possibles dans ces diverses choses en amèneront nécessairement dans la construction. La voiture d'une jeune dame élégante ne devant point ressembler à celle d'un homme déjà âgé ; une berline de noce, à celle qui, consacrée à l'usage d'une nombreuse famille, se rapproche d'une voiture de place, ainsi de suite pour une multitude de circonstances propres à provoquer l'examen du carrossier.

Il est une manière bien simple de faire les calibres, lorsqu'on a une voiture-modèle sous les yeux : on en mesure les diverses parties, puis on applique ces mesures sur les tables de bois qui doivent servir à fabriquer la berline, ou, mieux encore, on trace, d'après ces mesures de calibre, sur du fort carton, on découpe ce carton le long des lignes que l'on a dû tracer, d'après les mesures, puis on en applique les morceaux sur les parties correspondantes de la voiture, afin de voir s'il n'y a nulle différence. Les calibres ainsi faits doivent être étiquetés, numérotés et conservés pour le moment où l'on doit en faire usage. Mais, pour confectionner les calibres de cette façon, il faut absolument avoir un modèle exécuté ou dessiné. Le moyen suivant, beaucoup plus compliqué, est destiné à l'obtention des calibres, sans le secours de modèles, et, de plus, il présente beaucoup plus d'assurance et de dextérité.

Toutefois, en certains cas, et surtout lorsque la voiture est pourvue d'une capote unique ou accompagnée de divers accessoires, il est bon d'imiter les carrossiers anglais qui prennent le patron ou calibre d'une caisse d'équipage avec de la toile ou canevas. Cette toile flexible se prête mieux à l'imitation des contours. Après l'avoir tracée et découpée comme il convient, on peut lui donner de la consistance en l'encollant. J'ajouterai que des calibres de cette sorte sont moins lourds et se rangent plus facilement que tous autres patrons.

On commence par fixer la hauteur de la berline (*fig.* 85), hauteur de 1^m,40 (4 pieds 4 pouces) environ entre le dessus A de la marche et le dessous de la frise B, d'après la largeur de laquelle on établit le pavillon de la voiture, qui doit être légèrement cintré, et même souvent pas du tout : en cas qu'il y ait cintre, il est ordinairement d'un arc de cercle d'à peu près 27 ou 14 millimètres (1 pouce ou 1/2 pouce), de retombée sur les angles, et cette retombée est marquée par la ligne C D ; on détermine ensuite la longueur, ou pour mieux dire la surface de la voiture par le haut, mesure qui doit être ordinairement de 1^m,73 (5 pieds 4 p.), savoir: 51 à 54 cent. (19 à 20 pouces) pour chaque largeur de custode, et 65 centimètres (2 pieds) de largeur d'ouverture de portière, prise entre les deux pieds d'entrée tracés par deux lignes perpendiculaires E E et G H. On fixe après cela la hauteur de l'appui ou cintre de la voiture, qui se trouve environ au milieu de la hauteur de l'ouverture de la portière, ainsi que la ligne I L, à laquelle on donne à peu près 1^m,62 (5 pieds) de longueur, savoir : 48 centimètres (18 pouces) pour chaque custode, et 65 centimètres (2 pieds) pour l'ouverture de la portière, ce qui produit à peu près 54 centimètres (2 pouces) de pente à chaque bout de la berline : cette pente est tracée par les lignes G I, D L, que l'on prolonge indéfiniment au-dessous de la ligne de ceinture. Il ne reste plus qu'à déterminer le cintre du brancard et du bas de la voiture, ce qui se fait ainsi qu'il suit :

Au-dessus, et à 13 centimètres (5 pouces) de distance de la marche de la voiture, on trace une ligne horizontale M N, à laquelle on donne environ 1^m,40 (4 pieds 4 pouces) de longueur; puis par les points I, M; O, N, L, on fair passer une

courbe qui n'est ni portion de cercle ni d'ovale, mais dont
chaque moitié est composée de trois parties d'arcs de cercles,
qui forment une courbe gracieuse et sans aucun jarret, ce qui
est d'autant plus vrai, que les rayons de ces arcs de cercles
passent par les centres de ceux qui les avoisinent, et auxquels
ces mêmes rayons sont perpendiculaires, comme on peut le
voir dans la figure 85 ou la ligne PQ, qui est un rayon du
grand arc du milieu de la courbe, passe par le point R, qui
est le centre du second arc PS, dont le rayon SR est prolongé jusqu'à ce qu'il rencontre la ligne IT, qui est perpendiculaire à celle IC : de sorte que le point T devient le centre du dernier arc de cercle SI, lequel ne peut faire aucun
jarret avec la ligne droite IC, puisque celle IT, qui est un
rayon de cet arc, est perpendiculaire à cette dernière.

Le contour extérieur de la berline étant ainsi déterminé,
on y ajoute en dedans les lignes des largeurs correspondantes à
celles de l'extérieur, et l'on trace ensuite la traverse du bas
de la portière, afin de pouvoir fixer au juste la hauteur de
l'appui : lorsqu'il est une fois tracé, on achève de marquer le
reste de la voiture vue de côté, ce qui est fort simple, puisqu'il
ne reste qu'à prolonger à droite et à gauche de la portière, la
hauteur de l'appui en traçant de D à N et de M à G.

Le côté de la berline tracé, il est fort aisé d'en dessiner la
face, attendu que toutes les hauteurs sont bornées par les
hauteurs latérales, comme on le voit *fig.* 91, où ces hauteurs
sont bornées par les lignes horizontales C D, I L, M N, (*fig* 85)
qui sont prolongées de cette figure à la figure 90 pour mieux
faire sentir le rapport qu'elles doivent avoir nécessairement
entre elles.

Occupons-nous maintenant de déterminer la largeur de la
voiture, qui doit avoir 1^m08 (3 pieds 4 pouces) de largeur par
le haut, 1^m06 (3 pieds 3 pouces 1/2) à la ceinture ou traverse
d'appui, et 1^m002 (3 pieds 1 p.) au nu du brancard : de telle
sorte que la berline est évasée par le haut de moins de 14
millimètres (1/2 pouce) de chaque côté, lequel évasement dé-

crit tantôt une ligne droite depuis le haut jusqu'à l'appui, comme le montre la figure 79, et tantôt, comme l'indique la figure, se diminue de quelques millimètres, et d'une manière insensible avant la traversé d'appui : l'évasement, qui du reste ne doit jamais être brusqué, se fait peu sentir depuis les premiers pouces au-dessous de l'appui, puis se resserre graduellement, et plus fortement dans le voisinage du brancard pour regagner le pouce et demi de différence qui se trouve partagé de chaque côté entre la largeur de la voiture à l'appui, et celle de cette partie ou nu du brancard.

Quant à la largeur des pilastres de devant, elle se détermine par la rentrée intérieure des pieds corniers, ou par la grandeur de la glace qu'on doit y mettre ; mais ce dernier cas n'a presque jamais lieu, les glaces étant toujours de toute la largeur de l'ouverture de la portière. La figure 90, Y, représente la glace de toute sa grandeur.

Mais les prescriptions précédentes ne peuvent servir qu'au tracé géométrique d'une berline, et non à son tracé total, parce que cette voiture étant évasée sur les côtés, et cintrée dans sa partie inférieure, donne une sorte de rallongement aux parties droites, comme les traverses de côté, et tous les battants en général.

Le centre de la voiture où se place la portière n'est jamais bombé, ou s'il l'est, c'est à peine et tout-à-fait auprès du brancard.

Manière de déterminer la forme des pieds d'entrée et des portières.

Sur les prolongements des lignes C D, I L, M N (*fig.* 85), on élève une perpendiculaire A B, représentée par le point *o* (*fig.* 91) ou par le point I, ce qui revient au même : puis on prend la distance *o n* ou *i m* (*fig.* 91), que l'on porte (*fig.* 87) de B à C, et duquel point on élève à la ligne de ceinture une perpendiculaire qui la rencontre au point E, ce qui donne la pente du devant du pied d'entrée, dont l'arrête ou plutôt la

surface de la partie supérieure est indiquée par la ligne E A,
et cette surface coupe la perpendiculaire à la rencontre de la
ligne C D (*fig.* 85), prolongée jusqu'à la figure 87 et au-
delà : on prend ensuite la distance *o p* ou 7 8 (*fig* 91), qu'on
porte de B à D (*fig.* 87), et par ce point D on fait passer le
bas du cintre de l'appui, qu'on fait le plus doux qu'il se peut.
Ce cintre en S ne peut pas être le même que celui des pieds
corniers, cintre tracé dans cette figure par une courbe ponctuée
pour la distinguer de la courbe des pieds d'entrée, parce que
cette courbe étant beaucoup plus longue que cette dernière,
irait mal si elle suivait le même cintre, qui n'est cependant
point si gauche qu'il paraît ici. Mais ce gauche est presque
insensible, puisque la distance C *s* (*fig.* 87) est égale à celle
q 3 (*fig.* 91), et cette distance est donnée par la ligne *r* 8
qui, étant parallèle à celle 3, 9, ne peut par conséquent produire qu'une surface droite. On pourrait remédier à ce léger
gauche en faisant le côté du brancard parallèle en plan avec
la traverse d'appui.

Pour la ligne du milieu de la portière, représentée par celle
F I L, c'est le même centre et la même pente qu'aux pieds
d'entrée, les distances F G, F H (*fig.* 86) étant égales à celle
D G et D B (*fig.* 87), parce que les portières sont ordinairement sur une surface droite, en observant cependant d'augmenter les saillies des portières sur le calibre, comme l'indique la ligne ponctuée x x x x, lorsqu'elles font corps avec les
pieds d'entrée. Il faut encore faire attention à ce qui suit : la
pente et la rentrée du cintre des figures 86 et 87 sont bornées par le haut et par le bas, à raison de la rencontre des
lignes 1 o et 8 *p*. Ces lignes, qui sont droites sur le plan,
changent de forme, soit par la sortie des lignes droites du
haut, représentées (*fig.* 86 87) par les perpendiculaires L 1
et A 2, dont la hauteur est bornée par des lignes ponctuées
provenant de l'élévation (*fig.* 85); de sorte que les points 1
et o de plan (*fig.* 91) s'écartent de la ligne droite 1 o de la
distance 1 *a* et 2 *b* (*fiq.* 86 et 87).

Les conseils que nous venons de donner relativement à la
partie supérieure de la voiture, doivent être suivis pour la
partie inférieure, parce que le cintre du bas doit rentrer
exactement, d'après la ligne M N (*fig.* 85), de telle sorte que
le brancard ne puisse pas avoir exactement la même forme
que celui que représentent les lignes du plan 2, 8 *p*; il faut
encore que ces brancards soient hors d'équerre pour suivre
le cintre de la voiture, comme l'indiquent les perpendiculaires F *u* (*fig.* 86), D x et *t y* (*fig.* 87), dont les distances, avec
la rentrée des cintres d'après lesquels elles sont abaissées,
donnent l'évasement et le hors d'équerre du brancard, ce
que j'expliquerai plus tard.

Moyen de déterminer la longueur et la forme des pieds corniers.

Les pieds corniers étant cintrés inégalement des deux côtés,
il faut nécessairement avoir le calibre rallongé de chaque cintre, afin de n'employer que le moins possible de bois, et d'é-
viter le bois tranché qui se rencontrerait dans les pieds corniers si on les prenait à plein bois, c'est-à-dire, qu'après les
avoir cintrés géométriquement, comme les montrent les figures 85 et 90; si on leur donnait l'évasement nécessaire, on
s'épargnerait la peine de faire des calibres rallongés, mais on
aurait le désagrément d'augmenter la quantité du bois tranché, ce que l'on doit soigneusement éviter.

Le premier calibre rallongé dont on a besoin, est celui du
cul-de-singe, représenté par N L D (*fig.* 85), qui se trace
ainsi :

Le cintre géométrique du côté du pied cornier étant tracé,
et celui de face (*fig.* 85 et 90); le dessus de l'appui étant déterminé par L E, on divise la hauteur de l'appui en un nombre
égal de lignes parallèles à cette dernière, comme les lignes
b s, *d t*, *f u*, *h x*, *l y*, N C, puis de l'extrémité supérieure de l'intérieur du pied cornier (*fig.* 90), à l'endroit le plus cintré, on
fait passer une ligne droite B D, à laquelle on mène une pa-

rallèle A C, ce qui donne d'abord l'épaisseur de la pièce dans laquelle doit être pris le pied cornier, et en même temps la pente et le rallongement du calibre, qui se trace de la manière suivante :

On trace à part (*fig.* 88), une perpendiculaire pareille à G H ; on prend ensuite sur la ligne A C (*fig.* 90), les distances données par les lignes horizontales qui la coupent; on porte ces distances sur la ligne G H (*fig.* 88), du point F aux points *n*, *o p q r* et H : de sorte que la distance F H est égale à celle E G (*fig.* 90); il en est ainsi des autres points sur lesquels on élève autant de perpendiculaires à la ligne G H (*fig.* 88), dont les longueurs, étant égales à celles de la figure 85, qui leur sont correspondantes, donnent le cintre rallongé, c'est-à-dire, que l'on fait la distance F 8 (*fig.* 88), égale à L 1 (*fig.* 85) : celle *n* 9 égale à *b* 2 : celle *o* 10 égale à *d* 3 : celle *p* 11 égale à *f* 4 : celle *q* 12 égale à *h* 5 : celle *r* 13 égale à *l* 6 : et enfin celle H 14 égale à N 7. Après cela, pour l'évasement du haut du calibre, on prend, sur la figure 90, la distance E A, qu'on porte de F en G, duquel point au point 8, on fait passer une ligne droite qui est la pente ou évasement du calibre rallongé qui se met ensuite de largeur, selon qu'il en est besoin.

Le premier calibre achevé, on trace le second comme il suit, ce calibre doit être pliant.

On trace la perpendiculaire L N (*fig.* 89), sur laquelle on porte les distances données sur l'intérieur du pied cornier, (*fig.* 85), par la rencontre des lignes parallèles, c'est-à-dire, qu'on porte la distance x *a* (*fig.* 85), de M à *l* (*fig.* 89) : celle *a c* de *l* à *m* : celle *c e* de *m* à *n* : celle *e g* de *n* à *o* : celle *g i* de *o* à *p* : et celle *i m* de *p* à N : puis, par les points M, *l m n o p* et N, on élève autant de perpendiculaires à la ligne L N, dont la longueur donne le cintre du calibre, en faisant la distance M 20 (*fig.* 89) égale à la distance 14 *z* (*fig.* 91) : celle *l* 21 égale à celle 15 *s* : celle *m* 22 égale à celle 16 *a* : celle *n* 23 égale à celle 17 *b* : celle *o* 24 égale à celle 18 *d* : celle *p* 25 égale à celle 19 *e* : enfin la distance N 26 égale à celle *a c* : puis on prend la distance 8 6 (*fig.* 88), qu'on porte de 20 à L (*fig.* 89), ce qui donne la longueur du calibre qui se met de largeur à l'ordinaire.

Au lieu de prendre ce calibre au dedans de la courbe, comme je viens de le faire, si on voulait le prendre au dehors, on suivrait toujours la même méthode, en observant seulement de marquer les distances horizontales sur le dehors de la courbe, ce qui n'a besoin d'aucune démonstration.

Quant à la véritable longueur de l'arête du pied cornier, elle n'est pas difficile à trouver, puisqu'elle est donnée par la longueur de l'hypothénuse d'un triangle rectangle, dont le grand côté est égal à la longueur perpendiculaire du pied cornier, et dont le petit côté est égal à la saillie du pied cornier pris sur l'angle. Soit (*fig.* 95), A B C D, l'angle pris à la ceinture de la voiture, et E D F, l'angle extérieur pris au haut du pied cornier dont on veut avoir la longueur prise dans l'angle, on commence par tracer cette longueur en plan, en tirant une ligne droite du point A au point E, points sur lesquels on élève une perpendiculaire à la ligne AE : puis, la hauteur perpendiculaire du pied cornier étant bornée, comme, par exemple, de E en G, de ce point au point A, on mène une ligne droite, dont la longueur est celle de l'angle du pied cornier.

Voici une autre manière de trouver cette longueur :

On prolonge les côtés de l'angle intérieur, jusqu'à ce qu'ils rencontrent ceux de l'angle extérieur aux points *b* et *c*, desquels points on élève une perpendiculaire à chacun de ces côtés ainsi prolongés : puis on porte la hauteur perpendiculaire de l'arête du pied cornier de *b* en *a*, duquel point, à l'angle A, on mène une diagonale, à l'extrémité de laquelle on élève une perpendiculaire dont on fait la longueur *a* I égale à A *c* : puis du point I à l'angle A, on mène une ligne droite dont la longueur est celle de l'arête du pied cornier, ce qui est exactement vrai, puisque cette dernière ligne est égale à la ligne A G.

On doit se servir de la première méthode, qui est la plus simple, quand on veut relever la longueur de l'arête d'un pied cornier sur le plan : cela est facile, mais exige beaucoup de place. On doit au contraire employer le second procédé lorsqu'on veut se passer de plan, comme je l'ai fait aux figures 88 et 89, où j'ai d'abord pris la longueur E A (*fig.* 91), longueur qui est le premier rallongement, et que j'ai portée (*fig.* 88) de F à G, afin d'obtenir l'hypothénuse 8 G, qui est la véritable longueur de l'arête. Ce dernier moyen est plus compliqué que le précédent. Au reste, l'une ou l'autre de ces méthodes suffit pour déterminer la longueur et la forme des pieds corniers de toutes les voitures possibles.

Manière de faire les pavillons et impériales.

Le travail des pavillons était important et difficile autrefois, parce que le dessus des voitures était fortement bombé, et qu'il fallait exécuter avec soin la courbe de chacune des cerces composant le pavillon; mais maintenant que le pavillon présente ordinairement une surface plane et horizontale, ou bombée d'une manière presque insensible, l'exécution de cette partie des voitures est devenue chose très-facile.

En général, les cerces ou courbes des pavillons et impériales se font de bois d'orme, d'environ 8 à 9 centimètres (9 lignes à 1 pouce) carrés, tout étant réduit, c'est-à-dire, mis hors d'équerre tant en dedans qu'en dehors.

Pour leurs assemblages, ils se font à tenons et à mortaises les uns avec les autres; savoir, celle du milieu de largeur, qui est d'une seule pièce, et qui reçoit celle du milieu de longueur, laquelle est par conséquent de deux pièces, dans lesquelles viennent s'assembler toutes les autres cerces, qui sont chacune de deux pièces, comme le montrent les fig. 94 et 81.

Les courbes ne s'assemblent pas communément dans le châssis, mais elles s'appliquent à un dessus, et s'y arrêtent avec des clous; je crois cependant que cet usage est vieilli, et qu'il vaut beaucoup mieux les faire entrer en entaille dans le châssis du pavillon, puisqu'on ne peut y faire des assemblages ordinaires. J'ai indiqué cette mesure par les lignes ponctuées *f, g, d* (*fig.* 81) : cela aurait beaucoup de solidité et retiendrait l'écart de la voiture.

Quant aux châssis de pavillon, on les assemble à tenons et à mortaises, et comme le bois de 15 centimètres (5 pouces) de largeur n'est pas suffisant, on y rapporte des collages en dedans, d'après lesquels on fait l'assemblage, comme on peut le voir *fig.* 94, où les lignes ponctuées le long des battants indiquent la largeur du bois, et par suite ce qu'il faut y coller. La figure 81, dont nous avons parlé en traitant des diverses parties d'une berline, représente la forme des bâtis ou châssis de pavillon ; elle les représente de niveau. Les bâtis et les assemblages étaient encore une longue et difficultueuse besogne, quand les bords des pavillons saillaient en corniches ouvragées autour des parois de la voiture qu'ils couronnaient; mais à cette heure, le pavillon n'est qu'un encadrement en forme de parallélogramme, rempli à distance égale par des barreaux enchâssés à tenons et mortaises dans les deux montants longitudinaux. Pour en déterminer les dimensions, il suffit d'avoir la mesure de la largeur de la voiture, et de celle du fond et du devant. Cette mesure se prend au compas, ou quelquefois de la manière suivante :

On raine les montants, et on les met sur la voiture à la place qu'ils doivent occuper: puis après les avoir mesurés de longueur et avoir pratiqué les entailles pour recevoir les traverses, on fait un repère sur la traverse du haut de la voiture au nu de cette entaille : ensuite on raine pareillement les traverses, et on les met à leur place pour les tracer, par le moyen du repère pratiqué sur la traverse de devant. Quand les montants et traverses sont ainsi préparés, on y fait les tenons et mortaises, puis on les assemble et l'on place les cerces comme je l'ai dit plus haut. Cette méthode est très-simple, et par cela même elle doit être laissée aux commençants.

Le dessus des pavillons se recouvre de voliges de 2 à 5

millimètres (1 à 2 lignes) d'épaisseur, et l'on attache ces voliges sur les pavillons avec de petits clous d'épingles : elles doivent être d'une égale épaisseur entre elles, afin d'affleurer toutes à l'endroit des joints. Quant à la manière de poser ces voliges, elle a beaucoup de simplicité. Après en avoir dressé une, on l'attache au milieu du pavillon avec deux ou trois clous seulement, pour la faire plier et pouvoir la mesurer de longueur ; cela fait, on la détache, on la coupe de longueur, et on la met en chanfrein par-dessous, pour qu'elle porte bien et qu'elle joigne sur la traverse de pavillon : cette manœuvre achevée, on l'attache à demeure. On agit de même pour les autres voliges, que l'on met de longueur, et dont on mesure le joint après les avoir fait plier à leur place ; ce travail n'offre aucune difficulté. Lorsque toutes les voliges sont posées, on doit avoir grand soin qu'elles affleurent convenablement et partout, tant avec le châssis du pavillon qu'entre elles. Si elles venaient à désaffleurer, on y remédierait par un coup de rape ou de rabot, selon qu'il serait nécessaire

De la construction des brancards.

La longueur et la largeur d'un brancard étant données, comme l'a montré la figure 91, *Pl.* 5, le carrossier marque la largeur des battants, dont l'intérieur produit l'arrasement des traverses de renflement, auxquels on rallonge une barbe du côté du petit plafond ; cet appendice vient au fond de la feuillure faite dans le bout du battant pour recevoir ce dernier. Lorsque, selon l'usage, il n'y a point de cave sous le brancard, dont l'épaisseur puisse servir à porter le plafond du milieu, il faudrait en ce cas pratiquer la feuillure tout le long du brancard, et par conséquent rallonger carrément la barbe, ce qui se fait fort aisément. En traçant les mortaises destinées à recevoir les traverses de renflement, on doit prendre garde que le dedans des feuillures de ces traverses soit placé au nu de l'ouverture de la portière.

Les traverses des bouts du brancard doivent être plus longues d'arrasement que celles de renflement : la profondeur de l'entaille faite au battant est la mesure de cette longueur. On agit ainsi afin de diminuer la largeur du battant, et le rendre par conséquent moins sujet à se retirer.

Quant aux assemblages de ces traverses, ils doivent avoir 14 à 18 millimètres (6 à 8 lignes) d'épaisseur ; ils doivent être placés parallèlement à leurs faces principales, et avoir pour la joue la profondeur de la feuillure, afin que le tenon puisse être de toute la largeur de la traverse, et de donner par là plus de force à l'assemblage. La largeur des traverses de renflement ne peut être moins de 68 millimètres (2 pouces 1/2) ; savoir, 41 millimètres (1 pouce 1/2) de plein bois, et 14 millimètres (6 lignes) pour chaque feuillure. Du reste, il est assez indifférent que leur épaisseur soit de 54 ou 41 millim. (2 ou 1 pouce 1/2). La largeur des traverses de renflement est d'ailleurs bornée par la saillie du profil et par l'angle que forment la courbe du brancard et le dessus de ces traverses, ce qui fait ordinairement de 68 à 81 millimètres (2 pouces 1/2 à 3 pouces).

Les bâtis de brancard sont remplis en dedans par des espèces de panneaux nommés *plafonds*, d'à-peu-près 20 millim. (9 lignes) d'épaisseur ; ils entrent tout entiers dans ces bâtis, et y sont fixés à demeure, à moins qu'il n'y ait une cave à la berline. Alors, en ce cas, les plafonds du milieu se lèvent, et on y conserve environ 5 millim. (2 lignes) de jeu au pourtour, pour laisser libre la place occupée par le cuir qui garnit les plafonds, et quelquefois l'intérieur de la cave. Quant aux plafonds des bouts, comme ils restent toujours à poste fixe, on les fait entrer juste dans leurs feuillures, sur lesquelles on les arrête en les clouant. Quelques carrossiers font ces derniers plafonds aussi épais que ceux du milieu ; mais cette pratique n'est pas avantageuse : 14 millim. (6 lignes) d'épaisseur suffisent aux petits plafonds, parce qu'ils ne portent rien, et qu'il est inutile de prodiguer le bois et d'alourdir la voiture.

Les caves attachées sur les brancards sont nécessairement de grandeur égale à ceux-ci : elles sont assemblées à queue d'aronde, et leur fond est attaché dessous avec des clous, ce qui est suffisant, parce que la ferrure dont on les garnit, ainsi que leur doublure de cuir, leur donnent toute la solidité désirable.

Assemblage des brancards avec les autres parties de la voiture.

On assemble plus facilement les brancards aujourd'hui, qu'on ne pouvait le faire lorsqu'ils présentaient une forte saillie en dessous de la voiture, ce qui n'a jamais lieu maintenant. On assemble les pieds corniers avec les brancards à tenons et à mortaises, en ayant soin d'y pratiquer un enfourchement avec un double assemblage; mais comme on pourrait craindre que ces assemblages manquassent de solidité, et qu'en faisant passer l'ouvrage au travers du brancard, l'ouvrage ne fût pas assez soigné, il vaudrait mieux assembler à trait de Jupiter, comme on le voit fig. 95 F, Pl. 5, qui représente un pied cornier vu en parement et assemblé à trait de Jupiter avec le brancard. A la figure 94 E, est représenté ce même pied cornier tout désassemblé, et la place des assemblements est indiquée par des lignes ponctuées. La figure 96 H montre encore ce même pied cornier assemblé en dedans.

On fait constamment le trait de Jupiter perpendiculaire avec le brancard, sans avoir égard au cintre ou à l'inclinaison du côté de la voiture, et on a toujours soin de le placer d'après le profil du pied cornier, afin qu'aucun des membres de moulure ne soit coupé ni par les joints du trait de Jupiter, ni par la clef, comme on le remarque fig. 97, qui représente un pied cornier vu de face, et à la figure 98, qui montre le bout d'un battant de brancard, où le trait de Jupiter est reculé autant que possible, disposition que montre aussi la figure 97.

Quand les profils des pieds corniers tournent ainsi au pour-

tour du brancard, on n'y met ordinairement point de cave.
Autrefois les moulures de la face du pied cornier exigeaient
beaucoup de travail, et formaient une corniche plus ou moins
saillante, plus ou moins ornée au bas de la voiture, et autour du brancard; cette corniche qui nuisait à la légèreté et
embarrassait déjà souvent l'imparfaite suspension alors en
usage, ne se pratique plus du tout, ce qui simplifie encore
le travail du menuisier en carrosses. Chacune de nos remarques prouve combien ce travail était autrefois compliqué.
Il suffit de feuilleter l'ouvrage et surtout les planches de
l'art du Menuisier-Carrossier de Roubo, pour s'en convaincre.

Revenons au panneau de devant; il se termine toujours à
l'ordinaire, c'est-à-dire au nu de la traverse du brancard, et
le reste se remplit par un plafond, comme aux autres voitures. Autrefois encore ce mode entraînait un grand inconvénient, parce que le plafond, qui n'était nullement décoré,
ne répondait pas au reste de l'ouvrage.

*Manière de tracer les panneaux à raison de leurs différents
cintres.*

Nous nous rappelons que cette partie importante des voitures demande du bois choisi, principalement du bois de
noyer noir mâle, à moins que les localités ne fournissent du
bois aussi liant, et dont les planches portent autant de
largeur, sans fente ni nœuds défectueux. Nous savons que le
motif qui oblige à choisir des planches le plus larges possible,
pour les panneaux de voitures, est leur mince épaisseur, car
non-seulement ils doivent avoir beaucoup de légèreté, mais
encore la faculté de se plier facilement. D'après cela, les
joints qu'on y pratiquerait à rainures et à languettes seraient
peu solides et se briseraient au moindre effort, et surtout
lorsqu'on voudrait cintrer les panneaux au feu; il faut donc
les prendre dans une seule pièce, du moins ceux qui doivent
être cintrés sur la surface.

Il est bon, toutefois, de prendre les planches assez larges pour ne point trop multiplier les joints, et de ne faire, autant que possible, ceux-ci que sur les bords du panneau, parce que si par hasard le bois venait à travailler, ou si quelque accident imprévu arrivait, cette mesure est de nature à prévenir tout mauvais résultat.

Nous allons, en terminant ce chapitre par une instruction générale sur les panneaux, nous écarter de la marche particulière que nous avons suivie en commençant. Nous ne nous attacherons pas spécialement à l'indication des panneaux d'une berline, quoique, à la rigueur, cette indication pût s'appliquer à toute autre voiture, mais nous allons traiter des panneaux de toute espèce, et de toute construction des panneaux de calèche, brousky, etc.

Les panneaux sont refendus à 9 millim. (4 lignes) d'épaisseur, ce qui fait qu'ils n'ont que 7 mill. (3 lignes) étant corroyés et replanis. On doit les équarrir, les chantourner d'après une méthode sûre, ou, pour mieux dire, les tracer et les chantourner selon la forme convenable, à raison de la place qu'ils occuperont et du cintre qu'ils recevront. Cela terminé, on expose les panneaux à la vapeur, avec les précautions nécessaires, pour déterminer les différents degrés et formes de cintrage.

On peut considérer les formes à donner aux panneaux sous trois points de vue: 1° Il y a les panneaux cintrés également des deux bouts, c'est-à-dire sur toute leur largeur; 2° ceux qui sont inégalement cintrés des deux bouts, ou quelquefois gauches; 3° ceux qui, cintrés régulièrement ou irrégulièrement, se trouvent sur un plan oblique, tels que les panneaux de côté des berlines.

Comme, avant d'être exposés à l'action de la vapeur ou du feu, les panneaux ont une surface plane et unie, il est nécessaire de trouver le développement de ces panneaux, afin d'avoir au juste leur largeur et leur longueur, et en même temps leurs différents contours, qui sont donnés par le gauche, ou par les différents contours qu'ils doivent prendre, ce qui se fait de la manière suivante :

Lorsque les panneaux sont cintrés également, après avoir tracé leur élévation géométrale, ainsi que les figures 99 et 100, *Pl.* 5, on marque à côté le cintre ou calibre du panneau indiqué par A B, que l'on divise en tel nombre de parties que l'on veut, comme l'indiquent les points *q*, *r*, *s*, *t*, *u*, desquels points on mène à la figure 100 autant de lignes horizontales, comme celles *u* 4, *t* 6, *s* 8, *r* 10, et *q* 12 ; puis on développe la ligne courbe A B sur une ligne droite et perpendiculaire, ainsi que celle *x b*, et cette ligne se divise en autant de parties que celle A B. Ensuite, des points *y*, *z*, *a* et *x*, on mène à la figure 99 autant de lignes horizontales parallèles entre elles ; puis on prend sur la figure 100 la distance 1, 2, que l'on porte sur la figure 99 de *a* en *b*; celle 3, 4, de *c* en *d*; celle 5, 6, de *e* en *f*; celle 7, 8, de *g* en *h*; celle 9 et 10, de *i* en *l*; celle 11, 12, de *m* en *n*; enfin, celle 13, 14, de *o* en *p*, de sorte que l'espace compris entre *o a*, *a b*, *b p* et *p o*, est égal à celui qui est compris entre les lignes 14, 2; 2, 1 : 1, 13, 13 et 14, dont il est le développement. Enfin, en deux mots, la fig. 99 est le développement de la fig. 100, l'opération faite pour une partie du panneau pouvant s'appliquer au panneau entier.

Que le cintre du panneau soit un arc de cercle, comme le calibre A B, ou bien un cintre en S, comme le calibre C D, c'est toujours la même méthode, comme on peut le voir aux figures 101 et 102, où la ligne E F (*fig.* 101) est égale à celle C D, développée, et la distance G H est égale à celle L I (*fig.* 102), ainsi du reste.

Il importe que, dans tous les cas, on prenne les points de division sur le parement des calibres, comme je l'ai observé dans les deux exemples précédents, parce que, si l'on agissait autrement, on courrait risque de faire les panneaux trop étroits, ou trop larges, selon que le parement de l'ouvrage serait en bouge ou en creux.

Quand les panneaux sont gauches, comme dans le cas

d'une portière de coureuse, de coupé, on commence par tracer le cintre ou calibre M Q N, que l'on divise en tel nombre
de parties à volonté, comme ci-dessus ; ensuite on partage
la saillie de ce calibre en deux parties égales au point Q, par
lequel on fait passer la ligne O P, qui représente le devant
de la coupe du côté droit du panneau : puis, par chaque point
de division, on fait passer autant de lignes horizontales, lesquelles traversent également le panneau vu géométralement
fig. 105, et son développement *fig.* 103 et 104. Ces lignes
horizontales ne servent sur cette dernière figure, qu'à déterminer les points *g, h, i, l, m, n, o,* à la partie du panneau
qui doit rester droite, et ces points doivent, par conséquent,
être d'une distance égale aux deux figures, puisque la distance O P, représentée par celle *o g* (*fig.* 103), est égale à
celle U Y (*fig.* 104.)

On tire ensuite sur la figure 103, la perpendiculaire *a, b,*
dont la distance de celle *y, o* est égale à celle T V (*fig.* 105) :
et on fait la ligne *a, b* d'une longueur égale à celle M Q N,
développée, cette ligne *a b* étant divisée en parties égales
aux points *a, f e z d c, b,* on fait passer par ces points autant
de lignes qui vont répondre aux points de division de la ligne *o g,* qui ont été donnés par les lignes horizontales communes aux deux figures. Ce que nous avons fait jusqu'à présent n'a servi qu'à donner la largeur du panneau ; mais
quand il est gauche, les parties qui se lèvent ou s'abaissent,
se raccourcissent si le panneau était coupé carrément, comme
l'indique la ligne *a b*. Pour parer à cet inconvénient, et pour
obtenir la véritable longueur du panneau à tous les points
de division. on trace à part la ligne 5, 1, égale à celle T U,
au bout de laquelle (celle 5, 1) on élève la perpendiculaire
1, 2 d'élévation ou de rentrée du panneau, ce qui est la
même chose, puisque la ligne O P partage le parallélogramme M S N R en deux parties égales.

On prend ensuite la distance *p q* ou *x y* que l'on porte de 1,
à 3 : celle *r s* ou *t u* que l'on porte également de 1 à 4 : et des

points 2, 3 et 4, on mène au point 5 autant de lignes dont la longueur donne celle des divisions obliques du panneau développé, qui leur sont correspondantes; de manière que les distances o 6, g 11 (*fig*. 103) sont égales à celle 5, 2 : celles n 7, h 10, sont égales à celle 5, 3 : et celles m, 8 et i, 10, sont égales à celles 5, 4 : quant à celle l z, elle est nécessairement égale à celle 5, 1, puisque c'est le point de rencontre de la ligne courbe avec la droite, et où par conséquent le panneau ne peut ni s'élever, ni s'abaisser.

La ligne du milieu de ce panneau se trace de même que celle de l'extérieur, ainsi que je l'ai indiqué sur l'élévation par les points x x, qui sont marqués de même sur le plan, ce qui ne demande aucune démonstration.

On doit faire attention que dans la construction des figures 103 et 104, j'ai pris des points de division pour le développement de la ligne courbe M Q N, du point Q, qui est le milieu de cette courbe, parce que, comme le cintre est d'une forme semblable à un S, il faut, pour bougir le panneau, le chauffer des deux côtés, ou lui faire subir également des deux côtés l'action de la vapeur, de manière que le rallongement se fasse autant d'un côté que de l'autre, ce qui est plus simple et ménage davantage la longueur du panneau : car si l'on agissait autrement, tout le rallongement se trouverait d'un côté. Il faut toutefois prendre garde à quel point du cintre se trouve la ligne droite, qui ne passe pas toujours par le milieu, comme je l'ai fait passer dans les figures 103 et 104. Quand le gauche est déterminé, c'est à lui de fixer le point de rencontre du cintre avec la ligne droite, comme nous allons le démontrer.

Soit le parallélogramme A B (*fig*. 107) qui représente le plan du panneau par en bas, et que la ligne B C, perpendiculaire au-devant du panneau, représente sa projection, ou la saillie du cintre, ce qui revient à la même chose, il est très-facile de voir que toutes les lignes de division du panneau représenté en plan dans la figure 107, sont en dehors de la ligne A B, tant sur le plan (*fig.* 107) que sur les coupes tenant à la figure 106, qui sont marquées des mêmes lettres que sur le plan, et par conséquent le point A (*fig.* 106) est la rencontre des deux surfaces du panneau. Cela arrive aux portières des coureuses, où le bois est d'équerre avec la saillie du cintre du pied d'entrée : alors, tout le hors d'équerre, causé par le cintre et le gauche du panneau, se trouve en dessus ainsi que le rallongement qui est aussi tout d'un côté, comme le montre la figure 106; aussi n'est-il besoin d'autre démonstration que celle que fournit l'inspection de cette figure, dont la construction est exactement semblable aux figures précédentes, puisque la longueur des lignes de l'élévation est égale à celles du plan (*fig.* 107), qui leur sont correspondantes. Ces longueurs peuvent aussi se tracer sur le devant du plan, en décrivant du point A comme centre, et de tous les points où les lignes de division rencontrent la ligne B C, qui est la projection, autant d'arcs de cercle, qui venant à rencontrer la ligne A B prolongée indéfiniment, donnent la distance B G (*fig.* 107) égale à celle H G (*fig.* 106), et ainsi des autres, qui sont trop près les uns des autres pour être marqués des mêmes lettres, ce qui du reste est assez inutile, attendu que toutes les lignes de division sont marquées des mêmes lettres et chiffres, sur le plan, la coupe et l'élévation.

Les mêmes arcs de cercle peuvent aussi servir pour décrire la ligne du milieu, ainsi qu'on peut le voir *fig.* 107.

D'après ces détails, on peut facilement exécuter toutes sortes de panneaux gauches, de quelque forme que ce soit ; en faisant seulement attention au point de rencontre des deux surfaces, lequel doit être d'équerre avec les côtés des battants, et, par suite, perpendiculairement à la saillie du cintre. Ce point de saillie donne toujours une ligne de niveau sur l'élévation, ainsi que celle *l z* (*fig.* 103) et D E (*fig.* 106), la distance E F n'étant que le rallongement nécessaire pour le **hors** d'équerre du panneau.

S'il arrivait qu'on voulût tracer sur le panneau développé,

des coupes prises sur le plan (*fig.* 107), comme I G ou L B, on se servirait constamment de la méthode, c'est-à-dire qu'on prendrait les distances qu'il y aurait du point A jusqu'aux points où ces lignes coupent celles de division, et l'on porterait ces distances sur l'élévation aux lignes correspondantes à celles du plan, comme l'indiquent les lignes ponctuées I M G et L M E (*fig.* 106).

En donnant le moyen de tracer le développement des panneaux gauches, j'ai supposé qu'ils sont droits sur une rive, d'après laquelle on pouvait marquer les lignes de division : il s'agit maintenant d'indiquer la manière de tracer les panneaux, non-seulement gauches, mais encore ayant les côtés cintrés différemment. La même méthode est employée, elle offre seulement un peu plus de complication.

On commence d'abord par tracer à côté du panneau les deux coupes des bouts, ainsi que celles A et B (*fig.* 108); ensuite, après les avoir divisées, non pas chacune d'elles en parties égales, mais par des divisions prises sur l'une des deux et menées à l'autre par des lignes parallèles, on fait sur les deux lignes des extrémités du panneau, le développement de chacune des courbes, en observant de prendre bien exactement les distances qu'il y a entre chaque division, soit qu'elles soient égales ou inégales entre elles : ensuite, par chaque point de division développé, on trace des lignes sur lesquelles il reste à tracer les largeurs et les contours du panneau, ce qui se pratique ainsi qu'il suit :

De toutes les divisions on abaisse des perpendiculaires, dont on porte les distances sur les projections du plan C D, dont on prolonge la ligne du devant, *a m*, indéfiniment; puis, par chaque point de projection, on fait passer les lignes de division du plan, qui représentent celles de l'élévation, et on prolonge ces lignes jusqu'à ce qu'elles rencontrent la ligne *a m* au point *n*; pour la ligne *b*, *f*, au point *o*; pour celle *c*, *g*, au point *p*, qui se trouve hors de la planche; pour la ligne *d*, *h*, au point *q* également dehors; pour la ligne *e*, *i*, enfin au point r, aussi pour la ligne b ?; puis, de chacun de ces points, on élève autant de perpendiculaires à chacune des lignes de l'élévation qui leur sont correspondantes, et que l'on prolonge à ce sujet. Le reste se fait suivant la méthode ordinaire, c'est-à-dire, que l'on mesure la distance 1, 2, égale à $a e$; celle s 4, égale à $n f$; celle t 6 égale à $o g$; celle u 8, égale à $p h$; celle x 9 égale à $g c$; et celle y 11 égale à $r b$; ensuite on porte la distance $f b$ de 4 à 3; celle $g c$ de 6 à 5; celle $h d$ de 8 à 7; celle $c i$ de 9 à 10; et celle $b l$ de 11 à 12. On termine par diviser chaque ligne, soit du plan, soit de l'élévation, en deux parties égales, ce qui donne la ligne du centre du panneau.

Pour peu qu'on veuille faire attention aux indications données jusqu'ici, il est fort aisé de voir que, pour avoir les surfaces développées d'un panneau de l'espèce dont nous parlons, il faut le considérer comme étant une partie du développement des surfaces de deux cônes qui se pénètrent, et dont les sommets seraient opposés.

Lorsque les panneaux sont sur un plan biais, comparaison faite avec leur projection, on débute par tracer l'élévation géométrale et la coupe; après cela on trace le plan au-dessous de l'élévation géométrale, comme dans la figure 101; puis, lorsqu'on a fait le développement de largeur du panneau, *fig.* 100, on en a le contour en relevant les perpendiculaires du plan que l'on élève à chaque ligne de division qui leur sont correspondantes, ainsi qu'on peut le voir dans cette figure.

S'il arrive que le bout du panneau soit une ligne courbe, comme C D E, au lieu d'être une ligne droite, comme A B, *fig.* 101, de chaque point où cette courbe coupe les lignes horizontales de l'élévation, on abaisse autant de perpendiculaires sur le plan, jusqu'à ce qu'elles rencontrent les lignes de division qui sont correspondantes à celles de l'élévation d'où partent les perpendiculaires; puis on porte la longueur des lignes du plan sur l'élévation développée, *fig.* 100, où l'on rend la distance a 1 égale à h, 2; celle b 3 égale à i 4; celle

c 5 égale à l 6 ; celle d 7 égale à m 8 ; celle e 9 égale à n 10 ; celle f 11 égale à o 12 ; et celle g 13 égale à p 14.

Si les panneaux biais étaient en même temps gauches, ou de divers cintres des deux bouts, on se servirait toujours de la même méthode, en observant de prendre les distances pour déterminer la longueur du panneau sur les lignes du plan, prolongées jusqu'à ce qu'elles rencontrent la base de ce même plan, comme dans les figures 109 et 110.

Ce que nous venons de dire sur la manière de tracer les panneaux, renferme une méthode générale dont on pourra faire l'application dans tous les cas possibles. Sans doute cette théorie paraît compliquée, et quelquefois elle épouvante les carrossiers peu instruits, mais elle est facile au fond, et donne aux opérations beaucoup de sécurité et de vitesse. D'ailleurs, il est inutile de tracer ainsi tous les panneaux d'une voiture, ou de plusieurs voitures de la même façon, il suffit d'en tracer un seul de chaque espèce pour mesurer dessus tous les autres.

Quand les ouvriers s'obstinent à travailler routinièrement, voici comment ils s'y prennent pour la confection des panneaux : Ils se contentent de les tracer d'après les bâtis, et de laisser un excédant de bois là où ils le croient nécessaire ; les panneaux étant cintrés, l'ouvrier les ajuste dans les bâtis, et s'il les trouve trop longs ou trop larges, il écarte les bâtis également d'un bout à l'autre, puis trace sur le panneau un trait au pourtour des bâtis ; ce qui le guide pour voir l'endroit où le panneau porte et celui où il faut retrancher du bois. Comme les voitures sont peu cintrées et que, par suite, leurs panneaux ont peu de rallongement, il semble aux ouvriers que cette expéditive et dernière méthode suffit sans recourir aux principes de l'art du trait.

Mais de fréquents et de nombreux inconvénients démentent bien promptement cette apparence d'un facile succès. Malgré l'expérience journalière qui indique aux ouvriers quels sont la forme et le rallongement des panneaux, ils les confectionnent souvent trop étroits ou trop courts, de manière que ces panneaux n'ont presque pas de languette en certains endroits, ou, ce qui est pis encore, on voit le jour à travers. Ces panneaux alors ne peuvent servir, et si on use d'adresse et d'efforts pour les ajuster à la voiture, se flattant que l'ouvrage du sellier cachera les défectuosités, l'ouvrage éclate, et souvent la voiture est perdue avant que d'être livrée à l'acheteur.

Quand les panneaux sont entièrement chantournés, on achève de les replanir le plus parfaitement qu'il se peut, afin qu'il n'y reste point d'ondes, ni aucune espèce de bois de rebours, ce qui est nécessaire pour que les vernis et peintures que l'on appliquera sur la voiture, présentent une surface parfaitement unie et lisse.

Les panneaux étant tout-à-fait replanis, on les met au molet à environ 5 millim. (2 lig.) d'épaisseur, car ils ne se mettent pas au molet comme les panneaux de la menuiserie ordinaire, c'est-à-dire avec un feuilleret ; mais au contraire on se contente d'y pratiquer un chanfrein, qui étant pris de coin, ne diminue pas considérablement l'extrémité de la languette, et conserve davantage de force au panneau. (Voyez à cet effet la fig. 111.)

Il faut avoir grand soin que les languettes soient très-justes, parce que, pour peu que les panneaux se trouvent courts, il y aurait du jour entre ces derniers et la joue du bâtis, surtout aux endroits où ils seraient cintrés en bouge, ce qui ferait un très-mauvais effet, auquel on ne pourrait porter remède qu'en collant derrière les panneaux. Mais ce remède est fort insuffisant, et l'on ne doit jamais oublier que l'exacte justesse des panneaux, tant sur la longueur que sur la largeur et l'épaisseur, est une expresse condition de la solidité des voitures.

Tracé d'un coupé-chaise.

Après avoir donné la manière de confectionner une caisse de berline, la fabrication d'une caisse de coupé-chaise est bien facile à comprendre, car ce n'est vraiment qu'une berline Wourst, dont la partie de devant est supprimée. A la place du pied cornier que l'on supprime, on assemble dans le montant d'angle ou pied d'entrée de devant, la traverse de frise ou d'accotoir. Dans le milieu supérieur de la quille, se trouve assemblé un montant de vasistas. Cette traverse doit porter une rainure pour recevoir le panneau de devant.

On voit *planche* 7, *fig.* 5, tous les assemblages qui composent le profil d'un bâtis de coupé-chaise, dont voici la nomenclature :

a, pied de coquille.

b, joue de cave.

c, pied d'entrée du siége.

d, traverse de support du siége venant s'assembler dans le pied d'entrée du siége par une extrémité, et de l'autre à la traverse de la frise.

e, pièces de raccord ou support de perclose.

f, perclose du siége.

g, battant de brancards.

h, montant d'angle formant pied d'entrée.

i, pied d'entrée de la caisse formant feuillure pour recevoir la portière.

j, crosse formant brancard venant s'assembler dans le pied d'entrée de la caisse.

k, joue de cave de perclose de derrière.

l, pied cormier.

m, tambour.

n, battant de pavillon.

oo, traverse d'accotoir.

p, barre de panneaux d'en bas.

r, barre de matelassure du panneau du haut.

ssss, battants de portière.

t, traverse de portière d'en bas.

vvvv, traverses de frise de portière.

x, traverse du haut de la portière.

FIN DU TOME PREMIER.

BAR-SUR-SEINE. — IMP. DE SAILLARD.

TABLE DES MATIÈRES.

TOME PREMIER.

FIN DE LA TABLE DU TOME PREMIER.

BAR-SUR-SEINE. IMP. DE SAILLARD.

www.ingramcontent.com/pod-product-compliance
Lightning Source LLC
Chambersburg PA
CBHW060417200326
41518CB00009B/1388